河南省"十二五"普通高等教育规划教材

普通高等院校计算机类专业规划教材·精品系列

软件项目管理

（第二版）

刘凤华　罗　菁　主　编

赵一丁　杨　关　张　文　任秀枝　副主编

中国铁道出版社有限公司

CHINA RAILWAY PUBLISHING HOUSE CO., LTD.

内 容 简 介

本书首先介绍了项目管理的有关概念和知识体系,并根据软件和软件项目的特点,介绍了软件项目管理的基本知识体系和管理内容。接着按照软件项目初始、项目计划、项目执行控制、项目结束的四个阶段,全面地阐述了软件项目管理的知识体系。详细讲解了项目初始、项目计划、项目范围管理、进度管理、质量管理、成本管理、风险管理、团队与沟通管理、配置管理、项目过程跟踪控制、项目结束、项目管理工具的使用。最后以 CMMI4 级的企业实际项目为案例,讲述真实企业级的软件项目管理,使学生理解、掌握项目管理在项目实施过程中的应用。

本书注重理论与实际的结合,条理清晰、语言流畅、通俗易懂、内容丰富、具体实用,适合作为高等学校软件工程专业、计算机软件专业和其他相关专业的教材,也适合作为其他各类软件工程技术管理人员的参考书。

图书在版编目(CIP)数据

软件项目管理/刘凤华,罗菁主编. —2 版. —北京:
中国铁道出版社,2018.1(2021.11重印)
河南省"十二五"普通高等教育规划教材 普通高等
院校计算机类专业规划教材·精品系列
ISBN 978-7-113-24015-8

Ⅰ.①软… Ⅱ.①刘… ②罗… Ⅲ.①软件开发-
项目管理-高等学校-教材 Ⅳ.①TP311.52

中国版本图书馆 CIP 数据核字(2017)第 285083 号

书 名:	软件项目管理		
作 者:	刘凤华 罗 菁		
策 划:	周海燕	编辑部电话:	(010)51873202
责任编辑:	周海燕 李学敏		
封面设计:	穆 丽		
封面制作:	刘 颖		
责任校对:	张玉华		
责任印制:	樊启鹏		

出版发行:	中国铁道出版社有限公司(100054,北京市西城区右安门西街 8 号)
网 址:	http://www.tdpress.com/51eds/
印 刷:	三河市宏盛印务有限公司
版 次:	2014 年 8 月第 1 版 2018 年 1 月第 2 版 2021 年 11 月第 3 次印刷
开 本:	787 mm×1 092 mm 1/16 印张:22.5 字数:540 千
书 号:	ISBN 978-7-113-24015-8
定 价:	56.00 元

前言（第二版）

本书第一版列选为"高等学校计算机类课程应用型人才培养规划教材"，第二版列选为"河南省'十二五'普通高等教育规划教材"。

本书第一版自 2014 年 8 月出版，迄今已有 3 年，许多高校的计算机专业和软件工程专业采用该版书作为本科生"软件项目管理"课程的教材，得到了广大师生的好评。为了更好地满足读者的需要，编者对原教材进行了重新修订。

项目管理是在一定的约束条件下，以高效率地实现项目目标为目的，以项目经理个人负责制为基础和以项目为独立实体进行经济核算，并按照项目内在的逻辑规律进行有效计划、组织、协调、控制的系统管理活动。软件项目管理涉及的范围覆盖了整个软件工程过程，使软件项目整个软件生命周期能在管理者的控制之下，使软件项目能够按照预定的成本、进度、质量顺利完成，而对成本、人员、进度、质量、风险等进行分析和管理的活动。学习研究软件项目管理是从已有的成功或失败的案例中总结出能够指导今后开发的通用原则、方法，避免前人的失误。软件工程及计算机相关专业毕业生需要扎实的理论基础，同时也需要较多的实践经验和技能。

第二版在第一版的基础上，根据软件项目管理思想和技术的新发展，总结了软件项目管理实践过程和教学中的经验教训，本着从"应用"出发，兼顾"原理"和"方法"的原则，整合了第一版的章节结构，保留了第一版的精华部分，删除了不适宜部分，同时增加了新知识、新技术。

第二版按照软件项目管理的四个阶段，即软件项目初始、项目计划、项目执行控制、项目结束，全面讲述软件项目管理的基本概念、基本思想和基本方法，对项目初始、项目计划、项目范围管理、进度管理、质量管理、成本管理、风险管理、团队与沟通管理、配置管理、项目过程跟踪控制、项目结束等内容进行深入讲解。在第一版的基础上，第 1 章增加了项目管理的知识体系，并将第一版的第 4 章作为第二版第 1 章的一小节，概要介绍了常用的软件过程模型及各种模型的特点，使读者更全面地从整体上了解项目管理的概念；将第一版的第 5 章需求开发管理与第 6 章任务分解整合为一章——范围管理；第一版的第 7 章成本管理增加了一个案例，通过案例使读者更好地理解掌握成本估算及成本控制的方法；第 9 章团队与沟通管理增加了软件开发团队的稳定性和团队管理的常见问题及实践经验两小节；增加了"项目结束"这一章；第 13 章项目管理工具，增加了软件项目管理工具 SVN 的使用。

本书由刘凤华、罗菁任主编，赵一丁、杨关、张文、任秀枝任副主编，郑人杰主审。具体编写分工：第 1、2 章由张文编写，第 3、4、5 章由罗菁编写，第 6 章由杨关编写，第 7、8 章由刘凤华编写，第 9、11、13 章由赵一丁编写，第 10 章由杨关、贾晓辉编写，第 12 章由贾晓辉编写，第 14 章由任秀枝编写。

在本书的编写过程中，得到了中原工学院计算机学院、中原工学院教务处的支持和指导。我们在此表示衷心的感谢！

由于软件项目管理覆盖面宽，发展迅速，编者水平有限，书中疏漏与不妥之处在所难免，恳请专家及读者提出宝贵意见。

编　者

2017 年 7 月

目　　录

绪　　论 ≪≪

引言

　　项目是在既定的资源和要求的约束下，为实现某种目的而相互联系的一次性工作任务，这些任务有着明确的目标或目的。本章讲述项目和软件项目的概念。

学习目标

通过本章学习，应达到以下要求：

- 掌握项目、软件项目、软件项目管理概念。
- 理解软件项目管理的原则及范围。
- 理解软件项目过程管理的基本原理。

内容结构

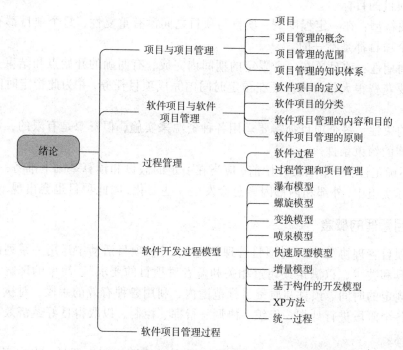

绪论

项目与项目管理
- 项目
- 项目管理的概念
- 项目管理的范围
- 项目管理的知识体系

软件项目与软件项目管理
- 软件项目的定义
- 软件项目的分类
- 软件项目管理的内容和目的
- 软件项目管理的原则

过程管理
- 软件过程
- 过程管理和项目管理

软件开发过程模型
- 瀑布模型
- 螺旋模型
- 变换模型
- 喷泉模型
- 快速原型模型
- 增量模型
- 基于构件的开发模型
- XP方法
- 统一过程

软件项目管理过程

1.1 项目与项目管理

1.1.1 项目

项目的定义很多，但其内涵和特征是一致的，是指一系列独特的、复杂的并相互关联的活动，这些活动有明确的目的，必须在特定的时间、预算、资源限定范围内，依据规范完成。每个项目都有特别的地方，如时间、地点、内部和外部环境、自然和社会条件等。

美国项目管理协会（Project Management Institute，PMI）在其出版的《项目管理知识体系指南》（Project Management Body of Knowledge，PMBOK）中为项目所做的定义是：项目是为创造独特的产品、服务或成果而进行的临时性工作。

例如，以下活动都可以称为一个项目：建造一栋建筑物，开发一项新产品，计划举行一项大型活动（如策划组织婚礼、大型国际会议等），策划一次自驾游旅游。

项目具有如下特征：

（1）目标性：项目工作的目标在于得到特定的结果，其结果可能是一种产品，也可能是一种服务，目标贯穿于项目始终。

（2）相关性：一个项目中有很多彼此相关的活动，某些活动在其他活动之前不能启动，而另一些活动必须并列实施。如果这些活动相互之间不能协调地开展，就不能达到整个项目的目标。

（3）独特型：在一定程度上，项目与项目之间没有重复性，每个项目都有独自的特点，每个项目都是唯一的。

（4）周期性：项目要在一个限定的期间内完成，有明确的开始点和结束点。项目管理中需要花费很大精力来保证在预定时间内完成项目任务，并为此指定时间进度计划表。

（5）约束性：每个项目都需要运用各种资源来实施，但资源是有限的，资源成本是项目实施的约束条件。

（6）不确定性：一个项目开始前，应当在一定的假设和预算基础上准备一份计划，但项目实际实施中，外部和内部因素总会发生一些变化，因此项目也会出现不确定性。

1.1.2 项目管理的概念

美国项目管理协会 PMI 对项目管理的定义："在项目活动中运用一系列的知识、技能、工具和技术，以满足或超过相关利益者对项目的要求"。简单的理解，项目管理就是在规定的时间、预算和质量目标范围内，利用各种有效的手段，对执行中的项目周期的各个阶段进行计划、组织、协调、指挥、控制，以取得良好经济效益的各项活动的总称。

项目管理通过项目各方干系人的合作，把各种资源应用于项目，以实现目标，使项目干系人的需求得到不同程度的满足。为了满足相关项目干系人的需求，需要在以下这些互相冲突的要求中寻找平衡：

（1）范围、时间、成本和质量。

（2）有不同需求和期望的项目干系人。

（3）明确表达出来的和未明确表达的需求。

1.1.3　项目管理范围

项目管理的五要素指技术、方法、团队建设、信息、沟通。项目管理是技术，也是方法，也是信息，当然也需要团队建设和沟通。

从战略上看，有效的项目管理集中于 3 个 P 上：人员（People）、问题（Problem）、过程（Process）。

从战术上看，软件项目管理的四大变量为：范围、质量、成本和交期。项目管理需要在相互间具有冲突的要求中寻找平衡。主要有 3 个关注点：范围（满足质量要求的产品需求）、成本、进度。

项目范围是指为了成功地实现项目目标所必须完成的全部且最少的工作。"全部"是实现该项目目标所进行的"所有工作"，任何工作都不能遗漏，否则会导致项目范围"萎缩"；"最少"是指完成该项目目标所规定的"必要的、最少量"的工作，不进行此项工作就无法最终完成项目。项目范围管理实际上是一种功能管理，它是对项目所要完成的工作范围进行管理和控制的过程和活动，包括确保项目能按要求的范围完成所涉及的所有过程。

项目成本管理是承包人为使项目成本控制在计划目标之内所做的预测、计划、控制、调整、核算、分析和考核等管理工作。项目成本管理就是要确保在批准的预算内完成项目，具体项目要依靠制订成本管理计划、成本估算、成本预算、成本控制 4 个过程来完成。项目成本管理是在整个项目的实施过程中，为确保项目在已批准的成本预算内尽可能好地完成而对所需的各个过程进行管理。

项目进度管理是指在项目实施过程中，对各阶段的进展程度和项目最终完成的期限所进行的管理。项目进度管理要求在规定的时间内，拟定出合理且经济的进度计划（包括多级管理的子计划），在执行该计划的过程中，经常要检查实际进度是否按计划要求进行，若出现偏差，便要及时找出原因，采取必要的补救措施或调整、修改原计划，直至项目完成。其目的是保证项目能在满足其时间约束条件的前提下实现其总体目标。

这 3 个因素互相影响，任何一方变化都会影响其他两方，比如，产品规格发生变化，产品的成本就需要重新估算，项目的进度也需重新安排。如果要赶进度，成本或者规格就需要进行折中。项目管理需要在项目目标之间进行平衡，在某一领域的提高可能是以降低其他领域的水平为代价。成功的项目管理需要积极地管理这些相互作用的目标。

软件项目管理涉及系统工程学、统计学、心理学、社会学、经济学，乃至法律等方面的问题，需要用到多方面的综合知识，特别是涉及社会因素、精神因素、人的因素等，比技术问题复杂。只靠技术、工程或科研项目的效率、质量、成本和进度等方面很难较好地解决问题，必须结合工作条件、人员和社会环境等多方面因素，但不能简单地照搬国外的管理技术。管理技术的基础是实践，为取得管理技术的成果必须反复实践。

管理能够带来效率，能够赢得时间，最终将在技术前进的道路上取得领先地位。

1.1.4 项目管理的知识体系

20 世纪 60 年代，国际上许多人开始对项目管理产生了浓厚的兴趣，并逐渐形成了两大项目管理的研究体系，一是以欧洲为首的国际项目管理协会（IPMA）；二是以美国为首的美国项目管理协会（PMI）。他们的工作卓有成效，为推动国际项目管理现代化发挥了积极的作用。

项目管理知识体系（Project Management Body Of Knowledge，PMBOK）是美国项目管理协会（PMI）提供的对项目管理所需的知识、技能和工具进行描述的知识体系。PMBOK 把项目管理划分为 10 大知识领域，即：项目集成管理、项目范围管理、项目时间管理、项目成本管理、项目质量管理、项目人力资源管理、项目沟通管理、项目风险管理、项目采购管理、项目干系人管理。

项目集成管理（Project Integration Management，PIM），是为了正确地协调项目所有各组成部分而进行的各个过程的集成，是一个综合性过程，其核心就是在多个互相冲突的目标和方案之间做出权衡，以便满足项目利害关系者的要求。

项目范围管理（Project Scope Management，PSM），是保证项目计划包括且仅包括为成功地完成项目所需要进行的所有工作，最终成功地达到项目的目的。范围分为产品范围和项目范围。产品范围指将要包含在产品或服务中的特性和功能，产品范围的完成与否用需求来度量。项目范围指为了完成规定的特性或功能而必须进行的工作，而项目范围的完成与否是用计划来度量的。二者必须很好地结合，才能确保项目的工作符合事先确定的规格。

项目时间管理（Project Time Management，PIM），是保证在规定时间内完成项目。

项目成本管理（Project Cost Management，PCM），是为了保证在批准的预算内完成项目所必需的诸过程的全体。

项目质量管理（Project Quality Management，PQM），是为了保证项目能够满足原来设定的各种质量要求。

项目人力资源管理（Project Human Resource Management，PHRM）是为了保证最有效地使用项目人力资源完成项目活动。

项目沟通管理（Project Communications Management，PCM）是在人、思想和信息之间建立联系，这些联系对于取得成功是必不可少的。参与项目的每一个人都必须准备用项目"语言"进行沟通，并且要明白，他们个人所参与的沟通将会如何影响到项目的整体。项目沟通管理是保证项目信息及时、准确地提取、收集、传播、存贮以及最终进行处置。

项目风险管理（Project Risk Management，PRM），需要的过程有识别、分析不确定的因素，并对这些因素采取应对措施。项目风险管理要把有利事件的积极结果尽量扩大，而把不利事件的后果降低到最低程度。

项目采购管理（Project Procurement Management，PPM），其作用是从机构外获得项目所需的产品和服务。项目的采购管理是根据买卖双方中的买方的观点来讨论的。

特别地，对于执行机构与其他部门内部签订的正式协议，也同样适用。当涉及非正式协议时，可以使用项目的资源管理和沟通管理的方式解决。

项目干系人管理（Project Stakeholder Management，PSM）对沟通进行管理，以满足项目干系人的需求并与项目干系人一起解决问题。对项目干系人进行积极管理，可促使项目沿预期轨道进行，而不会因未解决的项目干系人问题而脱轨。同时进行项目干系人管理可提高团队成员协同工作的能力，并限制对项目产生的任何干扰。通常，由项目经理负责项目干系人管理。

1.2 软件项目与软件项目管理

1.2.1 软件项目定义

软件项目是以软件为产品的项目，包括程序、数据及相关文档在内的完整集合。软件产品的特性决定了软件项目除了具有项目的基本特征之外，还具有如下特点：

（1）软件是一种逻辑实体，不是物理实体，具有抽象性。

（2）开发过程中没有明显的制造过程，也不存在重复生产过程。

（3）软件的开发受到计算机系统的限制，对计算机系统有不同程度的依赖。

（4）软件至今没有摆脱手工的开发模式，软件产品基本上是"定制的"，做不到完全利用现有的软件组件组装成所需要的软件。

（5）软件本身是复杂的。软件的复杂性可能来自实际问题的复杂性，也可能来自软件本身逻辑的复杂性。

（6）软件的成本相当昂贵。软件工作涉及社会的因素，软件开发需要投入复杂的、高强度的脑力劳动。

（7）很多软件开发受到机构、体系和管理方式的限制。

1.2.2 软件项目分类

按照软件项目的目标和工作内容，可将软件项目划分为4类。

1. 通用软件产品开发项目

通用软件产品是指满足某一客户群体的共同需求的软件产品，包括：系统软件（如Windows、Linux）、开发平台与工具、通用的商业软件（如杀毒软件、金山词霸、用友财务软件等）、嵌入式软件（如手机游戏等）、行业专用软件产品（如服装 CAD 设计软件等）。

2. 定制软件系统开发项目

定制软件系统是针对某一特定用户的个性化需求而设计实现的软件系统。国内软件企业都是开发这类定制软件系统。许多这类企业都希望通过定制系统的开发形成通用软件产品，但成功的却很少。提供通用软件产品的软件企业可以轻松地实现定制软件系统。

3. 软件实施项目

这类项目是在成熟产品的基础上进行二次开发，以实现客户个性化的需求。二次开发可能涉及编码也可能不涉及，如 ERP 的实施项目，一般涉及 3 个子项目：咨询、采购和实施。

4．软件服务项目

软件服务项目越来越多。通常，软件的免费维护期是一年，一年之后用户需要和开发商签订维护与服务合同，这便是软件服务项目合同。

因为这几类软件项目的项目生命周期不同，在立项、需求、设计、编码、测试、销售、售后服务等环节的方法和管理也是不同的。

1.2.3 软件项目管理的内容和目的

软件项目管理的提出是在 20 世纪 70 年代中期的美国，当时美国国防部专门研究了软件开发不能按时提交、预算超支和质量达不到用户要求的原因，结果发现 70% 的项目是因为管理不善引起的，而非技术原因。于是，软件开发者逐渐重视软件开发中的各项管理。到了 20 世纪 90 年代中期，软件研发项目管理不善的问题仍然存在。据美国软件工程实施现状的调查，软件研发的情况仍然很难预测，大约只有 10% 的项目能够在预定的费用和进度下交付。1995 年，据统计，美国共取消了 810 亿美元的商业软件项目，其中 31% 的项目未做完就被取消，53% 的软件项目进度通常要延长 50% 的时间，只有 9% 的软件项目能够及时交付并且费用也控制在预算之内。

软件项目管理是为了使软件项目能够按照预定的成本、进度、质量顺利完成，而对成本、人员、进度、质量、风险等进行分析和管理的活动。

软件项目管理的内容主要包括：

（1）软件项目范围管理；

（2）软件项目进度管理；

（3）软件项目质量管理；

（4）软件项目成本管理；

（5）软件项目风险管理；

（6）团队和沟通管理；

（7）软件配置管理；

（8）软件过程控制。

软件项目管理的根本目的是为了让软件项目尤其是大型项目的整个软件生命周期（从分析、设计、编码到测试、维护全过程）都能在管理者的控制之下，以预定成本按期、按质完成软件交付用户使用。而研究软件项目管理是为了从已有的成功或失败的案例中总结出能够指导今后开发的通用原则、方法，同时避免前人的失误。

软件项目管理和其他的项目管理相比有特殊性：首先，软件是纯知识产品，其开发进度和质量很难估计和度量，生产效率也难以预测和保证；其次，软件系统的复杂性导致了开发过程中各种风险难以预见和控制。例如，Windows 操作系统有 1 500 万行以上的代码，同时有数千个程序员在进行开发，项目经理有上百个。这样庞大的系统如果没有很好的管理方式，其软件质量是难以想象的。

1.2.4 软件项目管理原则

在软件项目管理中，有以下原则和经验可以借鉴：

1. 计划原则

软件项目计划是为管理工作提供合理的基础和可行的工作计划，从而保证软件项目顺利完成。

2. Brooks 原则

向一个已经滞后的项目添加人员，可能会使项目更加滞后，因为加入新成员，要进行相关培训、熟悉工作环境等，人员之间的沟通路径增加。很多项目管理者并没有注意到这一点，认为"人多力量大"，当项目完不成时，就再增加人员，最终导致恶性循环。

3. 80-20 原则

20%的工作耗费了 80%的时间，或者 20%的人担当了 80%的项目工作，考虑到开发人员能力的多样性，不应采取任务均分的做法，采用互补结构更稳定。

4. 默认无效原则

项目成员理解并赞成项目的范围、目标和策略吗？项目开发人员沉默并非完全赞成管理人员的意见，但实际上人们或多或少会陷入这样的思维误区。沉默在很大程度上说明项目开发人员尚未弄清项目的范围、任务等。管理人员仍需要和开发人员沟通，使得大家对项目有一致的理解。

5. 帕金森原则

帕金森是组织机构臃肿、人员膨胀、人浮于事、效率低下的代名词，在软件开发中，如果没有严格的时间限制，开发人员往往比较懈怠。机构臃肿也可能是管理幅度过宽，一个人的管理幅宽有限，如果一个项目需要过多人员参与，就要分成若干个组，项目经理管理若干个组长，适当分权与分责来提高效率。

6. 时间分配原则

在实际工作中，开发人员的时间利用率达到 80%已经非常不错。如果组织合理，开发所需要的时间为原计划的 1.2～1.5 倍；如果组织不合理，所需时间更长。管理人员在制订计划、分配工作时，应考虑这些因素。

7. 验收标准原则

不求质量则往往凭经验草率了事，追求完美则要耗费太多的精力，但软件项目开发常常以验收标准为原则。作为项目经理，应制定好每个任务的验收标准，才能严格把好质量关。

8. 变化原则

软件技术发展迅速，只有变化、创新，才能有活力。

9. 工程标准原则

软件工程标准会给软件工作带来许多好处，比如：提高软件的可靠性、可维护性、可移植性、提高软件生产率等，有利于减少差错和误解，有利于软件管理及减少开发周期等。

10. 组织变革原则

从实践来看，增加复用力度、完善复用体系、实施组织变革是解决工期、成本、质量等因素的有效途径。复用能提高项目的生产率，也能降低项目风险；精简管理机构、改善开发人员沟通效率、营造良好的开发环境，是从根本上解决项目开发中各种棘手问题的另一有效途径。

1.3 过程管理

1.3.1 软件过程

过程（Process），通常理解是为完成一个特定的目标而进行的一系列活动或操作步骤。在 ISO 9000:2000《质量管理体系基础和术语》中，将过程定义为"一组将输入转化为输出的相互关联或相互作用的活动"。从过程定义中，我们知道，活动的实施是按时间先后次序，围绕输出结果（目标）展开的。在活动实施过程中，相互影响并在组织领导下开展。过程可分为产品的实现过程、管理过程和支持过程，如图 1-1 所示。

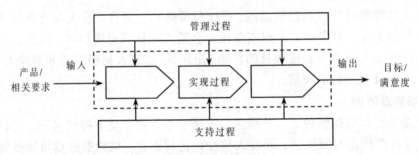

图 1-1 软件过程

软件过程（Software Process），是人们用来开发和维护软件及相关产品（如软件项目计划、设计文档、用户手册）的活动、方法、实践和改进的集合。对于软件过程的理解，不能简单地理解为开发流程，因为要管理的不仅是软件开发的活动序列，而是软件开发的最佳实践，包括：流程、技术、产品、活动间关系、角色、工具等，是软件开发过程中各个因素的结合。软件过程管理的目的就是最大限度地提高软件产品的质量和软件开发过程的生产率。产品的质量和过程的生产率依赖于过程、人和技术这三个要素。因此为了更有效地实现软件过程管理，除了技术和人才以外，规范和改进软件过程十分重要。

在软件项目实施过程中，如果项目人员将关注点只放在最终输出（产品）上，不关注开发过程，项目依赖于开发人员个人的素质和能力，将导致开发的产品质量不同，有的质量好，有的质量差。反之，如果将项目的关注点放在项目的开发过程，不管谁来做，也不管什么需求，都采用统一的开发过程规范，产品的质量就会是一样的。这种情况下，产品的质量依赖于企业的开发过程，不依赖于个人能力。

开发过程对于软件产品来说非常重要。软件产业发展中的重要问题就是注重循序渐进的积累，不但是技术实践的积累，更重要的是管理实践的积累，积累项目中的各个环节的实践经验和管理经验。

1.3.2 过程管理与项目管理

过程的任务在于将输入转化为输出，转化的条件是资源，通常包括人力、设备设施、物料和环境等资源。增值是对过程的期望，为了获得稳定和最大化的增值，组织应当对过程进行策划，建立过程绩效测量指标和过程控制方法，并持续改进和创新。

过程管理是指使用一组实践方法、技术和工具来策划、控制和改进过程的效果、效率和适应性，包括过程策划、过程实施、过程监测（检查）和过程改进（处置）四部分，即 PDCA（Plan-Do-Check-Act）循环 4 个阶段。PDCA 循环又称为戴明循环，是质量管理大师戴明在休哈特统计过程控制思想基础上提出的。

过程管理是要让过程能够被共享复用，并得到持续的改进。项目管理用于保证项目的成功，而过程管理用于管理最佳实践。但这两项管理不是互相孤立的，是有机紧密结合的。过程管理的成果即软件过程可以在项目管理中辅助于项目管理的工作，在项目的计划阶段，项目计划的最佳参考是过去的类似项目中的实践经验，这些内容通过过程管理成为过程管理的工作成果。这些成果对于一个项目的准确估算和合理计划非常有帮助，合理的计划是项目管理成功的基础。在项目计划的执行过程中，计划将根据实际情况不断地调整，直到项目结束时，项目计划才真正地稳定下来。这个计划及其更改历史是过程管理中过程改进的依据。

1.4 软件开发过程模型

软件生命周期一般分为 6 个阶段，即制订计划、需求分析、设计、编码、测试、运行和维护。在软件工程中，这个复杂的过程用软件开发模型（Software Development Model）来描述和表示。软件开发模型是指软件开发全部过程、活动和任务的结构框架。软件开发模型能清晰、直观地表达软件开发全过程，明确规定要完成的主要活动和任务，用来作为软件项目工作的基础。对于不同的软件系统，可以采用不同的开发方法、使用不同的程序设计语言、运用不同的管理方法和手段，允许采用不同的软件工具和不同的软件工程环境。软件开发模型发展经历了以下阶段：

（1）以软件需求完全确定为前提的第 1 代软件过程模型，如瀑布模型等。这类开发模型的特点是软件需求在开发阶段已经被完全确定，将生命周期的各项活动依顺序固定，强调开发的阶段性；其缺点是开发后期要改正早期存在的问题需要付出很高的代价，用户需要等待较长时间才能够看到软件产品，增加了风险系数。并且，如果在开发过程存在阻塞问题，则影响开发效率。

（2）在开始阶段只能提供基本需求的渐进式开发模型，如螺旋模型和快速原型模型等。这类开发模型的特点是软件开发开始阶段只有基本的需求，软件开发过程的各个活动是迭代的。通过迭代过程实现软件的逐步演化，最终得到软件产品。在此引入了风险管理，采取早期预防措施，增加项目成功几率，提高软件质量；其缺点是由于需求的不完全性，从而为软件的总体设计带来了困难和削弱了产品设计的完整性，对风险技能管理水平提出了更高的要求。

（3）以体系结构为基础的基于构件组装的开发模型，如基于构件的开发模型和基于体系结构的开发模型等。这类模型的特点是利用需求分析结果设计出软件的总体结构，通过基于构件的组装方法来构造软件系统。软件体系结构的出现使得软件的结构框架更清晰，有利于系统的设计、开发和维护。

1.4.1　瀑布模型

瀑布模型即生存周期模型，是最早出现的软件开发模型，在软件工程中占有重要的地位，它提供了软件开发的基本框架。其核心思想是按工序将问题化简，将功能的实现与设计分开，便于分工协作，即采用结构化的分析与设计方法将逻辑实现与物理实现分开。瀑布模型将软件生命周期划分为软件计划、需求分析和定义、软件设计、软件实现、软件测试、软件运行和维护这 6 个阶段，规定了它们自上而下、相互衔接的固定次序，如同瀑布流水逐级下落。采用瀑布模型的软件过程如图 1-2 所示。

瀑布模型的本质是一次通过，即每个活动只执行一次，最后得到软件产品。其过程是从上一项活动接收该项活动的工作对象作为输入，利用这一输入实施该项活动应完成的内容，给出该项活动的工作成果，并作为输出传给下一项活动。同时，评审该项活动的实施，若确认，则继续下一项活动；否则返回前面，甚至更前面的活动。

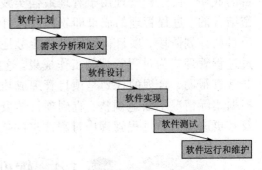

图 1-2　采用瀑布模型的软件过程

瀑布模型有利于大型软件开发过程中人员的组织及管理，有利于软件开发方法和工具的研究与使用，从而提高了大型软件项目开发的质量和效率。然而软件开发的实践表明，上述各项活动之间并非完全是自上而下且呈线性关系的，因此瀑布模型存在严重的缺陷。

（1）由于开发模型呈线性关系，所以当开发成果尚未经过测试时，用户无法看到软件的效果。这样软件与用户见面的时间间隔较长，也增加了一定的风险。

（2）在软件开发前期未发现的错误传到后面的开发活动中时，可能会扩散，进而可能会造成整个软件项目开发失败。

（3）在软件需求分析阶段，完全确定用户的所有需求是比较困难的，甚至可以说是不太可能的。

1.4.2　螺旋模型

螺旋模型基本做法是在"瀑布模型"的每一个开发阶段前引入一个非常严格的风险识别、风险分析和风险控制，它把软件项目分解成一个个小项目。每个小项目都标识一个或多个主要风险，直到所有的主要风险因素都被确定。

螺旋模型每一个周期都包括需求定义、风险分析、工程实现和评审 4 个阶段，由这 4 个阶段进行迭代。软件开发过程每迭代一次，软件开发又前进一个层次。采用螺旋模型的软件开发过程如图 1-3 所示。

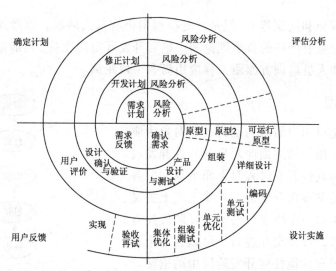

图 1-3 采用螺旋模型的软件开发过程

螺旋模型强调风险分析，使得开发人员和用户对每个演化层出现的风险有所了解，继而做出反应，因此特别适用于庞大、复杂并具有高风险的系统。与瀑布模型相比，螺旋模型支持用户需求的动态变化，为用户参与软件开发的所有关键决策提供了方便，有助于提高目标软件的适应能力。并且，为项目管理人员及时调整管理决策提供了便利，从而降低了软件开发风险。

但是，不能说螺旋模型绝对比其他模型优越，事实上，这种模型也有其自身的缺点：

（1）采用螺旋模型需要具有相当丰富的风险评估经验和专门知识，在风险较大的项目开发中，如果未能够及时标识风险，势必造成重大损失。

（2）过多的迭代次数会增加开发成本，延迟提交时间。

1.4.3 变换模型

变换模型是基于形式化规格说明语言及程序变换的软件开发模型，它采用形式化的软件开发方法对形式化的软件规格说明进行一系列自动或半自动的程序变换，最后映射为计算机系统能够接受的程序系统。采用变换模型的软件开发过程如图 1-4 所示。

为了确认形式化规格说明与软件需求的一致性，往往以形式化规格说明为基础开发一个软

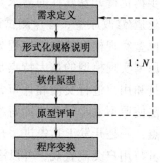

图 1-4 采用变换模型的软件开发过程

件原型，用户可以从人机界面、系统主要功能和性能等几个方面对原型进行评审。必要时，可以修改软件需求、形式化规格说明和原型，直至原型被确认为止。这时软件开发人员即可对形式化的规格说明进行一系列的程序变换，直至生成计算机系统可以接受的目标代码。

变换模型的优点是解决了代码结构经多次修改而变坏的问题，减少了许多中间步

骤（如设计、编码和测试等）。但是，变换模型仍有较大局限，以形式化开发方法为基础的变换模型需要严格的数学理论和一整套开发环境的支持，目前形式化开发方法在理论、实践和人员培训方面距工程应用尚有一段距离。

1.4.4　喷泉模型

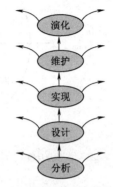

喷泉模型是以用户需求为动力，以对象为驱动的模型，主要用于描述面向对象的软件开发过程。该模型认为软件开发过程自下而上周期的各阶段是相互重叠和多次反复的，就像水喷上去又可以落下来，类似一个喷泉。各个开发阶段没有特定的次序要求，可以交互进行，可以在某个开发阶段中随时补充其他任何开发阶段中的遗漏。采用喷泉模型的软件开发过程如图1-5所示。

图1-5　采用喷泉模型的软件开发过程

喷泉模型主要用于面向对象的软件项目，软件的某个部分通常被重复多次，相关对象在每次迭代中随之加入渐进的软件成分。各活动之间无明显边界，开发人员可以同步进行开发。由于喷泉模型在各个开发阶段是重叠的，因此在开发过程中需要大量的开发人员，因此不利于项目的管理。此外，这种模型要求严格管理文档，使得审核的难度加大，尤其是面对可能随时加入各种信息、需求与资料的情况。

1.4.5　快速原型模型

快速原型模型从需求收集开始，开发者和客户在一起定义软件的总体目标，标识出已知的需求，并规划出需要进一步定义的区域。然后是"快速设计"，即集中于软件中那些对用户/客户可见部分的表示。这将导致原型的创建，并由用户/客户评估并进一步精化待开发软件的需求。这个过程是迭代的，其流程从听取客户意见开始，随后是建造/修改原型，客户测试运行原型，然后往复循环，直到客户对原型满意为止。采用原型实现模型的软件过程如图1-6所示。

原型实现模型的最大特点是能够快速实现一个可实际运行的系统初步模型，供开发人员和用户进行交流和评审，以便较准确地获得用户的需求。该模型采用逐步求精的方法使原型逐步完善，即每次经用户评审后修改、运行，不断重复得到双方认可。其优点：一是开发工具先进，开发效率高，使总的开发费用降低，时间缩短；二是开发人员与用户交流直观，可以澄清模糊需求，调动用户的积极参与，能及早暴露系统实施后潜在的一些问题；三是原型系统可作为培训环境，有利于用户培训和开发同步，开发过程也是学习过程。缺点是产品原型在一定程度上限制了开发人员的创新，没有考虑软件的整体质量和长期的可维护性。由于达不到质量要求，产品可能被抛弃，而采用新的模型重新设计，因此原型实现模型不适合嵌入式、实时控制及科学数值计算等大型软件系统的开发。

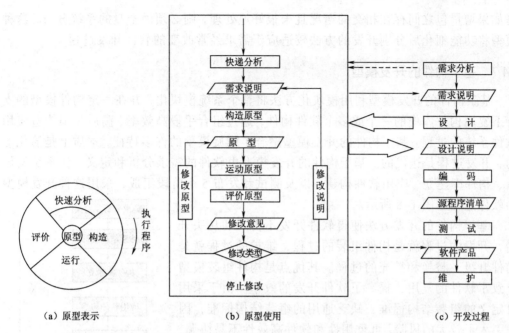

(a) 原型表示　　　　　　　　　　　(b) 原型使用　　　　　　　　　　(c) 开发过程

图 1-6　采用原型实现模型的软件过程

1.4.6　增量模型

增量模型融合了瀑布模型的基本成分（重复应用）和原型实现的迭代特征，该模型采用随着日程时间的进展而交错的线性序列，每一个线性序列产生软件的一个可发布的"增量"。当使用增量模型时，第 1 个增量往往是核心的产品，即第 1 个增量实现了基本的需求，但很多补充的特征还没有发布。客户对每一个增量的使用和评估都作为下一个增量发布的新特征和功能，这个过程在每一个增量发布后不断重复，直到产生了最终的完善产品。增量模型强调每一个增量均发布一个可操作的产品。采用增量模型的软件开发过程如图 1-7 所示。

增量模型与原型实现模型和其他演化方法一样，本质上是迭代的，但与原型实现不一样的是其强调每一个增量均发布一个可操作产品。早期的增量是最终产品的"可拆卸"版本，但提供了为用户服务的功能，并且为用户提供

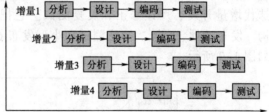

图 1-7　采用增量模型的软件开发过程

了评估的平台。增量模型的特点是引进了增量包的概念，无须等到所有需求都出来，只要某个需求的增量包出来即可进行开发。虽然某个增量包可能还需要进一步适应客户的需求并且更改，但只要这个增量包足够小，其影响对整个项目来说是可以承受的。

采用增量模型的优点是人员分配灵活，刚开始不用投入大量人力资源。如果核心产品很受欢迎，则可增加人力实现下一个增量。当配备的人员不能在设定的期限内完成产品时，它提供了一种先推出核心产品的途径。这样即可先发布部分功能给客户，对客户起到镇静剂的作用。此外，增量能够有计划地管理技术风险。增量模型的缺点

是如果增量包之间存在相交的情况且未很好地处理，则必须做全盘的系统分析，这种模型将功能细化后分别开发的方法较适应于需求经常改变的软件开发过程。

1.4.7 基于构件的开发模型

基于构件的开发模型利用模块化方法将整个系统模块化，并在一定构件模型的支持下复用构件库中的一个或多个软件构件，通过组合手段高效率、高质量地构造应用软件系统的过程。基于构件的开发模型融合了螺旋模型的许多特征，本质上是演化形的，开发过程是迭代的。基于构件的开发模型由软件的需求分析和定义、体系结构设计、构件库建立、应用软件构建，以及测试和发布 5 个阶段组成，采用这种开发模型的软件过程如图 1-8 所示。

基于构件的开发方法使得软件开发不再一切从头开始，开发的过程就是构件组装的过程，维护的过程就是构件升级、替换和扩充的过程。其优点是构件组装模型导致了软件的复用，提高了软件开发的效率。由于采用自定义的组装结构标准，缺乏通用的组装结构标准，因而引入了较大的风险。可重用性和软件高效性不易协调，需要精干的有经验的分析和开发人员。

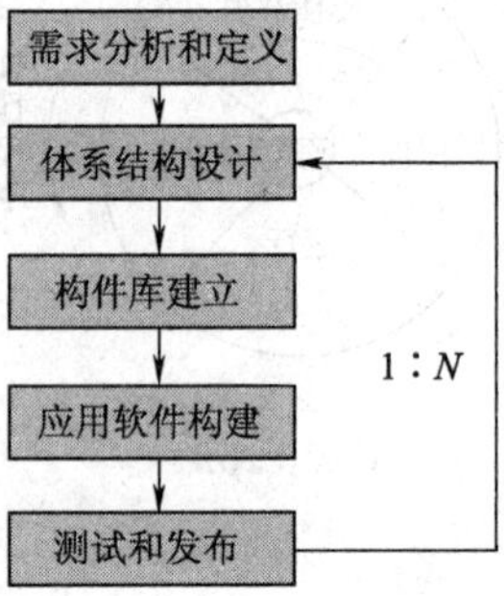

图 1-8　采用基于构件的开发
模型的软件过程

1.4.8 XP 方法

敏捷方法是近几年兴起的一种轻量级的开发方法，它强调适应性而非预测性，强调以人为中心，而不以流程为中心，以及对变化的适应和对人性的关注，其特点是轻载、基于时间、并行并基于构件的软件过程。在所有的敏捷方法中，XP（Extreme Programming）方法是最引人注目的一种轻型开发方法。它规定了一组核心价值和方法，消除了大多数重量型过程的不必要产物，建立了一个渐进型开发过程。该方法将开发阶段的 4 个活动（分析、设计、编码和测试）混合在一起，在全过程中采用迭代增量开发、反馈修正和反复测试。它把软件生命周期划分为用户故事、体系结构、发布计划、交互、接受测试和小型发布 6 个阶段，采用这种开发模型的软件过程如图 1-9 所示。

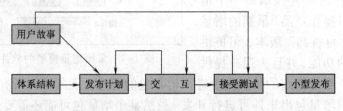

图 1-9　采用 XP 方法的软件过程

XP 模型通过对传统软件开发的标准方法进行重新审视，提出了由一组规则组成的一些简便易行的过程。由于这些规则是通过在实践中观察使软件高效或缓慢的因素而得出的，因此它既考虑了保持开发人员的活力和创造性，又考虑了开发过程的有组织、有重点和持续性。XP 模型是面向客户的开发模型，重点强调用户的满意程度。

开发过程中对需求改变的适应能力较高，即使在开发的后期，也可较高程度地适应用户的改变。

XP 开发模型与传统模型相比具有很大的不同，其核心思想是交流（Communication）、简单（Simplicity）、反馈（Feedback）和进取（Aggressiveness）。XP 开发小组不仅包括开发人员，还包括管理人员和客户。该模型强调小组内成员之间要经常进行交流，在尽量保证质量可以运行的前提下力求过程和代码的简单化；来自客户、开发人员和最终用户的具体反馈意见可以提供更多的机会来调整设计，保证把握正确的开发方向；进取则包含于上述 3 个原则中。

XP 开发方法中有许多新思路，如采用"用户故事"代替传统模型中的需求分析，"用户故事"由用户用自己领域中的词汇并且不考虑任何技术细节准确地表达自己的需求。XP 模型的优点如下：

（1）采用简单计划策略，不需要长期计划和复杂模型，开发周期短。

（2）在全过程采用迭代增量开发、反馈修正和反复测试的方法，软件质量有保证。

（3）能够适应用户经常变化的需求，提供用户满意的高质量软件。

综上所述，软件开发模型随着软件设计思想的改变而发展，经历了由最初以结构化程序设计思想为指导的瀑布模型，到以面向对象思想为指导的喷泉模型，再到以构件开发思想为指导的基于体系结构的开发模型等。每次新的软件设计思想的突破都会出现新的软件开发过程模型，以达到提高软件的生产效率和质量为目标，提出新的解决"软件危机"问题的方案。

1.4.9　统一过程

统一过程（Rational Unified Process，RUP）是由原来 Rational 软件公司（Rational 公司被 IBM 并购）创造的软件工程方法。简单的说 RUP 描述了软件开发中各个环节应该做什么、怎么做、什么时候做以及为什么要做，描述了一组以某种顺序完成的活动。它可以为所有方面和层次的程序开发提供指导方针、模板以及事例支持，是一种重量级过程，特别适用于大型软件团队开发大型项目。

RUP 中的软件生命周期在时间上被分解为 4 个顺序的阶段，分别是：初始阶段（Inception）、细化阶段（Elaboration）、构造阶段（Construction）和交付阶段（Transition），如图 1-10 所示。水平轴代表时间，显示了过程动态的一面，是用周期、阶段、迭代、里程碑等术语描述。垂直轴代表过程静态的一面，是用活动、产品和工作流描述的。每个阶段又分为一个或多个迭代，每次迭代都是一个完整的开发循环，经历需求、分析、设计、实现和测试等活动，它的结果是产品的一个可执行版本，是正在开发的最终产品的一个子集，从一次次的迭代，不断成长，直到最后完成最终系统。每个阶段或迭代结束于一个主要的里程碑（Milestone），在里程碑这个时间点上，必须做出重要的决策并达到一些关键目标。在每个阶段的结尾执行一次评估以确定这个阶段的目标是否已经满足。如果评估结果令人满意，可以允许项目进入下一个阶段。

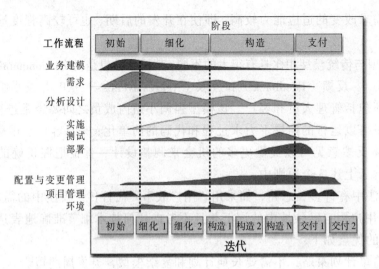

图 1-10　统一过程图示

1．初始阶段

初始阶段的目标是为系统建立商业案例并确定项目的边界。为了达到该目的必须识别所有与系统交互的外部实体，在较高层次上定义交互的特性。本阶段具有非常重要的意义，在这个阶段中所关注的是整个项目进行中的业务和需求方面的主要风险。对于建立在原有系统基础上的开发项目来讲，初始阶段可能很短。初始阶段结束时是第一个重要的里程碑：生命周期目标（Lifecycle Objective）里程碑。生命周期目标里程碑评价项目基本的生存能力。

2．细化阶段

细化阶段的目标是分析问题领域，建立健全的体系结构基础，编制项目计划，淘汰项目中最高风险的元素。为了达到该目的，必须在理解整个系统的基础上，对体系结构作出决策，包括其范围、主要功能和诸如性能等非功能需求。同时为项目建立支持环境，包括创建开发案例，创建模板、准则并准备工具。细化阶段结束时第二个重要的里程碑：生命周期结构（Lifecycle Architecture）里程碑。生命周期结构里程碑为系统的结构建立了管理基准并使项目小组能够在构建阶段中进行衡量。此刻，要检验详细的系统目标和范围、结构的选择以及主要风险的解决方案。

3．构造阶段

在构建阶段，所有剩余的构件和应用程序功能被开发并集成为产品，所有的功能被详细测试。从某种意义上说，构建阶段是一个制造过程，其重点放在管理资源及控制运作以优化成本、进度和质量。构建阶段结束时是第三个重要的里程碑：初始功能（Initial Operational）里程碑。初始功能里程碑决定了产品是否可以在测试环境中进行部署。此刻，要确定软件、环境、用户是否可以开始系统的运作。此时的产品版本也常被称为"beta"版。

4．交付阶段

交付阶段的重点是确保软件对最终用户是可用的。交付阶段可以跨越几次迭代，包括为发布做准备的产品测试，基于用户反馈的少量的调整。在生命周期的这一点上，用户反馈应主要集中在产品调整，设置、安装和可用性问题，所有主要的结构问题应该已经在项目生命周期的早期阶段解决了。在交付阶段的终点是第四个里程碑：产品发布（Product Release）里程碑。此时，要确定目标是否实现，是否应该开始另一个开发周期。在一些情况下这个里程碑可能与下一个周期的初始阶段的结束重合。

本章案例一：

在信息高度发达的今天，酒店业务涉及的各个工作环节已经不仅仅是传统的住宿、结算业务，而是更广泛、更全面的服务性行业代表。酒店宾馆作为一个服务性行业，从客房的营销即客人预订开始，到入住登记直至最后退房结账，整个过程应该能够体现以宾客为中心，提供快捷、方便的服务，给宾客一种顾客至上的享受。提高酒店的管理水平，简化各种复杂操作，在最合理、最短时间内完成酒店业务规范化操作，这样才能令旅客舒适难忘，增加宾客回头率。而对酒店业内激烈的竞争形势，各酒店均在努力拓展其服务领域的广度和深度。虽然信息化不是酒店走向成功的关键因素，但它可以帮助那些真正影响成败的要素发挥更大的作用。因此，采用全新的酒店管理系统，将成为提高酒店管理效率，改善服务水平的重要手段之一。

本系统的基本信息有客房、餐饮、财务及人力资源等，用户登录系统后根据权限操作这些基本信息。要实现的功能模块包括 4 个方面：第一个方面是客房管理子系统，包括客房登记、客房预订、工作报表、信息查看及最重要的客房部经理管理模块；第二个方面是餐饮管理子系统，包括点单、埋单、预订、换台及最重要的餐饮部经理管理模块；第三个方面是财务管理子系统，包括财务预算的查看及发布审核、财务报表的生成等；最后一个方面是人力资源管理子系统，包括员工信息的录入、查看及绩效考核等。

【问题 1】本系统适合采用增量模型开发吗？增量模型有什么优点？

【问题 2】什么样的项目适合采用增量模型开发？

【问题 3】本系统为什么适合使用增量模型？

参考答案：

【问题 1】本酒店管理系统适宜采用增量式开发模型。

增量模型有如下优点：

（1）可以避免一次性投资太多带来的风险，首先实现主要的功能或者风险大的功能，然后逐步完善，保证投入的有效性。

（2）可以更快地开发出可以操作的系统。

（3）可以减少开发过程中用户需求的变更。

（4）一些增量可能需要重新开发（如果早期开发的需求不稳定或者不完整）。

【问题 2】增量模型开发适合的项目：

（1）项目开始时，明确了大部分的需求，但是需求可能会发生变化的项目。

（2）对于市场和用户把握不是很准，需要逐步了解的项目。

（3）对于有庞大和复杂功能的系统进行功能改进时需要一步一步实施的项目。

【问题 3】在增量开发过程中，软件描述、设计和实现活动被分散成一系列的增量，这些增量轮流被开发。先完成一个系统子集的开发，再按同样的开发步骤增加功能（系统子集），如此递增下去直至满足全部系统需求。要求系统的总体设计在初始子集设计阶段就应做出设计。

（1）本酒店管理系统主要分为四大功能模块，其中以客房管理模块为核心，因此可以先基于客房管理功能做出一个最小的使用版本，再逐步添加其余的功能。这样一来，用户可以在先试用最小版本的同时，提出更多明确的需求，这有助于下一阶段的开发，大大减小了开发的风险。

（2）酒店管理系统需求中，要求系统有可扩充性。若使用增量式模型，可以保证系统的可扩充性。用户明确了需求的大部分，但也存在很多不详尽的地方。这样，只有等到一个可用的产品出来，通过客户使用这个产品，然后进行评估，将评估结果作为下一个增量的开发计划，下一个增量发布一些新增的功能和特性，直至产生最终完善的产品。

（3）"系统要求有可扩充性，在现有系统的基础上，通过前台就可加挂其他功能模块"，也说明用户可能会增加新的需求。

（4）对一个使用传统管理方式的酒店，要完全舍弃原有的管理方式，用酒店管理系统来进行管理是很不实际的，或者说需要一定的时间来转变。所以，可以从最基础的做起，逐步扩充其应用，让用户可以由简入繁，逐步对系统熟悉以致得心应手。所以，选用增量式模型来开发校务通系统。

（5）本项目具备增量式模型的其他特点：项目复杂程度为中等，预计开发软件的成本为中等，产品和文档的再使用率会很高，项目风险较低。

1.5 软件项目管理过程

软件是一个特殊行业，其规范性远远不如建筑等行业，经验在项目管理中占有重要作用，理论和标准还在发展中。为了实现项目目标，使软件项目获得成功，需要对软件项目的范围、风险、资源、任务、成本、时间进度等做到心中有数。而项目管理可以提供这些信息，大致可分为4个阶段：项目初始、项目计划、项目执行控制、项目结束。每个阶段有更细小的过程。

1. 项目初始

项目管理的第一个阶段是确定项目的目标范围，包括开发和被开发双方的合同，软件要完成的主要功能、性能、稳定性，项目的开发周期，软件的限制条件及客户其他需求等。

初始过程的第一个挑战就是"项目目标含糊、充满冲突"。项目干系人，如项目发起人、成果使用者、负责单位等之间对需求理解不一致，对项目的目标设定不一致。初始过程的第二个挑战就是"交流语言不规范，缺乏沟通技巧和工具"。以上两方面的挑战会引起项目目标难以清晰定义或理解不一致。

2. 项目计划

项目计划是建立项目行动指南的基准，包括软件项目的估算、风险分析、进度规划、人员配备、产品质量规划等，它指导项目的进程发展，是项目跟踪控制的依据。软件项目计划是一个用来协调所有其他计划，以指导项目执行和控制的可操作的文件。它体现了对客户需求的理解，是开展项目活动的基础。

项目计划过程面临的最大挑战是计划的准确性差。

3．项目执行控制

一旦建立了基准计划就必须按照计划执行，使项目在预算内按进度完成并使用户满意。在这个阶段，项目管理过程包括测量实际的进程，并与计划相比较，发现计划的不当之处。如果实际进程与计划进程相比落后、成本超出预算或者没有达到技术要求，就须采取纠正措施，使项目恢复到正常轨道，或者更正计划的不合理之处。

项目执行过程面临的挑战是由于计划不准确、关键路径不能锁定，从而导致里程碑目标不能保证项目目标实现，项目实施的时间压力增大，也可能导致资源调配不合理及成本增加。在时间和成本的双重压力下，公司的质量管理很容易流于形式。

4．项目结束

项目管理的最后环节是结束过程，项目的特征之一是它的一次性，有起点也有终点，主要工作是适当地做出项目终止的决策，确认项目实施的各项成果，进行项目的交接和清算等，可对项目进行最后评审及项目总结。在项目的结束过程中，时间、质量、成本、项目范围的冲突在这个过程集中暴露出来。这些冲突主要表现在三方面：一是客户与项目团队之间，项目团队可能认为已经完成了预定任务，达到了客户要求，但客户认为没达到；二是项目团队与公司之间，项目组认为已经付出了努力，但公司却由于成本过高或客户满意度不高并没有盈利；三是在项目组成员之间，成绩和责任的归属方面可能产生意见不一致。

本章案例二：

XS 信息技术有限公司原本是一家专注于企业信息化的公司，在电子政务如火如荼的时候，开始进军电子政务行业。在电子政务的市场中，接到的第一个项目是开发一套工商审批系统。由于电子政务保密要求，该系统涉及两个互不连通的子网：政务内网和政务外网。政务内网中存储着全部信息，其中包括部分机密信息；政务外网可以对公众开放，开放的信息必须得到授权。系统要求在这两个子网中的合法用户都可以访问到被授权的信息，访问的信息必须一致可靠，政务内网的信息可以发布到政务外网，政务外网的信息在经过审批后可以进入政务内网系统。

张工是该项目的项目经理，在捕获到这个需求后认为电子政务建设与企业信息化有很大的不同，有其自身的特殊性，若照搬企业信息化原有的经验和方案必定会遭到惨败。因此，他采用了严格瀑布模型，并专门招聘了熟悉网络互联的技术人员设计了解决方案，在经过严格评审后实施。在项目交付时，虽然系统完全满足了保密性的要求，但用户对系统用户界面提出了较大的异议，认为不符合政务信息系统的风格，操作也不够便捷，要求彻底更换。由于最初设计的缺陷，系统表现层和逻辑层紧密耦合，导致 70% 的代码重写，而第二版的用户界面仍不能满足最终用户的要求，最终又重写部分代码才通过验收。由于系统反复变更，项目组成员产生了强烈的挫折感，士气低落，项目工期也超出原计划的 100%。

【问题 1】请对张工的行为进行点评。

【问题 2】请从项目范围管理的角度找出该项目实施过程中的主要管理问题。

【问题 3】请结合本人实际项目经验，指出应如何避免类似问题。

参考答案：

【问题 1】

（1）张工注意到了系统运行环境的特殊性，在进行设计和实现的情况下满足了用户的要求。

（2）张工忽略了系统用户的潜在要求，在用户界面和操作的风格上范围定义不清晰，导致系统交付时的重大变更。

（3）张工在第一次问题发生后仍没有对范围进行有效的管理，造成了系统第二次的变更。

（4）张工没有对用户界面是否能够满足要求的风险进行有效的评估，而是采用了对风险适应性较差的瀑布模型组织开发。

（5）张工没有对设计质量进行有效的控制，造成表现层中耦合了业务逻辑，增加了修改的代价。

【问题 2】

（1）张工没有挖掘到系统的全部隐性需求，缺乏精确的范围定义。

（2）在发生第一次变更时，张工仍没有有效地进行范围管理，从而造成系统的二次变更。

（3）重复地进行系统变更说明张工对系统范围控制不足，导致一而再再而三地返工。

【问题 3】

有效的范围管理包括从范围定义到范围控制等多方面的工作，每一项工作都是重要的。对于本案例，要结合行业特点进行需求分析，挖掘系统潜在的需求，同时通过原型等方法来辅助需求的定义，避免出现范围定义不清晰的问题。

在发生需求变更时需要进行有效的需求控制，尽量在满足用户需求的前提下缩小需求范围，坚决避免需求的再次变更。

小　结

本章主要对软件项目管理的相关概念做简要的介绍，主要讲解了项目、软件项目、软件项目管理等概念；简述了软件项目管理的原则及范围，并对软件项目过程管理的基本过程进行简要概述。论述各种常用开发模型在实践中的适用条件，分别简述瀑布模型、螺旋模型、喷泉模型、快速原型模型、增量模型、XP 方法等模型，并重点对这些模型的优点、缺点进行了分析，进而让读者理解它们的适用条件，使读者能够在实践中灵活选择使用这些模型，并且设计有针对性的开发过程模型。

习 题

1. 什么是软件项目？
2. 软件项目管理的范围有哪些？
3. 解释软件项目过程管理。
4. 描述项目成本的预算步骤。
5. 论述如何在实际项目中选择合适的开发模型。

第 2 章

项目初始 ‹‹‹

引言

常见的软件项目形式主要有两种：通用商业软件项目、定制软件项目。通用商业软件的基本功能比较明确，实现细节有多种选择；定制软件项目一般来源于某一特定的业务需求，通常只能是一对一实现定制。两种类型的项目初期工作有些区别。

学习目标

通过本章学习，应达到以下要求：

- 掌握软件项目的招投标过程。
- 理解通用型软件的立项过程。
- 掌握软件项目的启动过程。

内容结构

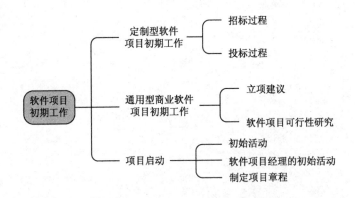

2.1 定制型软件项目初期工作

定制软件项目初期主要进行招投标管理。招标投标是在市场经济条件下进行大宗货物的买卖、工程建设项目的发包与承包，以及服务项目的采购与提供时所采用的一种交易方式。

招投标主要包含两个主要过程：招标和投标，当然还有开标、评标、定标等过程。在这种交易方式下，通常是由项目采购方作为招标方，通过发布招标公告或者向一定数量的特定供应商、承包商发出招标邀请书等方式发出招标采购的信息，提出所需采购的项目的性质及其数量、质量、技术要求，交货期、竣工期或提供服务的时间，以及其他供应商、承包商的资格要求等招标采购条件，表明将选择最能够满足采购要求的供应商、承包商与之签订采购合同的意向。由有意提供采购所需货物、工程或服务的供应商、承包商报价并响应其他招标方要求的条件，参加投标竞争。经招标方对各投标者的报价及其他的条件进行审查比较后，从中择优选定中标者，并与其签订采购合同。

2.1.1 招标过程

招标过程包括下列步骤：

1. 确定招标方式

根据招标单位多少，可分为单独招标和联合招标。单独招标最常见，是指由一家单位独立招标；联合招标则由两家以上单位联合起来进行招标，为了各自不同的目的，这种方式适用于一些较大的项目。

根据招标是否公开，可分为公开招标和非公开招标。公开招标也称为无限竞争招标，邀请不特定的法人或其他组织投标。依法进行公开招标项目的招标公告，应当通过公开的媒介发布。非公开招标，也称有限竞争招标或邀请招标，招标人采取邀请招标方式的，应当向3个以上具备承担招标项目能力、资信良好的特定法人或者其他组织发出投标邀请书。

2. 确定招标程序

公开招标是最完整、最规范、最典型的招标方式。它形式严密，步骤完整，运作环环入扣。按照国际上的通行做法，软件项目招标的程序通常如下：①明确招标的技术内容；②成立招标机构，聘请专家顾问；③准备招标文件；④确定标底；⑤发布招标通知、公告或邀请书；⑥资格审查；⑦发布招标文件或招标任务书。

3. 拟定招标文件

招标文件是招标单位向投标人说明技术要求等相关事项的文档，也称招标任务书。招标任务书是招标的行动指南，主要内容大致如下：①项目招标公告；②招标单位的要求；③投标人须知；④招标章程；⑤相关附件；⑥相关技术资料。

招标项目需要划分标段、确定工期的，应在招标文件中表明。招标文件不应含有倾向或排斥潜在投标人的内容。如果招标单位对已发布的招标文件进行修改，应在招标文件中提交投标文件截止时间15日前，以书面形式通知所有招标文件收受人。

4. 确定标底

标底是我国工程招标中的一个特有概念，是工程造价的表现形式之一。

标底是评标中衡量投标报价是否合理的尺度，是确定投标单位能否中标的重要依据，是招标中防止盲目投价，抑制低价抢标现象的重要手段，是控制投资额核实建设规模的文件。科学合理的标底能为业主在评标、定标时正确选择出标价合理、保证质量、工期适当、企业信誉良好的施工企业。

一份好的标底，应该从实际出发，体现科学性和合理性。把中标的机会摆在众多企业的面前，他们可以凭借各自的人员、技术、管理、设备等方面的优势参与竞标，最大限度地获取合法利润，而业主也可以得到优质服务，节约基建投资。

只能编制一个标底，标底须严格保密。标底的价格应反映项目产品的价值（即在标底编制过程中要遵循价值规律）；标底的价格应反映市场的供求状况对项目产品价格的影响（即标底编制应服从供求规律）；标底的价格应反映出一种平均先进的社会生产力水平（以达到通过招标，促使社会劳动生产力水平提高的目的）。此外，也可以实行无标底招标。

5. 发布招标公告

招标公告是招标人正式启动招标工作的第一个环节，目的是为提高招标工作的透明度，以真正体现招标原则的公开性。

发布招标公告时，招标人应依据《中华人民共和国招标投标法》第十六条第二款中规定，"招标公告应当载明招标人的名称和地址、招标项目的性质、数量，实施地点和时间以及获取招标文件的办法等事项。"基于这一法律规定，国家计委以第4号令发布了《招标公告发布暂行办法》。其中，第六条对相关事项进行了明确的规定，是与《招标投标法》第十六条要求完全一致的。因此，无论是项目的招标人或是招标代理机构都必须认真领会这一规定的实质，并逐条领会国家计委4号令的第十条至第二十一条，严格执行。

招标公告是投标人进行投标的主要依据，应包括的主要内容如下：①招标人名称、地址、联系方式；②招标内容；③招标目标；④项目的实施地点和时间；⑤投标单位必备条件；⑥开标日期、地点；⑦招标文件的发售及价格。

2.1.2 投标过程

投标过程包括下列步骤：

1. 投标前期准备

（1）研究招标公告。按顺序研究下列内容：是否符合单位必要条件；招标内容是否符合；是否能达到招标目标；能否满足实施时间和地点；开标日期之前能否完成投标的全部工作。得出是否投标的结论，决定是否购买招标文件。

（2）购买招标文件。招标公告会说明招标文件出售的时间和地点。如果招标公告没有明确投标资格要求，投标人可以查阅招标文件。有的投标人在外地，不方便来招标公司购买招标文件，可以通过电汇的方式将招标文件款和邮费汇至招标公司。将来随着电子商务的普及，招标公司还将开通网上购买招标文件的业务。投标人对购买招标文件存在任何疑问，请向项目负责人电话咨询。

（3）自我评估和调查研究。拿到招标文件后，要进行自我评估及调查研究，评估是否具备投标能力，并从技术和经济两个方面进行可行性研究。

（4）递交投标申请书。根据投标文件的具体要求，如果需要交付投标申请书，主要按如下内容完成：投标单位名称、地址、负责人信息、开户银行、账号等；投标单位简介；保证单位名称、性质及保证人信息。应重点反映技术实力。

（5）资格审查合格后确定投标。

2. 编写投标书

拟定投标书是投标过程中最繁重的任务，要满足用户的功能和性能需求，还要反映出投标方的竞争力，通常占大多数软件项目合同成本的 5%左右。拟定投标书包括下列步骤：

（1）投标书准备计划。明确目标和制订投标书准备计划是提高中标率的重要工作：人员的组织和分工，可由一个团队综合协同完成；需要对相关资源统筹管理，确保每个成员顺利按时完成；明确时间进度计划，尽量前紧后松。

（2）调研及收集信息。在投标前期准备阶段需要对项目进行初步调研，为了设计一个好的投标方案，往往还需要进一步调研，全面、客观地理解与项目相关的更广泛信息。

（3）制订投标方案。这是投标过程中工作量最大的任务，投标方案通常需要保密。首先投标方案要满足软件的功能和性能要求，并且尽量对项目的成本和实施方案进行具体的估算。投标方案中的细节不应少于项目实施中需要的基本内容。通常投标人还应与招标人沟通，尝试更好、更新的解决方案。

投标方案是项目开发单位实力的象征，是决定能否中标的关键之一，应充分表达方案的先进性、可行性、实用性及特点。

在提交投标书之后，如果需要修改，应在提交投标文件截止日期之前完成。

（4）估算投标报价。投标方案中的报价明细表是对项目分解后各分项、子系统的详细报价。其中硬件、投标报价可在采购成本加运输成本的基础上，再加一定比例的利润。投标报价估算的合理性有技术方面的因素，与估算人的经验也是分不开的，可先估算标底，并估算竞争对手的报价，综合多方面因素确定报价。

通常采用的投标报价策略如下：

- 盈利策略：以较大利润为目标的报价策略。通常适用于以下情况：专业要求高、技术密集型项目；投标人不是特别想干的项目；招标方要求苛刻且工期紧急的项目，可增收加急费；同一领域，投标人技术领先优势明显且竞争对手少。
- 微利保本策略：降低甚至不考虑利润。
- 低价亏损策略：考虑一定亏损的报价策略。只在特殊情况下使用，如竞争激烈、急于抢占市场等。

通常采用的投标报价方法如下：

- 不平衡报价法：项目总价确定后，根据投标书的付款条件，合理调整各分项价格。例如：某项目包括软件开发、硬件采购，硬件设备到达指定地点后支付设备款，而软件要分期付款，为了减少汇款风险，总价确定后，将硬件部分调高，软件部分调低。
- 可选方案报价法：也称多方案报价法。对招标书中有可选方案或无明确规定方案时，可做出多种方案及对应报价，使用户更灵活地选择。
- 突然降价法：报价是一项极为保密的工作。竞争对手往往互相刺探，打听对手的报价。开始确定价格时适当高些，在投标截止日期到达时，突然降低总价，使对手猝不及防。
- 保本从长计议法：超低报价的目的在于击垮竞争对手，打入市场或进入该领域，以期建立长期合作关系，从之后的合作中逐步弥补本次投标的损失。

策略和技巧来自经验教训的总结，报价要定得合理，要按价值规律进行测算，须掌握大量信息。

（5）准备相关材料。投标书可由商务部分和技术部分组成，投标方案仅是技术部分的内容。商务部分是指投标人提交的证明其有资格参加投标及能实施中标合同的文件。技术部分是投标人提交的能证明投标人提供的产品和服务符合招标文件规定的文件。投标人应按投标人须知的规定提交商务文件、技术文件等。

（6）确保投标有效，严格进行校对、密封、提交。

3．开标

应明确开标程序，并严格实施。对于逾期送达、未按招标文件要求密封等情况的投标书可不予受理。

4．评标

可按下述流程进行评标：①建立评标委员会；②评标准备与初步评审；③讲标；④详细评审；⑤提出书面评标报告。

其中，讲标也称为答辩，类似于学生的毕业答辩，讲解投标书的主要内容，并回答评标专家的提问。对于采购类招标和小型项目一般没有讲标过程，但对于较大的软件项目，由于技术方案涉及内容较广，需要投标方的技术人员现场解释。讲标应是一个保密过程，当某个投标人讲标时，应拒绝其他投标人参加。讲标通常分为两个过程：首先投标人讲解投标文件的主要内容；然后是答辩过程。

5．定标

评标委员会推荐的中标候选人应限定在 1～3 人，然后招标人确定中标人，发放中标通知。定标的标准为投标报价符合采购招标文件的要求，并能确保圆满地履行合同且能提供对招标方最为有利的最低评标价格的投标方。

2.2　通用型商业软件项目初期工作

立项管理（Project Initialization Management，PIM）是新产品研发管理的或者说集成产品开发（Integrated Product Development，IPD）的一个重要内容。企业最怕的就是战略性决策和方向选择失误。项目管理中的项目计划是保证实现项目的目标，而立项管理是确定项目的目标，立项决策是否正确可能直接导致整个企业的成败。立项管理是决策行为，其目标是"做正确的事情"（Do Right Things）。而立项之后的研发活动管理活动的目标是"正确地做事情"（Do Things Right）。只有"正确的决策"加上"正确地执行"才可能产生优秀的产品。

立项管理的目的：符合机构最大利益的立项建议被采纳，避免浪费机构的人力资源、资金、时间等。立项管理流程分为 3 个阶段：立项建议阶段、立项评审阶段和项目筹备阶段，如图 2-1 所示。

1．立项建议阶段

立项建议小组应反复地进行立项调查、产品构思和可行性分析。在深思熟虑之后，立项建议小组撰写《立项建议书》，并申请立项。

要注意的是，由于立项调查工作和可行性分析通常比较费时费力，往往被人忽视。而草率撰写的《立项建议书》会有比较多的主观臆断，这对项目是有危害的。产品构思通常不可能快速完成，切不可闭门造车。深入地进行立项调查与可行性分析不仅对产品构思有帮助，而且对立项审查也有帮助。

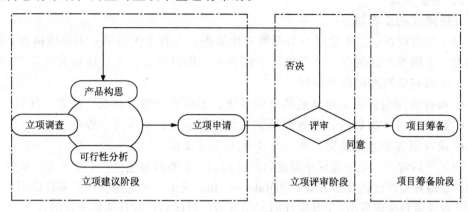

图 2-1 立项管理流程

2. 立项评审阶段

机构领导组织一个评审委员会进行立项评审。评审委员会根据《立项建议书》《立项调查报告书》以及立项建议小组的答辩，投票决定是否同意立项（按少数服从多数的原则）。评审委员会根据机构的实际情况（发展战略、资金、人力资源等），对《立项建议书》提出改进意见。

机构领导对立项具有最终审批权。如果机构领导赞同评审委员会的决策，那么他们将共同分担决策责任。如果机构领导行使"一票否决权"，那么他将对该决策负全部责任。

3. 项目筹备阶段

机构领导任命一位项目经理。通常情况下，立项建议小组的负责人将被任命为项目经理，这样有利于激发员工的工作热情。但是，如果此人不适合任项目经理，那么机构领导应该另外任命一位合适的项目经理。

项目经理被任命之后，机构领导协助项目经理获取项目经费、人力资源、软硬件资源等。要注意的是，如果项目所需的资金和资源难以按时到位，此时项目经理不可老是等待或只是抱怨，应当主动设法克服困难，尽早行动起来。很多时候，资金和资源是争取来的，而不是等来的。

如果必要的资金和资源已经到位，项目经理和项目核心成员根据实际情况撰写《项目计划》，执行项目研发和管理工作。

2.2.1 立项建议

立项建议小组充分地进行立项调查、产品构思和可行性分析，撰写相应文档并申请立项。

1. 角色与职责

立项建议小组一般由创作者（构思者）和市场人员组成。该小组开展立项调查、产品构思、可行性分析等活动，在深思熟虑之后撰写《立项建议书》《立项调查报告》

和《立项可行性分析报告》，并申请立项。

2．主要步骤

立项建议的步骤如下：

（1）立项调查。立项建议小组开展立项调查，主要工作包括：①市场调查；②政策调查；③同类产品调查；④竞争对手调查；⑤用户调查；⑥其他相关的调查。

立项调查应当遵循以下原则：

- 调查者应当客观地对待被调查的事物，不可有意往"好处"或者"坏处"写。
- 调查报告中的数据、图表要真实并且有据可查，不可凭空捏造。
- 调查报告应通俗易懂，不可写出学术性的文章。

（2）产品构思。立项建议小组进行产品构思，主要内容包括：①待开发产品的主要功能；②待开发产品的技术方案；③Make-or-Buy决策（确定哪些产品部件应当采购、外包开发或者自主研发）；④开发计划；⑤市场营销计划；⑥其他相关计划。

（3）可行性分析。立项建议小组开展可行性分析，主要内容包括：①市场可行性分析；②政策可行性分析；③竞争实力可行性分析；④技术可行性分析；⑤时间和资源可行性分析；⑥知识产权可行性分析；⑦其他相关可行性分析。

可行性分析必须为决策提供有价值的依据和论断，既不能以偏概全，又不能对任何细节加以权衡（否则会让阅读者迷失主题）。

（4）撰写并完善立项建议相关文档。在进行了充分的立项调查、产品构思和可行性分析之后，立项建议小组撰写并完善《立项建议书》《立项调查报告》《立项可行性分析报告》以及相关文档。

（5）申请立项。立项建议小组向机构领导递交《立项建议书》《立项调查报告》《立项可行性分析报告》以及相关材料，申请立项。

3．结束准则

立项建议小组按照指定模板撰写了《立项建议书》《立项调查报告》和《立项可行性分析报告》。

2.2.2 软件项目可行性研究

软件项目可行性研究工作是通过对项目的市场需求、资源供应、资金筹措、盈利能力等方面的研究，从技术、经济、工程等角度对项目进行调查研究和分析比较，并对项目建成以后可能取得的经济效益和社会环境影响进行科学预测，为项目决策提供公正、可靠、科学的投资咨询意见。

1．识别潜在的软件项目并进行软件产品市场分析

市场分析在可行性研究中的重要地位在于，任何一个项目，其生产规模的确定、技术的选择、投资估算甚至厂址的选择，都必须在对市场需求情况有了充分了解以后才能决定。而且，市场分析的结果，还可以决定产品的价格、销售收入，最终影响到项目的盈利性和可行性。

在可行性研究中，要详细研究当前市场现状，以此作为后期决策的依据。主要包括：①软件项目产品市场调查；②软件项目产品国际市场调查；③软件项目产品国内市场调查；④软件项目产品价格调查；⑤软件项目产品市场竞争调查；⑥软件项目产品市场预测。

市场预测是市场调查在时间上和空间上的延续，利用市场调查所得到的信息资料，对本项目产品未来市场需求量及相关因素进行定量与定性的判断与分析，从而得出市场预测。在可行性研究工作报告中，市场预测的结论是制订产品方案，确定项目建设规模参考的重要根据。

2．不确定性分析

在对项目进行评价时，所采用的数据多数来自预测和估算。由于资料和信息的有限性，将来的实际情况可能与此有出入，这对项目投资决策会带来风险。为避免或尽可能减少风险，需要分析不确定性因素对项目经济评价指标的影响，以确定项目的可靠性，这就是不确定性分析。根据分析内容和侧重面不同，不确定性分析可分为盈亏平衡分析、敏感性分析和概率分析。在可行性研究中，一般要进行的盈亏平衡分析、敏感性分配和概率分析，可视项目情况而定。

3．软件项目财务效益、经济和社会效益评价

在项目的技术路线确定以后，必须对不同的方案进行财务、经济效益评价，判断项目在经济上是否可行，并选出优秀方案。本部分的评价结论是建议方案取舍的主要依据之一，也是对建设项目进行投资决策的重要依据。下面对可行性研究报告中财务、经济与社会效益评价的主要内容进行概要说明。

（1）财务评价。财务评价是考察项目建成后的获利能力、债务偿还能力及外汇平衡能力的财务状况，以判断建设项目在财务上的可行性。财务评价多用静态分析与动态分析相结合，以动态为主的办法进行，并用财务评价指标分别和相应的基准参数——财务基准收益率、行业平均投资回收期、平均投资利润率、投资利税率相比较，以判断项目在财务上是否可行。

（2）国民经济评价。国民经济评价是项目经济评价的核心部分，是决策部门考虑项目取舍的重要依据。建设项目国民经济评价采用费用与效益分析的方法，运用影子价格、影子汇率、影子工资和社会折现率等参数，计算项目对国民经济的净贡献，评价项目在经济上的合理性。国民经济评价采用国民经济盈利能力分析和外汇效果分析，以经济内部收益率（EIRR）作为主要的评价指标。根据项目的具体特点和实际需要也可计算经济净现值（ENPV）指标，涉及产品出口创汇或替代进口结汇的项目，要计算经济外汇净现值（ENPVF）、经济换汇成本或经济节汇成本。

（3）社会效益和社会影响分析。在可行性研究中，除对以上各项指标进行计算和分析以外，还应对项目的社会效益和社会影响进行分析，也就是对不能定量的效益影响进行定性描述。

2.2.3　立项评审

机构领导组织立项评审委员会，对《项目建议书》进行评审，决定是否同意立项。对立项管理过程产生的所有有价值的文档如《立项建议书》《立项调查报告》《立项可行性分析报告》《立项评审报告》进行配置管理。由于每个项目都要占有机构的资金和资源，立项评审一定要严格。建议对机构高层管理人员进行必要的立项管理培训。

对于客户委托开发的项目，立项建议工作可以适当地简化，做好必要的保密工作。

1. 角色与职责

机构领导根据项目的特征组织立项评审委员会，并确定一位主席。主席应当具备比较丰富的评审经验，能够控制评审会议的进程。主席除了主持评审会议之外，还要负责撰写《立项评审报告》。

一般来说，立项评审委员会由机构领导、各级经理、市场人员、技术专家、财务人员等组成。委员会按少数服从多数的原则投票决定是否同意立项（此时机构领导只是一名委员，不具有一票否决权）。

立项建议小组陈述《立项建议书》的主要内容，并答复评审委员会的问题。

评审会议的记录员可以任意指定。记录员记录评审会议中的一些重要问答。

立项评审委员会决议之后，机构领导做最终审批（此时机构领导具有一票否决权）。

2. 主要步骤

（1）准备：

- 机构领导根据项目特征组织立项评审委员会，并确定一位主席。
- 主席确定评审会议的时间、地点、设备和参加会议的人员名单（包括评委、记录员、立项建议小组、旁听者等），并通知所有相关人员。
- 主席将《立项建议书》《立项调查报告》《立项可行性分析报告》，以及相关材料发给所有评委。各评委必须在举行评审会议之前阅读完上述材料，并及时与立项建议小组进行交流。

（2）举行评审会议：

- 主席宣讲本次评审会议的议程、重点、原则、时间限制等。
- 立项建议小组陈述《立项建议书》的主要内容。
- 答辩：
  ➢ 评审委员会提出疑问，立项建议小组解答。双方应当对有争议的内容达成一致的处理意见。
  ➢ 记录员记录答辩过程中的重要内容（问题、结论、建议等）。
- 评估：
  ➢ 立项建议小组退席。
  ➢ 评审委员会根据"立项评审检查表"认真地评估该项目。
- 会议结束决议：
  ➢ 评审委员会给出评审结论和意见：
    ◇ 如果半数以上评委反对立项，则评审结论为"不同意立项"。
    ◇ 如果半数以上的评委赞同立项，则评审结论为"同意立项"。
  ➢ 主席撰写《立项评审报告》并递交给机构领导，本次评审会议结束。

（3）机构领导终审：

- 机构领导在《立项评审报告》中签订最终审批结论和意见：

> 如果机构领导的终审结论与评审委员会的结论"一致",则机构领导和评审委员会共同分担评审工作的责任。
> 如果机构领导的终审结论与评审委员会的结论"相反",机构领导可以行使"一票否决权",则机构领导应当对立项评审工作负全部责任。

• 后续活动:立项建议小组根据立项评审委员会和机构领导的意见修正《立项建议书》。

3. 结束准则

评审委员会和机构领导已经在《立项评审报告》中签注结论和意见。

2.3 项目启动

项目启动是指组织正式开始一个项目。通过发布项目章程正式地启动确定这个项目。项目章程是一个非常重要的文件,该文件正式确认项目的存在并对项目提供简要的概述。主要利益相关者要在项目章程上签字,以表示承认在项目需求和目的上达成一致。同时重要的是要确认项目经理并进行授权。

2.3.1 初始活动

项目初始阶段是指从合同签订生效后到正式开展设计这一阶段。此阶段的主要任务是完成组织、计划,创造开展项目工作的条件。

初始活动包括以下过程:

1. 确定软件项目经理

项目经理(Project Manager)是为项目的成功策划和执行负总责的人。项目经理是项目团队的领导者,其首要职责是在预算范围内按时优质地领导项目小组完成全部项目工作内容,并使客户满意。一旦确定项目并获得项目启动的批复,就需要确定软件项目经理。项目经理的职责重大,所以在能力、管理技能等方面有很严格的要求。

(1)能力要求。项目经理要求具备:

• 号召力:也就是调动下属工作积极性的能力。一般情况下,项目经理部的成员是从企业内部各个部门调来后组合而成的,因此每个人的素质、能力和思想境界均或多或少存在不同之处。每个人从单位到项目部上班也都带有不同的目的,每个人的工作积极性均会有所不同,因此,项目经理应具有足够的号召力才能激发各种成员的工作积极性。

• 影响力:主要是对下属产生影响的能力。项目经理除了要拥有其他员工视为重要的特殊知识,正确地、合法地发布命令之外,还需要适当引导下属的个人后期工作,授权他人自由使用资金,提高员工的职位,增加员工的工资报酬,并利用员工对某项具体工作的热爱产生相应的激励措施。

• 交流能力:就是有效倾听、劝告和理解他人行为的能力,也就是和其他人之间友好的人际关系。项目经理只有具备足够的交流能力才能与下属、上级进行平等的交流,特别是对下级的交流更加重要。因为群众的声音是来自最基层、最原始的声音，特别是群众的反对声音，一个项目经理如果没有对下属职工的意见进行足够的分析、理解，那他的管理必然是强权管理，也必将引起职工的不满，必将影响以后工作的开展。

- 应变能力：每个项目均具有其独特之处，而且每个项目在实施过程中都可能发生千变万化的情况，因此项目管理是一个动态的管理，这就要求项目经理必须具有灵活应变的能力，才能对各种不利的情况迅速做出反应，并着手解决。没有灵活应变的能力，最终就可能导致项目进展受阻，无法将项目继续施展下去。
- 性格要求：项目经理还必须自信、热情，充满激情、充满活力，对员工要有说服力。

（2）管理技能：管理技能首先要求项目经理把项目作为一个整体来看待，认识到项目各部分之间的相互联系和制约，以及单个项目与母体组织之间的关系。只有对总体环境和整个项目有清楚的认识，项目经理才能制订出明确的目标和合理的计划。具体包括：

- 计划：计划是为了实现项目的既定目标，对未来项目实施过程进行规划和安排的活动。计划作为项目管理的一项职能，它贯穿于整个项目的全过程，在项目全过程中，随着项目的进展不断细化和具体化，同时又不断地修改和调整，形成一个前后相继的体系。项目经理要对整个项目进行统一管理，就必须制订出切实可行的计划或者对整个项目的计划做到心中有数，各项工作才能按计划有条不紊地进行。也就是说，项目经理对施工的项目必须具有全盘考虑、统一计划的能力。
- 组织：项目经理必须具备的组织能力是指为了使整个施工项目达到它的既定目标，使全体参加者经分工与协作以及设置不同层次的权力和责任制度而构成的一种人的组合体的能力。当一个项目在中标后或者立项后，担任该项目领导者的项目经理就必须充分利用他的组织能力对项目进行统一的组织，比如确定组织目标、确定项目工作内容、组织结构设计、配置工作岗位及人员、制定岗位职责标准和工作流程及信息流程、制定考核标准等。在项目实施过程中，项目经理又必须充分利用他的组织能力对项目的各个环节进行统一的组织，即处理在实施过程中发生的人和人、人和事、人和物的各种关系，使项目按既定的计划进行。
- 目标定位：项目经理必须具有定位目标的能力，目标是指项目为了达到预期成果所必须完成的各项指标的标准。目标有很多，但最核心的是质量目标、工期目标和投资目标。项目经理只有对这三大目标定位准确、合理才能使整个项目的管理有一个总方向，各项目工作也才能朝着这三大目标进行开展。要制定准确、合理的目标（总目标和分目标）就必须熟悉合同提出的项目总目标、反映项目特征的有关资料。
- 对项目的整体意识：项目是一个错综复杂的整体，它可能含有多个分项工程、分部工程、单位工程，如果对整个项目没有整体意识，势必会顾此失彼。
- 授权能力：也就是要使项目部成员共同参与决策，而不是那种传统的领导观念和领导体制,任何一项决策均要通过有关人员的充分讨论,并经充分论证后才能做出决定。这不仅可以做到"以德服人",而且由于聚集了多人的智慧后,该决策将更得民心、更具有说服力,也更科学、更全面。

总之,项目经理在工程项目施工中处于中心地位,起着举足轻重的作用。一个成功的项目经理需要具备的基本素质有:领导者的才能、沟通者的技巧和推动者的激情。

2.准备/移交项目档案给软件项目经理

项目经理确定后,就应该准备/移交项目档案给软件项目经理。项目档案包括:

(1)项目启动书(包含了项目的基本信息,通常是项目档案的第一份文件)。

(2)建议书及购买订单(内部项目则为批准)。

(3)客户陈述并同意的项目技术。

(4)重要的项目里程碑及承诺日期。

(5)其他要求(如沟通机制、进度报告格式及间隔时间等)。

(6)既往经验的指南。

(7)其他项目启动的有关数据。

3.协调项目资源的分配

由于机构的资金和资源是有限的,机构可能难以完全按照《立项建议书》的要求给项目分配充足的资金和资源。机构领导和项目经理应当设法和财务部门、人力资源部门协商,尽可能为项目争取必要(充分)的资金和资源。在许多软件公司,项目管理办公室是项目经理资源请求的清算所,负责安排项目资源的分配。项目管理办公室需要确定:

(1)未拨给任何项目的资源。

(2)拨给其他项目,但仍可满足项目经理资源需求的资源。

(3)拨给其他项目、但可以作为资源缓冲的资源。

在小型软件开发企业中,一个部门经理就可以对资源进行简单的监管和分配。而在一些企业中,由于会遇到跨国项目的管理这一复杂问题,组织会使用专业化的管理方式。

4.协助软件项目经理从组织各部门中获得必要的服务水平协议

每个项目的服务水平协议是由软件项目经理和服务部门(人力资源、财务、网络及系统管理部门)协调完成的。在项目经理的请求下,项目管理办公室协调外部资源,召开会议,并确保项目保证活动同其他相关服务部门能找到友好的解决办法。

5.协助软件项目经理召开项目启动会议

经与软件项目经理及其他项目干系人磋商后,项目管理办公室需要做如下工作:

(1)确定启动会议的时间。

(2)协调并确定所有项目干系人都出席项目启动会议。

(3)协助项目经理促使项目干系人接受项目实施的蓝图,并确保项目干系人支持项目。

(4)通过记录并向所有项目干系人传递会议细节,使启动会议正式化。

2.3.2　软件项目经理的初始活动

软件项目经理负责项目层面上的所有软件项目启动活动。作为负责人，软件项目经理执行项目启动活动，或者指派一个成员来代替他完成如下工作：

1．研究熟悉合同文件

项目经理组织已明确的项目班子成员仔细核阅合同文件、协议、补充协议等各项有关合同文件，深入消化了解，据此来开展项目工作。主要包括：了解合同谈判背景、中标条件及合同主要条款，研究、熟悉合同的主要内容，研究制订执行合同的策略、重点及注意事项。

2．确定项目的工作分解结构和编码

根据合同项目的具体内容确定项目的工作分解结构和编码，将项目的工作任务分解成详细的工作单元，给每个单元规定各自的账目编码，这是进行费用/进度综合控制的基础。

3．确定项目的组织分解结构和编码

根据项目的工作分解结构和编码，进一步确定项目的组织分解结构和编码。使项目的每一项工作都落实到公司的一个部、室的一个专业组织，不能遗漏，也不能把一项工作重复委派给一个以上的专业组。项目组实行动态管理，根据项目规模大小、复杂程度、专业协作条件关系，决定采取集中或分散的组织形式。

4．组织业主（用户）召开开工会议

一般在合同生效后 3～4 周，项目经理要组织召开业主（用户）开工会议。这是项目成立后与业主的第一次正式重要会议。在会上要进一步明确承发包双方的职责和范围，工程公司的工作内容和基础条件，进一步确认合同项目采用的标准及相关事项，确定双方的联系渠道和协调事项，讨论项目计划的有关工作。

5．编制项目计划

项目计划是项目经理对项目的总体构思和安排。项目计划中要明确项目目标、工作原则、工作重点、工作程序和方法。项目经理首先编一个计划方案，提出对合同的研究意见，在技术和商务方面的可靠性和风险，以及掌握项目进度、费用、质量和材料控制的原则和方法等，并经公司有关部门审查同意。接着再编制详细的实施计划，并在项目开工会议上发布。这是项目工作的重要指导性文件。

此外，软件项目经理的活动还包括：确保项目规格书的完成；审核、修改估算并进行再估算；确定资源并申请额外资源；建立开发环境；安排与项目相关的技能培训；组织项目团队；培训团队；召开项目启动会议；安排阶段审查等。

2.3.3　制定项目章程

项目章程是一份可以正式确认项目存在的文件。它指明了项目的目标和管理方向，授权项目经理利用组织的资源去完成项目。

项目的关键利益相关者应该签署一份项目章程，来确认在项目需求和意向上所达成的共识。

1．项目章程制定依据

创建项目章程的依据如下：

（1）合同：如果是在合同框架下实施一个项目，那么这份合同应该包括创建一个完整的项目章程所需要的大部分信息。因为大部分合同语言生硬而且经常变化，所以创建一个项目章程是一个好办法。

（2）工作陈述：工作陈述是一份描述由项目团队创建哪些产品或服务的文件。它通常包括项目的业务需求、产品和服务的要求和特征摘要以及组织信息，如用来表示战略目标排序的战略计划的某些部分。

（3）企业环境因素：这些因素包括组织的结构、文化、基础设施、人力资源、人事方针、市场条件、利益相关者的风险承受力、行业风险信息以及项目管理信息系统等。

（4）组织过程资产信息：组织过程资产包括正式与非正式的计划、策略、程序、指南、信息系统、财务系统、管理系统、经验教训、历史信息等一切内容，可以帮助人们在特定的组织理解、遵从和改进业务经营的过程。一个组织能管理它的经营过程、提高学习性和共享信息，也能在创建项目章程的时候提供重要的信息。

2．项目章程内容

从某种意义上说，项目章程实际上就是有关项目的要求和项目实施者的责、权、利的规定。因此，在项目章程中应该包括如下几方面的基本内容：

（1）项目或项目利益相关者的要求和期望。这是确定项目质量、计划与指标的根本依据，是对于项目各种价值的要求和界定。

（2）项目产出物的要求说明和规定。这是根据项目客观情况和项目相关利益主体要求提出的项目最终成果的要求和规定。

（3）开展项目的目的或理由。这是对于项目要求和项目产出物的进一步说明，是对于相关依据和目的的进一步解释。

（4）项目其他方面的规定和要求。这包括：项目里程碑和进度的概述要求、大致的项目预算规定、相关利益主体的要求和影响、项目经理及其权限、项目实施组织、项目组织环境和外部条件的约束情况和假设情况、项目的投资分析结果说明等。

上述基本内容既可以直接列在项目章程中，也可以是援引其他相关的项目文件。同时，随着项目工作的逐步展开，这些内容也会在必要时随之更新。

本章案例：

某信息系统研发项目，项目建设单位采用公开招标方式选定承包单位。招标书于2012年10月15日发出，在招标文件中对省内与省外投标人提出了不同的资格要求，并规定于2012年10月30日为投标截止时间。甲乙等多家承包单位参加投标，乙承包单位11月5日提交投标保证金。12月3日由招标办主持举行了开标会，但本次招标由于招标人原因导致招标失败。

建设单位重新组织了6个评委进行招标后确定甲承包单位中标，并签订了施工合同。项目合同工期为20个月，建设单位委托甲IT公司承担项目施工任务。甲IT公司接到该项目后，经该公司项目经理分析得出施工进度计划，如图2-2所示。

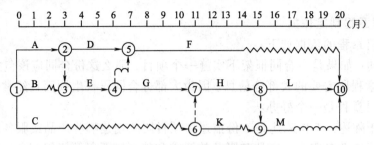

图 2-2　项目进度计划图

【问题 1】请用 400 字左右描述信息系统项目管理中存在的主要问题。

【问题 2】如果工作 B、C、H 要由一个专业项目团队来实施，在不改变原施工进度计划总工期和工作工艺关系的前提下，如何安排该三项工作最合理？此时，项目团队最少的工作间断时间为多少？

【问题 3】由于建设单位负责的施工现场拆迁未能按时完成，因此，建设方项目经理口头指令承包单位开工日期推迟 4 个月，工期相应顺延 4 个月，鉴于工程未开工，因延期开工给承包单位造成的损失不予补偿。乙方项目经理拒绝了建设方项目经理的指令，并单独决定按照合同要求强行进场开工。

请描述甲乙双方项目经理的行为，你作为项目经理应该如何处理这样的事情？

参考答案：

【问题 1】

（1）对省内、省外投标人提出了不同的资格要求。公开招标应该平等地对待所有投标人。

（2）乙单位提交保证金晚于规定时间，投标保证金是投标书的组成部分，应在投标截止日前提交。

（3）招标书发出时间为 2012 年 12 月 15 日，而投标截止时间为 2012 年 12 月 30 日，中间时间为 15 日，有违《中华人民共和国招标投标法》所要求的 20 日。

（4）投标截止时间与开标时间不同，《中华人民共和国招标投标法》规定开标应当在投标文件截止时间的同一时间公开进行。

（5）不应该是招标办主持开标会。开标会应由招标人或其代理人主持。

（6）重新招标时评委人数应为 5 人以上单数。

【问题 2】在不改变原施工进度计划总工期前提下，应按照 B、C、H 顺序安排，因为先做 B 后不影响任务 E、G 的完成，完成 B 后接着完成 C，一共需要 2＋3＝5 个月时间，而 H 最早开始时间为 11 个月，所以该专业施工队施工中最少的工作间断时间为 6 个月。

【问题 3】建设方项目经理不能用口头指令，应该以书面的形式通知承包单位推迟开工日期。同时，应顺延工期，并补偿因延期开工而造成的损失。乙方项目经理应该采取积极有效的方式进行沟通。

小　　结

本章主要对软件项目初期阶段工作进行了讲述。定制软件项目一般是通过招投标形式开始的，讲述了招投标的主要过程及相关经验；通用商业软件项目不需要招标投标过程，由开发商自己立项，讲述了严格的立项决策过程及技巧；简述了软件项目的启动过程。

习　　题

1. 解释招投标的主要过程。
2. 简述通用型软件项目的立项过程。
3. 软件项目可行性分析的内容有哪些？
4. 合格的项目经理应具备哪些能力？
5. 什么是项目章程？
6. 软件项目经理的项目初始活动应有哪些？

第 3 章

软件项目开发计划 ‹‹‹

引言

软件项目开发计划与其他类型的项目计划一样，都是指在限定环境、未来一定时期内，为了成功完成既定项目对项目所需资源进行的分析与估算。由于软件开发主要依靠人力，所以要求的计划严谨程度比工程类项目要求得还要高。

学习目标

通过本章学习，应达到以下要求：

- 理解软件项目开发计划的制订方针。
- 掌握软件项目开发计划制订过程。
- 掌握软件项目开发计划的主要内容。
- 理解软件项目开发计划制订的相关经验技巧。

内容结构

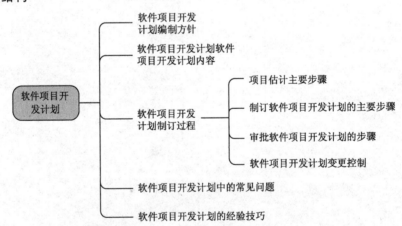

3.1 软件项目开发计划编制方针

软件项目开发计划的依据是软件的商业计划、项目范围、需求及可行性分析。制订开发计划是软件开发工作的第一步，目的是提供一个框架，使项目管理者能合理地估算所需资源、成本和开发时间，为了方便，后续简称开发计划。开发计划应是开发过程中的管理依据，主要内容包括估算软件开发各阶段工作内容及资源，计划完成软件项目目的的各种活动任务，制订时间进度，预测风险，协商各方面的责任，按照客户的最终需求制订开发计划。

开发计划是逐步完善的，但从一开始就需要做计划，对项目的理解是逐步清晰的，估算是随着项目进展不断完善的。因此，开发计划是分层次的，随着项目进入不同的阶段，计划的要求和重点也不同。计划不是不变的，需要根据变化而调整。开发计划就像在瞄准一个移动的目标，虽然目标在移动，但瞄准总是比随意射击的成功率高，而对于那些经过多个项目历练的管理高手来讲，计划的准确性更高。

开发计划的基础仍然是"技术"。需求、设计方案、系统平台、开发工具以及技术的成熟度等直接影响进度、人工投入、资源配置、风险、变更、培训等计划。而需求分析是设计的基础，系统设计是编码、测试等其他过程与工作的基础，因此，制订计划的过程也是审查技术方案的过程。在这个过程中可以发现技术方案不完善、不恰当的部分。

软件项目经理负责协调各方面的责任并制订开发计划，对要实施的工作进行估计，建立必要的承诺并定义工作计划。下面列出制订计划的一些主要任务：

（1）指定软件项目负责人负责落实软件项目的承诺并制订项目的开发计划。

（2）以软件的最终需求为基础制订计划。

（3）确定软件项目需要建立及维护控制的软件工作产品。

（4）将用于编制开发计划并跟踪软件项目的工作文档化。

（5）开发计划需要管理与控制。

（6）对于项目的实施采用文档化的承诺，相关的机构或个人认可他们的承诺。

（7）要指定人员角色分工，明确责任。

（8）对软件项目所需资源及资金做出计划。

（9）对项目负责人、软件工程师及其他与开发计划编制有关人员进行适合其职责范围的培训。

（10）成立相关软件项目组及方案论证小组。

（11）项目组及相关方案论证小组在整个项目生命周期内参加全部的开发计划编制工作。

（12）明确划分预先定义的、规模可管理的阶段的软件生命周期。

（13）按照书面流程获得对软件产品规模的估计、工作量及费用的估计、项目所需的关键计算机资源的估计。

（14）按照书面流程获得项目的软件开发进度。

（15）识别、评估与费用、资源、进度及项目的技术方面相关的软件风险，并文档化。

（16）记录开发计划编制数据。

（17）制订并使用度量方法以确定开发计划活动的状态。

（18）与高级管理人员一起对开发计划活动进行复审。

（19）定期及事件驱动方式与项目管理人员对开发计划活动进行复审。

（20）与软件质量保证人员一起对开发计划活动及工作产品进行回顾及审核，并将结果文档化。

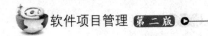

3.2 软件项目开发计划内容

一些人将进度简单地当作开发计划，其实时间进度表只是开发计划的一小部分。为了确保项目有效执行，开发计划内容包括项目目标与范围介绍、技术方案概述、过程计划、测试计划、组织计划、资源计划、进度计划、软件估计与预算、质量计划、风险鉴别与估计计划、变更管理计划、文档计划、培训计划、发布与实施计划等。

1. 项目介绍

介绍项目与客户的情况，概括整个计划。首先需要了解该软件及相关客户的情况，明确项目的目标与范围、所要做的工作及性能限制，对要进行的工作有一个明确的陈述。具体包括：

（1）项目目标：让项目团队每个成员都明确项目目标，包括项目的高层目标及产品目标。高层目标应指出服务对象、系统本身的比较深层次的社会目的或系统应用后能达到的社会效益等。产品目标应从用户的角度说明开发这一系统是为了解决用户的哪些问题。

（2）项目范围：包括项目成果范围和项目工作范围，也称作产品范围。产品范围界定软件系统产品本身范围的特征和功能范围。对产品范围进行准确清晰的界定与说明是软件项目活动开展的基础和依据。项目工作范围说明实现项目的目标需要进行哪些活动、任务。必要时，需描述合作单位和用户的工作分工。

（3）假设与约束：对于项目必须遵守的各种约束（时间、人员、预算、设备等）应予以说明，这些内容将限制实现什么、怎么实现、什么时候实现、成本范围等种种约束条件。假设是通过努力可以直接解决的问题，而这些问题是一定要解决才能保证项目按计划完成。约束一般是难以解决的问题，但可以通过其他途径回避或弥补、取舍，如人工的约束，需要牺牲进度或质量等。假设与约束是比较明确会出现的情况，如果问题的出现具有不确定性，则应该在风险分析中列出，分析其出现的概率、后果影响及合理的应对措施。

（4）应交付成果：包括需要完成的软件、交给用户的文档、交给内部的文档、应当提供的服务。

① 需要完成的软件：列出需要完成的程序名称、所用的编程语言及存储程序的媒体形式。其中软件对象可能包括：源程序、数据库对象创建语句、可执行程序、支撑系统的数据库数据、配置文件、第三方模块、界面文件、界面原稿文件、声音文件、安装软件、安装软件源程序文件等。

② 提交用户的文档：列出需要移交给用户的每种文档的名称、内容要点及存储形式，如需求规格说明书、帮助手册等。此处需要移交用户的文档可参考合同中规定。

③ 提交内部的文档：列出内部提交技术文档、管理文档等的名称、内容要点、存储形式、提交对象、提交时间等。

④ 应当提供的服务：根据合同或商业计划等，列出将要向用户提供的各种服务，例如培训、安装、维护和运行支持等。

（5）项目验收方式与依据：项目用户验收与内部验收的方式，如验收包括交付前验收、交付后的验收、试运行验收、最终验收、第三方验收、专家参与验收等。验收依据主要有标书、合同、相关标准、项目文档（如需求规格说明书）。

（6）其他：定义术语，列出参考文献，如市场计划、商业计划、需求说明书及其他资料。

2．技术方案概述

描述需求概要，给出系统要实现的主要功能的描述，说明与之相关的关键问题；给出系统需要达到的主要技术指标，对影响进度、技术难点等问题进行描述；说明与外部系统的接口要求；说明特殊要求，如客户对开发工具的要求等。

概述系统设计，在早期制订高级计划时还没有正式的设计，但在项目立项时，已经做过技术可行性分析、总体方案和关键技术方案的论证。

定义技术基线，确定需求、设计、实现等的基线。描述软件硬件环境，说明开发所需的软硬件环境和版本（操作系统、开发工具、数据库系统、配置管理工具、网络环境）。环境不止一种，如开发工具可能需要针对 Java 的，也需要针对 VC++的，有些环境可能难以确定，需要在需求分析完成或设计方案完成后才能确定所需要的环境。

描述软件系统结构设计、高低层技术方案。

3．过程计划

确定项目生命周期模型、开发过程，详细定义开发活动的目标、任务、成果等，确保项目开发过程中定义一致。制订过程计划首先要根据项目目标和范围、假设和约束，选择项目的生命周期模型。其次，需要明确过程中要完成哪些工作活动，如市场调研、系统设计、编码、测试等。活动定义后，需要进行活动排序，排序过程需要明确活动内容的优先级、前后完成的顺序及工作内容之间的依赖关系。

4．测试计划

测试的目的是及早发现错误以使修改成本最低。为达到这一目的，测试计划应定义测试过程，如单元测试、集成测试、系统测试等，定义每个测试的内容等。

5．组织计划

组织计划以过程计划及其他计划为基础，针对开发过程与所涉及的各种任务定义组织及其责任，可以通过组织机构图表描述。

项目组织结构主要描述项目团队需要哪些角色、小组及项目成员的构成，如设计组、程序组、测试组、项目经理、系统分析员、配置管理员等。组织机构可以用图形来表示，可以采用树形图或矩阵式图形，同时说明团队成员来自于哪个部门。除了图形外，可以用文字简要说明角色应具有的技术水平。

责任分工确定对每个角色的技术水平、项目中的职责分工与配置，可用列表方式说明，具体编制时按照项目实际组织结构编写。

协作与沟通确定项目团队成员、项目接口人员、项目团队外部相关人员及他们之间的协作、沟通方式，包括隶属关系。例如：说明负责本项目同本企业计划管理部门、合同管理部门、采购部门、质量管理部门、财务部门等的接口人员的职责、联系方式、沟通方式、协作模式等。

沟通方式包括会议、电话、网上聊天、邮件等。协作方式主要说明在出现某种状况的时候各个角色应当采取什么措施，如何互相配合来共同完成某项任务。隶属关系主要说明某个角色、某类事情向谁汇报。

6．资源计划

所有资源的准备计划，如人力资源计划、设备资源技术、技术资源计划。确定资源计划首先要明确所有关键的成功因素（可参考其他案例），然后制订计划，具体内容包括：

（1）识别所需要的关键资源。

（2）确定项目所需要的所有设备与工具资源，包括硬件与软件、其他公司准备发行而项目要用到的产品，同时要列出这些资源到位的时间。

（3）列出项目所需要的技术要求，确定哪些资源不具备，需要通过哪种方式获得（如培训等）。

（4）确定人员资源，列出项目所需要的所有技能的员工，并确定哪些需要招聘、培训等。

（5）确定内部/外部协作要求、交付日程及标准。

（6）确定偶发事件备用计划。

7．时间进度计划

在过程计划、测试计划、组织计划、资源计划的基础上，确定进度表。制订进度表要考虑任务间的优先约束，还要考虑当前项目的资源约束，如人员水平，应该按照实际情况制订现实可行的进度安排。包括：

（1）确定每个过程、任务的起始结束时间、依赖关系、相关约束、交付成果。

（2）确定关键里程碑。里程碑通常是在关键路径上的一项活动。它不必是一个可交付的有形产品，但可以是用户对工作成果的肯定。

（3）安排关键的检查日期。

（4）定义关键路径。

8．质量计划

质量计划要定义产品的质量要求，如功能、性能及其他特性；设定接收标准；定义审查的时间、目标、标准，如内部审查、外部审查、正式审查；定义报告的类型、频率、发送对象、格式、范围等。

9．成本计划

软件项目成本估算是在工作量估算、资源计划的基础上对项目资金投入进行估算。

10．风险计划

风险管理是界定、评估风险，及早发现风险，采取措施，降低风险对项目的影响。风险计划应与其他计划配合。风险计划确定如何按照潜在影响分析风险并确定优先级，如何定位每个风险因素，这些风险因素的管理如何与整个开发计划融为一体，包括风险管理活动的日程安排、人员分配、资源分配等。

11．文档计划

文档计划定义文档书写规范，确保在团队中理解一致；确定必需的文档，提交的阶段；确定文档管理机制，如存储、查阅、交流的管理与权限等。

3.3 软件项目开发计划制订过程

项目的计划书可分两类：一是全局的计划书（Overall Plan），这里称为《项目计划》；二是一些下属计划书（Subordinate Plan），例如《配置管理计划》《质量保证计划》、一些开发计划和测试计划等。下属计划书是对《项目计划》的补充，其内容不可与《项目计划》冲突。通常《项目计划》由项目经理负责制订，由机构领导审批。而下属计划书一般由项目成员制订，由项目经理审批即可。

开发计划过程域有 4 个主要规程："项目估计""制订项目计划""审批项目计划"和"项目计划变更控制"，流程如图 3-1 所示。

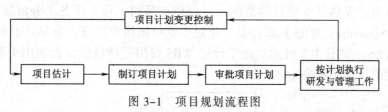

图 3-1　项目规划流程图

1. 项目估计

项目估计是否准确将直接影响《项目计划》的有效性。项目估计要尽量做到"知己知彼"。"知彼"是指了解本项目的实力（即本项目实际能够拥有的经费、人力资源、技术水平等）。项目估计的重点内容是"产品范围估计""产品规模估计""工作量估计"和"成本估计"等。

在项目刚开始时，人们对产品需求的了解还比较肤浅，而项目实际能够拥有的经费和资源很大程度上是靠项目经理争取的，不确定因素比较多。在这种情况下，人们很难做出准确的估计。但是"估计"显然比"不估计"要好，否则《项目计划》就没有依据了。

2. 制订项目计划

根据项目估计得到的数据，规划小组制订《项目计划》。《项目计划》的重点内容是"人力资源计划""软硬件资源计划""开支（财务）计划""任务与进度计划""下属计划"等。

由于需求开发花费的时间比较长（一般约占整个项目开发周期的 20%），人们一般不会等到需求开发完成之后才开始制订《项目计划》。否则，在那么长的时间里没有《项目计划》，众人不知如何开展活动，显然有害于项目。所以，通常项目规划和需求开发是并行开展的。

3. 审批项目计划

规划小组将《项目计划》递交给机构领导审批。如果机构领导批准了《项目计划》，那么该计划书可以正式发布（文件状态为 Released），不可以被随便修改。项目的所有成员按照《项目计划》执行研发与管理工作。

4. 项目计划变更控制

在项目执行过程中如果发现《项目计划》与实际情况有比较大的偏差，应当及时更新《项目计划》。变更《项目计划》必须按照指定的规程（即变更控制）执行（见图 3-1），以防止发生混乱。

3.3.1 项目估计主要步骤

在机构领导已经批准立项后，项目规划小组已经成立，依据《立项建议书》和一些用户需求文档，来估计项目的范围、产品规模、工作量、成本等，为制订《项目计划》提供依据。

项目规划小组由项目经理和核心成员组成，所有人员共同参与项目估计。

1. 估计项目范围

计划小组首先估计本项目的范围，可以用产品的工作（任务）分解结构（Works Breakdown Structure，WBS）来表示。计划小组根据用户需求，分解产品的功能，制订产品的 WBS，如图 3-2 所示。由于此处 WBS 仅用于项目估计而非用于系统设计，其细分程度由计划小组决定。

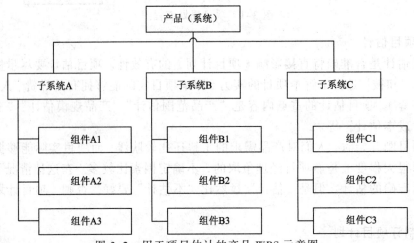

图 3-2　用于项目估计的产品 WBS 示意图

2. 估计产品规模

规划小组各成员根据产品的 WBS，独立地评估产品的规模，填写"产品规模估计表"，如表 3-1 所示。

表 3-1　产品规模估计表

产品的组件	新开发组件的规模（代码行、类、文档页数）	复用或自动生成的组件的规模（代码行、类、文档页数）
组件 1		
组件 2		
组件 3		
...		
总和		

汇总每个成员的"产品规模估计表"进行对比分析。如果个人估计的差额小于

10%，则取平均值。如果差额大于 10%，则转向上一步，规划小组各成员重新估计产品的规模，直到个人估计的差额小于 10% 为止。

3. 估计工作量

项目的工作量是"项目研发工作量""项目管理工作量"之和。工作量的度量单位可以是"人小时""人天""人月"或"人年"。单位换算关系如下：

1 人年＝12 人月

1 人月＝22 人天

1 人天＝8 人时

工作量估计方法如下：

规划小组各成员根据产生的产品规模估计表，独立地估计工作量，填写"工作量估计表"，如表 3-2 所示。

表 3-2　工作量估计表

估计项目研发的工作量	
估算公式	项目研发工作量 ≈ 新开发组件的规模 × 难度系数/人均生产率
新开发组件的规模	
估计项目开发的工作量	
难度系数	
人均生产率	
项目研发工作量	细分： 需求开发工作量 ≈ 系统设计工作量 ≈ 编程工作量 ≈ 测试工作量 ≈
估计项目管理的工作量	
估算公式	项目管理工作量 ≈ 项目研发工作量 × 比例系数
比例系数	
项目管理工作量	细分： 项目规划工作量 ≈ 项目监控工作量 ≈ 需求管理工作量 ≈ 风险管理工作量 ≈
估计机构支撑的工作量	
估算公式	机构支撑工作量 ≈ 项目研发工作量 × 比例系数
比例系数	
机构支撑工作量	细分： 配置管理工作量 ≈ 质量保证工作量 ≈ 外包与采购工作量 ≈ 培训管理工作量 ≈

汇总每个成员的"工作量估计表",进行对比分析。如果个人估计的差额小于10%,则取平均值。如果差额大于10%,则转向上一步,规划小组各成员重新估计工作量,直到个人估计的差额小于10%为止。

4. 估计成本

规划小组估计人力资源成本、软硬件资源成本、商务活动成本等。

经过上述步骤得出"项目估计表"。

3.3.2 制订软件项目开发计划的主要步骤

项目规划小组由项目经理和核心成员组成,所有人员共同制订《项目计划》。根据《立项建议书》和一些用户需求文档及"项目估计表",制订《项目计划》。

1. 确定目标与规范

规划小组首先确定本项目的目标与工作范围。目标必须是"可实现的"和"可验证的";工作范围包括"做什么"和"不做什么"。

2. 确定过程模型

规划小组根据项目的特征,确定过程模型,包括项目研发过程、项目管理过程、机构支撑过程等。

规划小组确定(描述)过程模型中采用的方法与工具。例如,采用 Rational Rose 进行面向对象分析与设计,采用 Visual SoureSafe 进行配置管理、采用 Microsoft Office 制作文档等。

3. 制订人力资源计划

规划小组制订本项目的角色制作表,并为已知的项目成员分配角色(一个人可以兼多个角色),如表 3-3 所示。

表 3-3 人力资源计划

角　色	职　责	人　员	工 作 说 明

4. 制订软硬件资源计划

规划小组分析项目开发、测试及用户使用产品所需的软硬件资源,制订软硬件资源计划,如表 3-4 所示。重要内容包括:

(1)资源级别(分为"关键""普通"两种)。

(2)详细配置。

(3)获取方式(如"已经存在""可以借用"或"需要购买"等)与获取时间。

(4)用途(如"谁"在"什么"时候使用)。

5. 制订财务计划

规划小组制订财务计划,如表 3-5 所示。

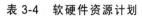

表 3-4 软硬件资源计划

软硬件资源名称	级 别	详细配置	获取方式与时间	用 途
	关键			
	关键			
	普通			

表 3-5 财务计划

开支类别	主要开支、用途	金 额	时 间

6. 分配任务并制订进度表

规划小组分配任务并制订进度表，建议采用 Microsoft Project 制作项目进度甘特图（Gantt chart），附在《项目计划》中，关于甘特图的内容详见 5.3.1 节。

7. 确定下属计划

规划小组确定《项目计划》的主要下属计划，如表 3-6 所示。

表 3-6 主要下属计划

下属计划的名称	建议负责人	预计产生时间
《配置管理计划》	配置管理员	
《质量保证计划》	质量保证员	
《技术评审计划》		
一些开发计划		
一些测试计划		
...	...	...

3.3.3 审批软件项目开发计划的步骤

机构领导审批《项目计划》，确保该计划是合理的、符合现实的。如果《项目计划》有不合理之处，规划小组应根据机构领导的意见修正《项目计划》。

1. 申请审批

项目经理将《项目计划》提交给机构领导，申请审批。申请书可以采用电子邮件或书面报告等形式。

2. 审批与修正

机构领导根据"项目计划检查表"认真审批《项目计划》。

如果《项目计划》有不合理之处，规划小组应根据机构领导的建议及时修正《项目计划》。

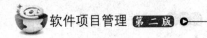

3. 批准生效

机构领导签字批准后，该《项目计划》正式生效，此后规划小组不能随意修改《项目计划》。

3.3.4 软件项目开发计划变更控制

为了控制《项目计划》的变更，防止发生混乱，为了合理修改原《项目计划》中不合理的内容，产生新的《项目计划》，需要机构领导审批变更申请，项目经理才能更新《项目计划》。

1. 启动准则

若下列之一发生，应当变更原《项目计划》：

（1）进度偏差超过了容许的误差，如20%。

（2）费用偏差超过了容许的误差，如20%。

（3）项目过程模型发生了显著的变化。

（4）用户需求发生了重大的变化。

（5）发生了对项目小组而言不可抗拒的变化，例如公司裁员、机构调整、产品发展战略调整等。

2. 主要步骤

（1）变更申请：项目经理向机构领导申请变更《项目计划》。变更申请书中应当说明：

- 变更原因。
- 变更的内容。
- 此变更对项目造成的影响。

（2）审批变更申请。机构领导审批变更申请：

- 如果不同意变更，则退回变更请求，项目按照原计划进行。
- 如果同意变更，转向第（3）步。

（3）修改开发计划：项目经理修改原《项目计划》，产生新的《项目计划》。

（4）审批新的开发计划：

- 机构领导审批新的《项目计划》。
- 按照上述步骤得出《项目计划变更控制报告》及新的《项目计划书》。

3.4 软件项目开发计划中的常见问题

1. 制订计划的时间不充分

如果匆忙准备一个项目，启动仓促，时间紧，则会使得计划也仓促不成熟，会大大减少计划的有效性，在实施过程中会较多地修改计划，甚至使计划无效，出现的错误很有可能使项目付出昂贵的代价。

2. 跳过审查

有两种审查很重要：同行审查和管理层审查。同行审查由在相似位置有着相似经历的个人进行，一般比较注重细节，而管理层审查则着眼于宏观。减缩任何一种审查都会出现问题，通常同行审查容易忽略。

3．实际开发过程与计划文档不符

这种现象比较常见。例如，实际的开发过程没有使用瀑布模型，但是形势化地套用瀑布模型过程的计划文档，导致项目开发计划文档的多方面不对应，这时制订的计划文档很可能是格式化的废纸。

4．过于量化

软件开发是一种复杂的脑力劳动，对于工作成本等的估算有时很难准确量化，每个项目都有独特的细节特点，而软件工程理论上的一些经典估算模型往往只适合于某些项目，过于依赖这些量化算式可能会造成很大的误差，过于极端地详细量化会反而失去计划价值。并不是每个开发企业的项目管理都适合严格的量化估算计划。

3.5 制订软件项目开发计划的经验技巧

优秀的开发计划是项目成功的基础，为项目实施、监控提供依据。软件项目经理负责协调各方面的责任并制订开发计划，对要实施的工作进行估计，建立必要的承诺并定义工作计划。下面列出制订计划的一些技巧。

（1）指定软件项目负责人负责落实软件项目的承诺并制订项目的开发计划。

（2）以软件的最终需求为基础制订计划。

（3）确定软件项目需要建立及维护控制的软件工作产品。

（4）将用于编制开发计划并跟踪软件项目的工作文档化。

（5）开发计划需要管理与控制。

（6）对于项目的实施采用文档化的承诺，相关的机构或个人认可他们的承诺。

（7）要指定人员角色分工，明确责任。

（8）对软件项目所需要资源及资金做出计划。

（9）对项目负责人、软件工程师及其他与开发计划编制有关的人员进行适合其职责范围的培训。

（10）成立相关软件项目组及方案论证小组。

（11）项目组及相关方案论证小组在整个项目生命周期内参加全部的开发计划编制工作。

（12）明确划分预先定义的、规模可管理的阶段的软件生命周期。

（13）按照书面流程获得对软件产品规模的估计、工作量及费用的估计、项目所需的关键计算机资源的估计。

（14）按照书面流程获得项目的软件开发进度。

（15）识别、评估与费用、资源、进度及项目的技术方面相关的软件风险，并文档化。

（16）记录开发计划编制数据。

（17）制订并使用度量方法以确定开发计划活动的状态。

（18）高级管理人员对开发计划活动进行复审。

（19）定期及事件驱动方式与项目管理人员对开发计划活动进行复审。

（20）与软件质量保证人员对开发计划活动及工作产品进行回顾及审核，并将结果文档化。

（21）对项目规划过程域产生的所有有价值的文档进行配置管理。

（22）《项目计划》被机构领导批准之后，有关人员可撰写下属计划，如《配置管理计划》《质量保证计划》、一些开发计划和测试计划等。

（23）选用合适的软件工具，尽量减少项目规划过程域的工作量。

（24）对于客户委托开发的项目，客户在项目规划过程域的介入程度视具体情况而定。

（25）开发计划要符合实际。开发计划应切实可行，否则就会变成一纸空文。制订计划要针对实际情况，要认真进行估算，还要了解资源情况、项目团队成员的能力和工作状态。要做到这一点，不能仅靠个人经验，要与项目组成员互动，可以项目组成员对自己负责的任务提出建议的时间和资源，再做讨论约定，对于每项任务的时间与质量要求一定要得到执行者的承诺。其次，最好利用度量数据，这些数据可以提供很好的参考。

（26）责任明确到人。项目的每项任务按一定要求责任到人，并且要详细描述时间、质量要求、验收方法及奖惩制度。如果是多人共同完成的任务，也要指定一位主要负责人，否则开发人员会操作不便，甚至互相推诿责任。

（27）开发过程模型要恰当。如果开发过程不合理，整个开发计划注定要失败。

（28）根据实际情况调整计划。项目执行过程中会有许多难以预测的事情发生，也会有许多情况与计划中的进度、质量要求不一致，这时要分析项目进展的实际情况，对开发计划进行修改，以便应付需求和承诺的变更、不够准确的估计、纠正措施和过程的更改等。在策划和重新策划中涉及的活动，都包含在这个过程里。

本章案例：

某市电子政务信息系统工程，总投资额约 500 万元，主要包括网络平台建设和业务办公应用系统开发，通过公开招标，确定工程的承建单位是 A 公司，按照《中华人民共和国合同法》的要求与 A 公司签订了工程建设合同，并在合同中规定 A 公司可以将机房工程这样的非主体、非关键性子工程分包给具备相关资质的专业公司 B，B 公司将子工程转手给了 C 公司。

在随后的应用系统建设过程中，监理工程师发现 A 公司提交的需求规格说明书质量较差，要求 A 公司进行整改。此外，机房工程装修不符合要求，要求 A 公司进行整改。

项目经理小丁在接到监理工程师的通知后，对于第二个问题拒绝了监理工程师的要求，理由是机房工程由 B 公司承建，且 B 公司经过了建设方的认可，要求追究 B 公司的责任，而不是自己公司的责任。对于第一个问题，小丁把任务分派给程序员老张进行修改，此时，系统设计工作已经在进行中，程序员老张独自修改了已进入基线的程序，小丁默许了他的操作。老张在修改了需求规格说明书以后采用邮件方式通知了系统设计人员。

合同生效后，小丁开始进行项目计划的编制，开始启动项目。由于工期紧张，甲方要求提前完工，总经理比较关心该项目，询问项目的一些进展情况，在项目汇报会议上，小丁给总经理递交了进度计划，公司总经理在阅读进度计划以后，对项目经理小丁指出任务之间的关联不是很清晰，要求小丁重新处理一下。

新的计划出来了，在计划实施过程中，由于甲方的特殊要求，需要项目提前两周完工，小丁更改了项目进度计划，项目最终按时完工。

【问题1】 描述小丁在合同生效后进行的项目计划编制的工作。

【问题2】 小丁处理监理工程师提出的问题是否正确？如果你作为项目经理，该如何处理？

【问题3】 假设你被任命为本项目的项目经理，请问你对本项目的管理有何想法，本项目有哪些地方需要改进？

参考答案：

【问题1】 小丁在接到任务后开始项目计划的编制工作，编制的计划应包括：

（1）项目总计划（包括范围计划、工作范围定义、活动定义、资源需求、资源计划、活动排序、费用估算、进度计划以及费用计划）。

（2）项目辅助计划（质量计划、沟通计划、人力资源计划、风险计划、采购计划等）。

【问题2】 根据《中华人民共和国招标投标法》第四十八条：中标人应当按照合同约定履行义务，完成中标项目。中标人不得向他人转让中标项目，也不得将中标项目肢解后分别向他人转让。

中标人按照合同约定或者经招标人同意，可以将中标项目的部分非主体、非关键性工作分包给他人完成。接受分包的人应当具备相应的资格条件，并不得再次分包。

中标人应当就分包项目向招标人负责，接受分包的人就分包项目承担连带责任。

本案例中，A公司将子项工程分包给B，B又将其分包给C，显然违背了招投标法的这一条款。根据条款中的内容："中标人应当就分包项目向招标人负责，接受分包的人就分包项目承担连带责任。"A公司显然要承担责任，同时B公司也负连带责任。

【问题3】（1）从项目管理9大知识点（项目整体管理、项目范围管理、项目时间管理、项目成本管理、项目质量管理、人力资源管理、项目沟通管理、项目风险管理、项目采购管理）出发简单阐述本项目。（2）从本项目管理较弱的部分进行重点阐述，如对法律法规的理解（招投标管理）、项目进度管理、项目变更的控制。配置管理及进度计划的变更将导致质量和成本的变化，描述进度、质量、成本三要素之间的关系。

小 结

本章主要对软件项目计划制订过程及经验进行了讲述。首先简述了项目计划的制订方针，然后详细讲述了项目计划的内容，重点分析了项目计划的制订过程，并且概括了实践中常见错误及相关实践经验。

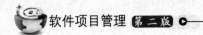

习　题

1. 项目计划的主要内容有哪些？
2. 简述项目计划制订的主要步骤。
3. 论述项目计划的作用。
4. 项目计划包含几个要素？

范围管理 ‹‹‹

第 4 章

引言

在软件项目管理中最重要最基础的是确定软件项目的范围。范围管理定义了项目目标和边界，包括保证项目能按要求范围完成所涉及的所有过程。软件项目的范围是从项目的需求开始的，包括需求开发和需求管理。工作分解结构（WBS）可以将软件项目分解成较小的，更易于管理的组成部分。WBS 可以用于定义项目范围，提高进度、资源、成本估算的准确性，也是风险管理计划和控制项目变更的重要基础。

学习目标

通过本章学习，应达到以下要求：

- 掌握获取需求的实践方法，掌握软件需求的写作内容及相关技巧。
- 掌握需求的验证方法，理解需求变更控制过程。
- 掌握项目 WBS 的概念及作用，掌握 WBS 的分解方法。

内容结构

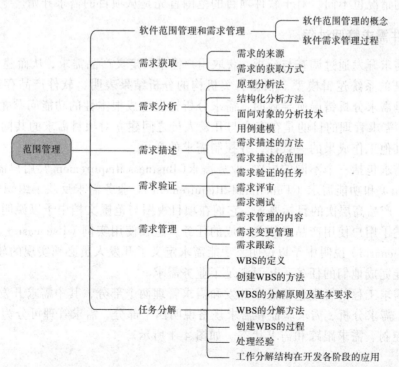

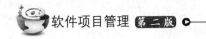

4.1 软件范围管理和需求管理

4.1.1 软件范围管理的概念

项目管理过程中最重要最基础的就是确定软件项目的范围。项目范围管理是定义和控制项目应该包括什么和不应该包括什么，包括用以保证项目能按要求的范围完成所涉及的所有过程。项目干系人必须在项目要产生什么样的产品及如何生产这些产品方面达成共识。通过项目范围管理，明确项目管理的目标和边界。

范围、时间、成本是制约一个项目的三约束条件。在一个项目中这三个条件是相互影响、相互制约的，任何一项发生变化就会影响其他两边，其中范围影响了时间和成本。项目一开始确定的范围小，那么它需要完成的时间以及耗费的成本必然也小，反之亦然。很多项目在开始时都会粗略地确定项目的范围、时间以及成本，然而在项目进行到一定阶段之后往往会变得让人感觉到不知道项目什么时候才能真正结束，要使项目结束到底还需要投入多少人力和物力，整个项目就好像一个无底洞，对项目的最后结束谁的心里也没有底。这种情况的出现对于公司的高层来说，他们是最不希望看到的，然而这样的情况出现并不罕见。造成这样的结果就是由于没有控制和管理好项目的范围。可见项目的三个约束条件中最主要还是范围的影响。

项目的范围管理包括确定项目范围、编制范围计划、范围定义、范围核实及范围变更控制等内容。项目范围管理是范围界定范围，范围说明在项目参与人之间确认或建立了一个项目范围的共识，作为未来项目决策的文档基准，为估算未来的得失提供基础。项目的规模、复杂度、重要性等因素会决定范围计划的工作量，不同的项目，范围计划的情况也不同。对于软件项目的范围首先是从项目的需求开始。

4.1.2 软件需求管理过程

软件需求开发通过调查与分析，获取用户需求，定义产品需求，从而建立可确认的、可验证的系统逻辑模型。根据有关机构的分析结果表明，软件产品存在的问题80%以上是需求分析错误所导致的，需求分析错误造成根本性的功能问题尤为突出，因此，软件需求管理的目的是在客户与开发人员之间建立对项目需求的共同理解，维护需求与其他工作成果的一致性，并控制需求的变更。

软件需求包括三个不同的层次：业务需求（Business Requirement）、用户需求（User Requirement）和功能需求（Functional Requirement）。业务需求反映了组织机构或客户对系统、产品高层次的目标要求，它们在项目视图与范围文档中予以说明。用户需求文档描述了用户使用产品必须要完成的任务，这在使用实例（Use case）文档或方案脚本（Scenario）说明中予以说明。功能需求定义了开发人员必须实现的软件功能，使得用户能完成他们的任务，从而满足了业务需求。

软件需求工程的管理包括需求开发和需求管理两个部分，其中需求开发可分为：需求获取、需求分析、需求验证和需求规格说明四个部分，需求管理可分为：变更管理、版本控制、需求跟踪和需求状态。如图4-1所示。

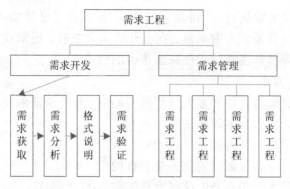

图 4-1　软件需求工程的管理

4.2　需求获取

软件需求是指用户对软件功能和性能的要求,重点分析、理解和描述用户的需求,着重于软件系统"做什么",而不是如何实现软件系统。需求获取阶段主要是确定如何组织需求的收集、整理、细化、核实的步骤,并将它编成文档。需求捕获的过程包括:确定需求开发计划和目标,实地收集用户需求信息,确定功能需求、非功能需求、约束条件等。

4.2.1　需求的来源

通常,软件需求可以从下列途径获取:
①与潜在用户交谈;
②描述现有产品或竞争产品的文档;
③系统需求规格说明;
④现有系统的问题报告和改进要求;
⑤市场调查和用户问卷调查;
⑥观察用户如何工作;
⑦用户工作的情景分析。

4.2.2　需求获取方式

为了提高合作和交流的效率,需要有较好的交流方式和手段给予支持。开发人员与用户的交流可采取座谈会、书面咨询和用例表示法等方法。

1.　座谈会方式

通过会议获得用户需求信息是用户与开发人员交流的一种常见方式,召开范围较广或专题会议,通过紧凑而集中的讨论可以将用户与开发人员间的合作关系付诸实践。对会议的参加者在人数方面应有所限制,参加人员不宜过多,否则会拖延会议的速度,偏离会议的主题。会议主持人的作用也不容忽视,其对会议能否成功和会议的效率方面有很大的影响。在每次座谈会中,都必须记录所讨论的内容,并在会后加以整理,然后请参与讨论的用户给予评价和修改,及早并经常进行座谈讨论是成功收集用户需求信息的一个关键途径。值得注意的是，在座谈会上必然会涉及某些细节问题，特别是有些问题的回答须事先做准备，在召开座谈会之前，提前发给参加人员有关座谈会的议题和内容等材料将有助于提高座谈会的效率。

2. 书面咨询的方式

书面咨询的方式是由软件开发人员将所关心的、有待澄清的问题以书面形式提交给用户，例如，可以提出如下问题请用户回答：

（1）你所在部门的业务流程是怎样的？

（2）你所在部门与其他部门的关系是怎样的？

（3）本部门应产生哪些表格？这些表格的输入/输出形式是怎样的？

（4）在业务中使用什么计算方法？

（5）当某问题发生时，应该如何解决？

（6）你现在的工作中存在什么问题？如何解决？

（7）除了正常的情况，还会发生什么异常情况？该如何应对？

通过询问有助于软件开发人员更好地理解用户当前的业务过程，了解应如何帮助用户或改进对用户所做的工作。

3. 用例表示方法

用例表示法是了解用户的业务流程和澄清含糊细节的好方法，可通过用例图建立需求模型。首先，确定系统边界，找出参与者，确定用例，画出用例图，针对每一个用例写出用例规约，并完成补充规约。系统边界即是面对的问题领域，站在边界外的是参与者，边界内的是用例，明确系统边界很重要，它决定了用户对系统的视角和能够得出的结果。参与者是处于系统边界之外并与系统进行交互的人、设备或外部系统；用例用于描述软件系统与一个外部"执行者"的交互顺序，主要体现执行者完成一次任务的过程。一个用例可以包括与完成一项任务逻辑相关的许多任务和交互顺序，执行者可以是一个人、一个应用软件系统、一个硬件，或其他一些与系统交互以实现某些目标的实体等，用例规格的书写应包括：用例名称、执行者、用例描述、前置条件、后置条件、基本事件流、异常事件流、备注等。

该方法可利用图形或自然语言描述用户需要完成的所有任务，然后从中分析出用户的功能需求、性能需求及约束等。

4.3 需求分析

需求分析是开发人员对系统要做什么的定义过程。这个过程通常是一个循序渐进的过程，一次行对系统形成完整正确的认识是困难的。需求分析就是需求建模，根据待开发软件系统的需求，利用某种建模方法为最终用户所看到的系统建立逻辑模型，是最需求的抽象描述。需求建模可以帮助软件开发人员检测软件需求的一致性、完全性、二义性和错误等。主要的建模方法有原型方法、模型驱动方法、结构化方法、面向对象的分析方法等，选择哪种方法要根据项目的具体情况和资源来选择。

4.3.1 原型分析法

原型分析法是指在获取一组基本需求之后，快速构造出一个能够反映用户需求的初始系统原型，让用户看到未来系统的概貌，以便判断哪些功能是符合要求的，哪些方面还需要改进，然后不断地对这些需求进一步补充、细化和修改，依次类推，反复进行，直到用户满意为止，由此开发出完整的系统。原型法就是不断地运行系统"原型"来进行揭示、判断、修改和完善需求的分析方法。

1．原型分析法的特点

原型法是一种循环往复、螺旋式上升的分析方法，遵循人们认识事物的规律，容易被人们接受和掌握。原型法强调用户的参与，特别是对模型的描述和系统需求的检验，强调用户的主导作用，通过开发人员与用户之间的相互作用，使用户的要求得到较好的满足，不但能及时沟通双方的想法，缩短用户和开发人员的距离，而且能更及时、准确地反馈信息，使潜在问题尽早发现并及时解决，增加了系统的可靠性和适用性。

2．适用范围

原型法的适用范围是比较有限的，只对于小型、简单、处理过程比较明确、没有大量运算和逻辑处理过程的系统比较合适，对于大型的系统不太适合，很难通过简单了解就构造出一个合适的模型，供用户评价和提出修改建议。

3．使用原型法进行需求分析的流程

（1）快速分析，弄清用户的基本信息需求。在需求分析人员和用户的紧密配合下，快速确定软件系统的基本要求，据原型所要体现的特性（界面形式、处理功能、总体结构、模拟性能等）描述出一个基本的规格说明。关键是要选取核心需求来描述，先放弃一些次要的功能和性能，尽量围绕原型目标，集中力量确定核心需求说明，尽快开始构造原型。目标是要写出一份简明的骨架式说明性报告，能反映出用户需求的基本看法和要求，用户的责任是先根据系统的输出来清晰地描述自己的基本需要，然后分析人员和用户共同定义基本的需求信息，讨论和确定初始需求的可用性。

（2）构造原型，开发初始原型系统。在快速分析的基础上，根据基本规格说明尽快实现一个可运行的系统，原型系统可先考虑系统应必备的评价特性，暂时忽略一切次要的内容，如安全性、健壮性、异常处理等，目标是建立一个满足用户基本需求并能运行的交互式应用系统。

（3）用户和开发人员共同评价原型。这个阶段是双方沟通最为频繁的阶段，是发现问题和消除歧义的重要阶段，验证原型的正确程度，进而开发新的原型并修改原有的需求。由于原型忽略了许多细节，虽然它集中反映了许多必备的特性，但不够完整。用户可在开发人员的指导下试用原型，在试用过程中考核和评价原型的特性，也可分析其运行结果是否满足规格说明的要求，是否满足用户的愿望，纠正过去沟通交流时的误解和需求分析中的错误，增补新的要求，或提出全面的修改意见。

总的来说，原型法是通过强化用户参与系统开发的过程，让用户获得系统的亲身体验，找出隐含的需求分析错误，通过不断交流来提高需求实现的质量和软件产品的质量，目的是为了更好地提高客户满意度。

4.3.2 结构化分析方法

结构化分析技术是 20 世纪 70 年代中期由 E.Yourdon 等人倡导的一种面向数据流的分析方法，结构化分析就是用数据流图、数据字典、结构化语言、判定表、判定树等工具，来建立一种新的称为结构化说明书的目标文档，其中结构化说明书就是需求规格说明书。

结构化分析（SA）方法是一种传统的需求建模方法，基本思想是按照由抽象到具体、逐层分解的方法，确定软件系统内部的数据流、变换的关系。如果一个系统很复杂，可将该系统分解成若干子系统，并分别以 1、2、3 等标识子系统，如果子系统仍然很复杂（例如子系统 3），可再将其分解为 3.1、3.2 等若干个子系统，如此继续下去，直到子系统足够简单和易于理解为止。

1．结构化分析方法的特点

在结构化分析方法中，表达问题尽可能使用图形符号的方式，即使非计算机专业人员也易于理解。设计数据流图时只考虑系统必须完成的基本功能，不需要考虑如何具体地实现这些功能。

2．适用范围

SA 方法适用于大型管理信息系统的需求分析，主要利用数据处理分析系统功能。

3．使用原型法进行需求分析的流程

SA 方法的分析步骤如下：

（1）理解和分析当前的现实环境，以获得当前系统的具体模型。

（2）建立当前系统的逻辑模型。

（3）建立目标系统的逻辑模型。

（4）进一步完善目标系统的逻辑模型。

4．SA 描述方法

用 SA 方法描述系统逻辑模型的方法有数据流图、数据字典、补充材料等。

（1）数据流图（DFD）：一个软件系统的逻辑模型应能表示当某些数据输入到该系统，经过系统内部一系列处理（变换或加工）后产生某些逻辑结果的过程。DFD 是描述系统内部处理流程、表达软件系统需求模型的一种图形工具，即描述系统中数据流程的图形工具。DFD 有 4 个基本元素：

- 源点和终点：源点和终点用于表示数据的来源和最终去向，通常用方框表示。
- 数据流：由一组数据项组成的数据，通常用带标识的有向弧表示。
- 加工：对数据进行的操作或变换称为加工，加工通常用圆圈、椭圆等表示。
- 文件：存放数据的逻辑单位，在图形符号中还要给出文件名，文件的命名最好与文件中存放的内容相对应，文件名可等同于数据流名。

（2）分层的 DFD：一套分层的数据流图由顶层、底层和中间层组成。

- 顶层：用于注明系统的边界，即系统的输入/输出，整个系统只有一张。
- 中间层：描述加工的分解，其组成部分可进一步分解。
- 底层：由一些不能再分解的加工组成，称为基本加工，是指含义明确、功能单一的加工。

（3）数据词典：DFD 虽然描述了数据在系统中的流向和加工的分解，但不能体现数据流和加工的具体含义。数据词典就是用于描述数据的具体含义和加工的说明，由数据词典和加工就可构成软件系统的逻辑模型。

数据词典是由 DFD 中所有元素的严格定义组成，为 DFD 中出现的每个元素提供详细的说明，即 DFD 中出现的每个数据流名、文件名和加工名，都在数据词典中有一个条目定义相应的含义，当需要查看 DFD 中某个元素的含义时，可借助于数据词典。数据词典中的条目类型如下：

- 数据流条目：用于定义数据流。
- 文件条目：用于定义文件，除说明组成文件的所有数据项外，还说明文件的组成方式。
- 加工条目：用于说明加工，描述加工的处理逻辑或"做什么"。

（4）其他补充材料：定义各种输入/输出表格的形式，记录与修改文档相关的信息。

5．实体关联图

实体关联图亦称 E-R 图，用于描述系统的数据关系，使用实体关联图建立概念性的数据模型，是面向问题的、按照用户的观点对数据建立的模型，与软件系统中的实现方法无关。实体关联图主要由实体、属性、实体间的关联 3 个基本成分组成。

（1）实体：数据项（属性）的集合，通常用矩形框表示。

（2）属性：实体的性质，通常用椭圆或圆角矩形框表示。

（3）关联：实体之间相互连接的方式，用菱形框表示，用直线连接有关联的实体。关联确定了实体间逻辑上和数量上的联系，关联有如下 3 种类型：

- 一对一关联（$1:1$）。
- 一对多关联（$1:N$）。
- 多对多关联（$M:N$）。

在实体与关联之间的连线上用一个数字和文字表示是何种关联类型，关联也可有属性，E-R 图使用简单的图形符号表达系统分析员对问题域的理解，不仅接近人的思维方式，而且具有较好的易理解性，可作为软件开发人员与用户的交流工具。E-R 模型可以与数据词典相结合对属性进行详细定义，可通过实体间的关联关系发现遗漏和冗余的数据项等。

4.3.3　面向对象的分析技术

基本思想是将面向对象的分析（OOA）过程视为一个需求分析模型的构建过程，面向对象建模得到的模型包括对象的 3 个要素：静态结构（对象模型）——表示静态的、结构化的系统的"数据"性质，它是对模拟客观世界实体的对象以及对象彼此间的关系的映射；交互次序（动态模型）——表示瞬时的、行为化的系统的"控制"性质，它规定了对象模型中的对象的合法变化序列；数据变换（功能模型）——表示变化的系统的"功能"性质，它指明了系统应该"做什么"，更直接地反映了用户对目标系统的需求。复杂问题的对象模型由 5 个层次组成，即主题层、对象层、结构层、属性层和服务层。这5个层次一层比一层显现出对象模型的更多细节，而且这5个层次对应着在面向对象分析过程中建立对象模型的五项主要活动，即标识对象（类）、标识结构、标识主题、定义属性、定义服务。

1．用例分析方法的特点

面向对象的分析技术以模块封装和内部信息隐蔽为主要特征，面向对象语言具有易编程、易修改、易维护，能大幅度提高软件生产率和质量等特点，二者的结合是软件产业中的一次革命。

（1）利用面向对象分析方法，把事物的属性和操作组成一个整体，以对象为核心，更符合人类的思维习惯，是一个主动的多次反复迭代的过程，不是把整个过程划分为几个严格的顺序阶段。

（2）稳定性好：基于对象来表示与待解决的问题相关的实体，以对象之间的联系来表示实体之间的关系。当目标系统的需求发生变化时，只要实体及实体之间的联系不发生变化，就不会引起软件系统结构的变化。只需要对部分对象进行局部修改，就可以实现系统功能的扩充，软件系统稳定性比较好。

（3）可复用性好：采用了继承和多态的机制，提高了代码的可复用性，从父类派生出子类，一方面复用了父类中定义的数据结构和代码，另一方面提高了代码的可扩展性。

（4）可维护性好：采用了封装和信息隐藏机制，易于对局部软件进行调整。

2．适用范围

用例分析方法广泛应用于大型管理信息系统的需求开发。

3．统一建模语言（UML）

利用图形来建立需求模型，具有直观性、简单性以及可理解性等优点。这里主要介绍以图形为主进行需求建模的方法——UML 和 UML 中几种经常使用的图形描述技术。

UML（Unified Modeling Language）是综合面向对象分析/设计方法中使用的各种图形描述技术，试图给出这些图形描述的语法和语义的语言，图形是主要的构成成分。评估 UML 影响力的 OMG（Obeject Management Group）在 UML 标准建模语言方案的基础上，联合 Rational 公司、IBM、HP、TI、Microsoft 等许多企业提出了 UML1.1 版，OMG 在 1997 年 11 月将其作为国际标准采用，以 OMG 为首推进了 UML 的改进和完善。2003 年 5 月，UML1.5 版发表，随后发表 2.0 版。至今，UML 还在不断改进和完善中。

UML 以各种图形描述为主，分别表示面向对象方法中不同方面的模型。如果将这些图粗略分类，可分为静态结构和动态结构两大类。静态结构类包括用例图、类图、对象图、组件图、部署图等；动态结构类包括状态图、活动图、序列图、协作图等。

4．需求分析建模的主要流程

需求分析建模包括对象模型、功能模型和动态模型。首先，通过用例图建立系统的功能模型，再利用对象模型进行系统分析，复杂系统的对象模型由5个层次组成，即主题层、对象层、结构层、属性层和服务层，在建立服务层之前需要建立动态模型。

4.3.4 用例建模

通过用例模型的建立来描述用户需求，建立模型的步骤为：发现和定义涉众、确定系统边界、获取用例、绘制用例图、编写用例规约等。

1. 发现和定义涉众

涉众是与要建设的业务系统相关的一切人和事。涉众不等于用户，如何理解与业务系统相关的一切人和事？可通过以下类去寻找：

（1）业主是系统建设的出资方，投资者不一定是业务方，只是从资本上拥有这个系统并从中获得回报。建设成本、建设周期将直接影响到可以采用的技术、可以选用的软件架构、可以承受的系统范围。

（2）业务提出者是业务规则的制定者，一般是指业务方的高层人物，比如 CEO、高级经理等，他们制定业务规则，圈定业务范围，规划业务目标，一般最关心系统建设能够带来的社会影响、效率改进和成本节约，系统分析员不必太费心去试图说服他们接受一个意志相左的方案。

（3）业务管理者是指实际管理和监督业务执行的人员，一般是指中层干部，起到将业务提出者的意志付诸实施，并监督底层员工工作的作用。业务管理者的期望相对比较细化，是需求调研过程中最重要的信息来源。系统分析员必须把业务管理者的思路和想法弄清楚，一个经验丰富的系统分析员可以给他们灌输合理的管理方式，提供可替代的管理方法，以规避导致高技术风险或高成本风险的不合理要求。

（4）业务执行者是指底层的操作人员，是与将来的计算机直接交互最多的人员，他们最关心的内容是系统会给他们带来什么样的方便，会怎样改变他们的工作模式。系统的可用性、友好性、运行效率与他们的关系最多，系统界面风格、操作方式、数据展现方式、录入方式、业务细节都需要从他们这里了解。表单细节等是系统分析员与他们调研时需要多下功夫的地方，系统分析员需要从他们的各种期望中找出普遍意义，解决大部分人的问题，必要时可以依靠业务管理者来影响和消除不合理的期望。

（5）第三方是指与这项业务关联的，但并非业务方的其他人或事，比如在一个系统中，交费是通过网上银行支付的，则网上银行就成为系统的一个涉众，第三方的期望对系统来说不起决定性意义，但会起到限制作用，这种期望将体现为标准、协议和接口。

（6）承建方就是你的老板。老板的期望也是非常重要的，老板关心的是通过这个项目，能否赚到钱，是否能积累核心竞争力，是否能树立品牌，是否能开拓市场。老板的期望将很大地影响一个项目的运作模式、技术选择、架构建立和范围确定。

（7）相关的法律法规。相关的法律法规是一个很重要的，也最容易被忽视的涉众，这里的法律法规，既指国家和地方法律法规，也指行业规范和标准，项目的实现一定要符合法规和标准。

（8）用户是一个抽象的概念，是指预期的系统使用者。用户可能包括上述任何一种涉众，用户涉众模型建立的意义是，每一个用户将来都可能是系统中的一个角色，是实实在在参与系统的。而上述的其他涉众，则有可能只是在需求阶段有用，最终并不与系统发生交互。在建模过程中，概念模型的建立和系统模型的建立都只从用户开始分析，而不再理会其他的涉众。在 Rose 中建模时，只需要建立用户的模型，其他涉众则只体现在文档中即可。

（9）定时器是角色，站在系统边界外驱动系统的一切人、事物、甚至规则都有可能是角色，系统边界划定后，边界以内的，只有用例，边界以外的，向系统主动发出动作的，是角色，被动地从系统获得消息的是接口。

2．确定系统边界

系统边界即面对的问题领域，站在边界外的是角色，边界内的是用例，明确系统边界很重要，它决定了用户对系统的视角和能够得出的结果。

3．获取用例

用例分为业务用例和系统用例。业务用例描述业务需求，系统用例描述系统需求。

（1）业务用例：用来捕获功能性需求，功能性需求是由角色的业务目标来体现的。也就是对于角色来说，所负责的业务需要由一系列的业务目标组成，定义满足用户目标的用例，按照这些目标定义用例，业务用例体现了需求。

获取业务用例的方式可以通过数据流图的功能层次划分，也可以通过对用户的描述进行分析获取，用例以能完成参与者目的为依据，要符合基本的"输入—处理—输出"描述。

（2）系统用例：需求的实现有多种方式，如何实现它是由系统用例来体现的，它们并不是一个简单的细分关系。对于系统用例来说，就是通过分析这些场景，来决定哪些场景中的哪些部分是要纳入系统建设范围的。

（3）两者联系：业务用例和系统用例是分别站在客户的业务视角和系统建设视角来规划的。业务用例是完全的直接需求，而是完全的直接需求；系统用例也不是业务逻辑的详细划分，而是系统对需求的实现方式。要建设的系统功能性需求由这些系统用例构成，所以，业务用例和系统用例都是需求范畴，它们分别代表了业务范围和系统范围。

4．绘制用例图

UML 提供用例图来说明参与者、用例及其之间的关系，用例图充当一种交流工具，概括了系统及参与者的行为。画用例图的建议如下：

（1）画出参与者，标识参与者之间的关系。

（2）筛选用例，用优化组合方法解决用例间的冲突和重复问题，描述用例之间的关系，主要关系有：包含、扩展等。

（3）描述参与者与用例之间的关联。

5．编写用例规约

相对于用例图来讲，将用例工作利用文本进行详细描述，为用例分析提供依据，是更加重要的工作。用例规约的书写应包括：

（1）用例名称：按项目规范命名。

（2）执行者：用例的主导者。

（3）用例描述：用例的目的。

（4）前置条件：启动用例的条件。

（5）后置条件：用例结束时应满足的条件。

（6）基本事件流：描述在满足前提条件下启动用例后，按时间顺序执行者与软件系统的相互作用。

（7）异常事件流：按时间顺序描述在正常序列的相互作用中发生异常情况时，软件系统与执行者的相互作用。

（8）备注：应向设计者转达除功能需求以外的非功能需求、设计约束条件和限制，以及有待解决的事项等。

4.4 需求描述

经过需求获取及分析之后，再进行软件需求规格说明书（Software Requirement Specification，SRS）的编写。

需求定义根据需求调查和需求分析的结果，进一步定义准确无误的产品需求，产生软件需求规格说明书（SRS），系统设计人员将根据软件需求规格说明书开展系统设计工作。可产生3个报告：需求分析报告、需求说明书和需求规格说明书。需求分析报告一般是对某个市场或者是客户群来讲的，类似于调研报告，重点是体现出项目要满足哪些功能，哪些是重点。需求说明书根据与现场实际客户进行沟通，把客户的需求进行整理，重点是站在客户的角度说明产品功能。需求规格说明书从业务规则角度阐述需求，偏向于软件的概要设计，从开发、测试的角度去阐述产品功能，里面要包含原型界面、业务接口、活动图等。

4.4.1 需求描述的方法

可以用以下3种方法编写软件需求规格说明：

（1）用好的结构化和自然语言编写文本型文档。

（2）建立图形化模型，这些模型可以描绘转换过程、系统状态和它们之间的变化、数据关系、逻辑流或对象类和它们的关系。

（3）编写形式化规格说明，这可以通过使用数学上精确的形式化逻辑语言来定义需求。由于形式化规格说明具有很强的严密性和精确度，因此，所使用的形式化语言只有极少数软件开发人员才熟悉。

虽然结构化的自然语言具有许多缺点，但在大多数软件工程中，它仍是编写需求文档最现实的方法。包含了功能和非功能需求的基于文本的软件需求规格说明已经为大多数项目所接受。图形化分析模型通过提供另一种需求视图，增强了软件需求规格说明。

4.4.2 需求描述的范围

需求分析的具体内容可以归纳为以下几方面：软件的功能需求、软件与硬件或其他外部系统接口、软件的非功能性需求、软件设计和实现上的限制、软件的反向需求、阅读支持信息等。

1. 软件的功能需求

软件的功能需求是整个需求分析中的关键部分，描述软件在各种可能条件下，对所有可能输入的数据信息应完成哪些具体功能，产生什么样的输出。描述软件功能需求时应包含与功能相关的信息，应注意以下几点：

（1）必须清晰地描述出怎样输入、怎样输出，描述对应数据流描述、控制流描述图等，这些描述必须与其他地方描述一致。

（2）可以用语言、决策表、矩阵等对功能进行描述，如果选用语言描述必须使用结构化语言，必须说明该步骤的执行是顺序、选择、重复还是并发，说明步骤逻辑，整个描述必须符合单入口、单出口。

（3）每一个功能名称和参照编号必须唯一，不要将多个功能混在一起进行描述，这样便于功能的追踪和修改。

（4）注意需求说明和程序设计的区别。功能描述不应涉及那些细节问题，以避免给软件设计带来不必要的约束，例如，采用什么数据结构、定义接口等是设计阶段的事情。

（5）不使用"待定"这样的词，含有待定内容的需求都不是完整的文件，如果出现待定的部分，必须进行待定部分内容说明，落实负责人员、落实实施日期等。

需求功能描述要求做到无歧义、可追踪性和规范化。

2. 软件与硬件或其他外部系统接口

软件与硬件或其他外部系统接口包括以下内容：

（1）人机接口：说明输入、输出的内容、屏幕安排、格式等要求。

（2）硬件接口：说明端口号、指令集、输入/输出信号的内容与数据类型、初始化信号源、传输通道号和信号处理方式。

（3）软件接口：说明软件的名称、助记符、规格说明、版本号和来源。

（4）通信接口：指定通讯接口和通讯协议等描述。

3. 软件的非功能性需求

非功能需求是衡量软件能否良好运行的定性指标，在实际收集需求信息时，开发人员往往容易忽略非功能性需求，因为非功性能需求很难定义，如可靠性、易使用性、用户界面友好等。对软件系统的非功能性需求有很多，一定要根据用户对系统的期望来确定非功能性需求，主要包括性能性需求和其他非功能性需求，下面列举主要的性能需求指标（前两项）和其他非功能性需求的主要指标：

（1）时间需求：输入/输出频率、输入/输出响应时间、各种功能恢复时间等。

（2）处理容限、精度、采样参数的分辨率，误差处理等。

（3）可靠性：指在给定的时间内以及规定的环境条件下，软件系统能完成所要求功能的概率，其定量指标通常用平均无故障时间和平均修复时间来衡量。

（4）可扩充性：指软件系统能方便和容易地增加新功能，通常用增加新功能时所需工作量的大小来衡量。

（5）安全性：主要涉及防止非法访问系统功能，防止数据丢失，防止病毒入侵和防止私人数据进入系统等。

（6）互操作性：指软件系统与其他系统交换数据和服务的难易程度。

（7）健壮性：指软件系统或者组成部分遇到非法输入数据以及在异常情况和非法操作下，软件系统能继续运行的程度。

（8）易使用性：指用户学习和使用软件系统功能的简易程度，也包括对系统的输出结果易于理解的程度。

（9）可维护性：指在软件系统中发现并纠正一个故障或进行一次更改的简易程度。

（10）可移植性：指把一个软件系统从一种运行环境移植到另一个运行环境所花费的工作量的度量。

（11）可重用性：组成软件系统中的某个部件除了在最初开发的系统中能使用外，还可以在其他应用系统中使用的程度。

以上是在实际开发中，用户可能提出的一些非功能需求，随着软件系统的目标和应用领域的不同，用户提出的非功能需求可能是上述需求的一部分，也可能超出上述的非功能性需求。软件系统应具备什么样的可靠性？易使用性应达到什么程度？什么样的用户界面才算是友好的？这些问题由于缺乏定量指标，很难根据这些需求来评价软件系统，这也是开发出来的软件系统与用户所要满足的软件系统之间存在差异的主要原因。

4．软件设计和实现上的限制

软件设计和实现上的限制指对软件设计者的限制，如软件运行环境的限制（选择计算机类型，使用配置，操作系统的限制等）、设计工具的限制（使用语言、执行的标准）和保密要求等。

5．软件反向需求

软件反向需求描述软件在哪些情况下不能做什么，随软件实际要求而定，有两类情形需要采用反向需求的形式：第一种情况是某些用户需求适合采用反向形式说明，如数据安全性要求；第二种情况是对一些可靠性和安全性要求较高的软件，有些必须描述软件不能做些什么。

6．阅读支持信息

为了更好地理解用户需求，使需求便于修改和追踪，阅读支持信息本身并不是对需求的描述，但它影响到需求分析的可读性，也属于需求分析的一个重要部分，一般目录、需求背景信息、内容索引、交叉引用表、注释等均属于这部分的内容。

4.5 需求验证

需求验证是指开发方和客户共同对需求文档进行评审，双方对需求达成共识后做出书面承诺，使需求文档具有商业合同效果。

4.5.1 需求验证的任务

需求验证是以用户需求为基础的，确定系统需求是否完整、一致、正确和可行。不可能在需求开发阶段真正进行任何测试，因为还没有可执行的软件。然而，可以在开发组编写代码之前,以需求为基础建立概念性测试用例,并使用它们发现软件需求规格说明中的错误、二义性和遗漏,还可以进行模型分析。

充分理解需求,确保需求理解与需求分析人员是一致的;从可测试的角度发现《用户需求说明书》中不可测试的需求,提醒需求分析人员尽早修改;从测试人员的角度发现《用户需求说明书》中不完整性的需求,提醒需求分析人员及时补充遗漏的这部分用户需求。

通过验证,有利于以下几方面:

(1)减少需求缺陷。

(2)减少返工。

(3)减少不必要的特性。

(4)降低改进成本。

(5)加快开发进度。

(6)提高沟通效率。

(7)控制需求改变。

(8)对系统测试的评估更准确。

(9)提高客户和开发人员的满意度。

需求验证是需求开发的第四部分(前三部分为获取、分析和编写需求规格说明),需求验证所包括的活动是为了确定以下几方面的内容:

(1)软件需求规格说明正确描述了预期的系统行为和特征。

(2)从系统需求或其他来源中得到软件需求。

(3)需求是完整的和高质量的。

(4)所有对需求的看法是一致的。

(5)需求为继续进行产品设计、构造和测试提供了足够的基础。

我们可以再简单理解一下验证和确认的区别,判断最终开发出来的系统和用户想要的系统是否一致的过程叫做确认,对于所理解和描述的需求和当初的想法是否是一致的过程叫做验证。需求的验证包括很多内容,涉及软件开发中上下游相关人员参与。首先结构和文档化后的需求需要用户来验证是否和他们的想法是一致的,是否把用户的真实意图描述清楚了,以保证需求本身的正确性。对于后续设计开发阶段的人员,也需要对需求进行评审以保证需求的可实现性,确认需求描述是否清楚,是否可以实现;对于业务对象,需要确认流程和规则是否存在不可实现的模糊描述词语;对于测试人员,主要确认需求是否是可测试的,是否在需求描述中引入了较多的易用、较好、应该等不确定和不可测试的词语。对于大型的软件项目,如果有专门的产品化标准和UI(User Interface)组件,还需要对需求的易用性和产品交互等方面进行评估,以评价整个软件系统的产品化。

确认软件系统已经开发完成后交付给用户后验收的时候,用户确认系统是否实现了当初的需求。为了保证确认过程的顺利,就必须重视需求验证的过程,需求验证不仅仅是需求阶段对需求文档的评审,还需要关注设计、开发等各阶段对需求的实现情况的验证。

4.5.2　需求评审

软件的缺陷并不是在编程时才出现的，需求和设计阶段都会产生问题，缺陷发现得越早，修正得越早，所用的成本就越低；缺陷发现得越迟，成本就越高。通过产品需求的评审，更好地理解产品的功能性和非功能性需求，为制订测试计划、测试范围等提供参考。

1. 评审的层次

用户的需求是可以分层次的，主要有：

（1）目标性需求：定义了整个系统需要达到的目标。

（2）功能性需求：定义了整个系统必须完成的任务。

（3）操作性需求：定义了完成每个任务的具体的人机交互。

目标性需求是企业的高层管理人员所关注的，功能性需求是企业的中层管理人员所关注的，操作性需求是企业的具体操作人员所关注的，对不同层次的需求，其描述形式是有区别的，参与评审的人员也是不同的。

2. 正式评审与非正式评审相结合

对项目的评审有两类方式：

（1）正式技术评审，也称同行评审。

（2）非正式技术评审。

正式评审是指通过开评审会的形式，组织多个专家，将需求涉及的人员集合在一起，并定义好参与评审人员的角色和职责，对需求进行正规的会议评审。非正式评审并没有这种严格的组织形式，一般也不需要将人员集合在一起评审，而是通过电子邮件、文件汇签甚至网络聊天等多种形式对需求进行评审。两种方式各有利弊，应该更灵活运用。

3. 分阶段评审

在需求形成的过程中进行分阶段评审，不是在需求最终形成后再进行评审，分阶段评审可以将原本需要进行的大规模评审拆分成各个小规模的评审，降低了需求返工的风险，提高了评审质量。

4. 评审人员

需求评审可能涉及的人员包括：需方的高层管理人员、中层管理人员、具体操作人员、IT 主管；供方的市场人员、需求分析人员、设计人员、测试人员、质量保证人员、实施人员、项目经理以及第三方的领域专家等。在这些人员中由于大家所处的立场不同，对同一个问题的看法是不相同的，有些观点和系统的目标有关系，有些和系统的目标关系不大，不同的观点可能形成互补的关系。为了保证评审的质量和效率，需要精心挑选评审员，首先要保证使不同类型的人员都要参与进来，否则很可能会漏掉很重要的需求；其次，在不同类型的人员中要选择那些真正和系统相关的，对系统有足够了解的人员参与进来，否则很可能使评审的效率降低或者最终不切实际修改了系统范围。

5. 建立标准的评审流程

对正规的需求评审需要建立正规的需求评审流程，按照流程中定义的活动进行规范的评审过程，比如，在评审流程定义中可能规定评审的进入条件、评审需要提交的资料、每次评审会议的人员职责分配、评审的具体步骤、评审通过的条件等。

6. 做好评审后的跟踪工作

在需求评审后，需要根据评审人员提出的问题进行评价，以确定哪些问题是必须纠正的，并给出充分的客观理由与证据。当确定需要纠正的问题后，要形成书面的需求变更申请，进入需求变更的管理流程，并确保变更的执行。在变更完成后，要进行复审，切忌评审完毕后，没有对问题进行跟踪，否则无法保证评审结果的落实，使前期的评审努力付之东流。

4.5.3　需求测试

通常有两种手段来检查需求的正确性，分别是需求评审和需求测试。在需求规格说明书完成后，需求组必须自己对需求做评审，需求测试是测试部门测试需求是否符合用户的要求。需求测试和需求评审并行进行，是因为需求评审是项目的各方干系人共同进行的检查工作，评审工作关注的焦点是分散的，很难将偏离用户的需求检查出来。而需求测试执行的时间可以比评审时间长，有专门的关注方面，更能够检查出不合理的需求分析。

1. 需求测试目的

需求测试不等同于集成测试或者系统测试，集成测试都是在软件已经编写完成的条件下，判断软件是否会出错；而需求测试，只是验证需求是否真的是用户的需求。对于需求的功能测试，可以用 RAD（Rapid Application Develop）工具建立界面原型，用户通过原型的操作来确定需求跟期望是否相同，对于那些用户不合理的需求，测试人员要能够分辨出来，与用户进行核对，确定用户的真实需求。可以说，需求测试是需求测试人员和用户共同来执行的。

2. 需求测试方法

需求测试方法包括同行评审、组内评审、通过测试用例来测试需求、需求建模等。

3. 需求测试人员

用户或用户代表、项目管理者、系统工程师、相关的开发人员、质量保证人员（Quality Assurance，QA）等。

4. 需求变更后的软件测试

需求变更后的软件测试，需要根据需求变更的严重程度，来决定测试计划的变更。

（1）如果原来的需求发生了根本性变化，则测试计划需要重新制订，原需求对应的开发及测试工作被全部推翻，一切从零开始。

（2）如果需求只是少许变化，则修改相应功能的测试用例，测试计划即可。

需求变更在软件测试过程中是比较多的，产生该问题的原因主要是需求人员不能很好控制需求导致的，需要强化需求人员的技术水平，使其有能力引导客户向现有功能靠拢，不会发生修改的功能比开发一个同样的功能还要耗时的情况。

4.6 需求管理

需求管理的目的是在客户与开发者之间建立对需求的共同理解，维护需求与其他工作成果的一致性，并控制需求的变更。用户不断地修改需求，项目进度无任何保证不断延期；由于一次需求的修改导致原来本来稳定的系统出现各种原来没有想到的错误和异常，这些都是需求管理存在缺陷的表象。需求管理的重要性就体现到项目计划的严肃性和可执行性，以保证项目目标的实现。通过引入了需求变更管理后，使软件需求文档成为一份大家都共同承诺和作为依据参考的文档，这个文档需要在设计、开发、测试等多种角色之间充分传递和共享。另外，通过需求管理工作，使每个人意识到变更对项目的影响和变更的代价，反向去促进需求开发质量的提高。

4.6.1 需求管理的内容

需求管理就是 IT 项目中的范围管理，是整个 IT 项目的源头。IT 项目的估算、计划，后续的跟踪控制、验证和确认等各项工作都是跟需求密切相关的。因此，为了保证项目的进度、质量和成本目标的顺利实现，保证项目计划的严肃性和可执行性，保证软件系统最终开发的产品正是客户期望的产品，必须要做好需求管理工作。

需求管理工作应该是需求生命周期的管理，从用户原始需求的提出，到最终形成软件产品后用户对需求实现情况的验证以形成闭环流程。因此，需要跟踪和了解到需求状态的演变过程。大型的项目软件生命周期模型较为复杂，一个需求的实现会经过用户需求、软件需求、总体设计、详细设计、开发和单元测试、集成测试、系统测试和验收测试多个环节，在这个过程中需要建立需求追踪以确认需求和中间阶段产生的工作产品的一致性。另外，变更管理是需求管理的另外一个重点，需求在经过评审确认后要根据基线进行控制，当出现需求变更时必须进行相应的需求影响分析以确认对需求变更的处理方式，当变更工作量影响较大的时候还需要调整项目计划。

对于整个需求调研、分析和需求开发、评审确认的过程也需要进行管理。在这个过程中的一个重点就是需求输出的文档需要得到用户、项目组设计开发人员的共同确认和承诺。

4.6.2 需求分析人员组织

软件需求分析其根本性问题是理解用户功能需求，由此软件需求分析实际上是与客户间交流过程完成的目标。要求组织适当的参与人员进行交流活动。

需求分析是一个综合团队的工作，是在需求分析理论的指导下，对用户需要进行渐进方式逐步深化；通过不断变化方式形成具体约束；努力实现需求功能目标形成特色效果的商业化产品。需求分析是一个商业行为，完全是一个商业化操作，要求有商业、技术等结合的团队共同合作，解决需求和设计的同步，使设计符合需求。

项目涉及内容、项目大小都需要考虑参加软件需求分析工作团队的人数，配置合理的参与人员。一般必须有商务活动人员、项目管理人员、设计技术人员等参加，而且要求组织人员必须明确负责范围，明确工作目标，保证实施的有效性。

4.6.3 需求变更控制

需求变更控制是指依据"变更申请—审批—更改—重新确认"的流程处理需求变更，确保需求变更不会失去控制而导致项目发生混乱。

1．需求变更的原因分析

需求变更的表现形式是多方面的，究其根本不外乎以下几种原因：

（1）范围没有确定就开始细化。

（2）没有指定需求的基线。

（3）没有良好的软件结构适应变化。

2．如何控制需求变更

按照现代项目管理的概念，一个项目的生命周期分为启动、实施、收尾3个过程，需求变更的控制不应该只是项目实施过程考虑的事情，而是要分布在整个项目生命周期的全过程，为了将项目变更的影响降低到最小，需要采用综合变更控制方法，在启动、实施、收尾等不同阶段控制变更，如图4-1所示。

（1）项目启动阶段的变更预防。对于任何项目，变更都无可避免，积极应对需求变更从项目启动的需求分析阶段就开始了。如果需求没做好，基准文件里的范围含糊不清，往往要付出许多无谓的牺牲。如果需求做得好，文档清晰且又有客户签字，那么后期客户提出的变更就超出了合同范围，需要另外收费。

（2）项目实施阶段的需求变更。成功项目和失败项目的区别在于项目的整个过程是否是可控的。项目实施阶段的变更控制需要做的是分析变更请求，评估变更可能带来的风险和修改基准文件。控制需求变更需要注意以下几点：

- 需求一定要与投入有联系，需求变更的成本由开发方来承担，需求变更要经过出资者的认可，这样才会对需求的变更有成本的概念，能够慎重地对待需求的变更。
- 小的需求变更也要经过正规的需求管理流程，否则会积少成多。
- 精确的需求与范围定义并不会阻止需求的变更。
- 注意沟通的技巧。实际情况是用户、开发者都认识到了上面的几点问题，但是由于需求的变更可能来自客户方，也可能来自开发方，作为需求管理者，项目经理需要采用各种沟通技巧来使项目的各方各得其所。

（3）项目收尾阶段的总结。项目总结工作应作为现有项目或将来项目持续改进工作的一项重要内容，也可以作为对项目合同、设计方案内容与目标的确认和验证。项目总结工作包括项目中事先识别的风险、没有预料到而发生的变更等风险的应对措施的分析和总结，也包括项目中发生的变更、项目中发生问题的分析统计的总结。

3．需求变更的处理流程

需求变更既然不可避免，就必须有一套规范的处理流程。对于需求变更的处理流程应该分以下步骤：提出变更、变更评估、实施变更。

图4-2简要地描述了一般需求变更的处理流程，需求变更的处理流程如下：

（1）开发方或客户方提出变更"原需求文档"的需求变更申请，申请人撰写"需求变更申请书"，递交给项目经理或客户方负责人，必须阐述：变更原因、变更的内容、此变更对项目造成的影响。

（2）审批需求变更申请。开发方负责人（项目经理）和客户共同审评"需求变更申请书"，如果任何一方不同意变更，则退回变更请求，项目按照"原需求文档"执行。如果双方都同意变更，转向（3）。

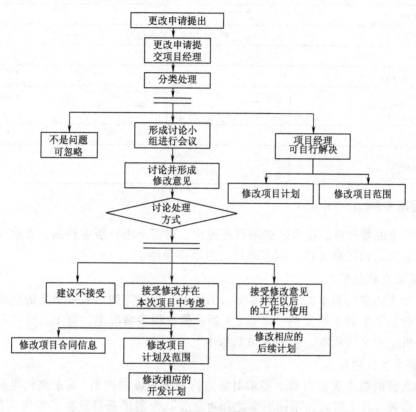

图 4-2 需求变更处理流程

（3）更改需求文档。需求分析员更改"原需求文档"，产生新的需求文档。

（4）重新进行需求确认，重新进行需求评审，重新获取书面的需求承诺。

（5）输出《需求变更控制报告》，新的需求文档已经被确认，《需求变更控制报告》的模板如表 4-1 所示。

表 4-1 《需求变更控制报告》模板

需求变更申请	
申请变更的需求文档	输入名称、版本、日期等信息
变更的内容及其理由	
评估需求变更将对项目造成的影响	
申请人签字	
变更申请的审批意见	
项目经理签字	审批意见： 签字： 日期：

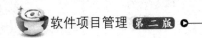
续表

客户签字 （合同项目）	审批意见： 签字：　　　　　　　日期：
更改需求文档	
变更后的需求文档	输入名称、版本、完成日期等信息
更改人签字	
重新评审需求文档	
需求评审小组签字	评审意见： 签字：　　　　　　　日期：
变更结束	
项目经理签字	评审意见： 签字：　　　　　　　日期：

4.6.4 版本控制

因为需求的特殊性，在实际的项目开发中，对需求进行版本控制，需求版本需要考虑更多层次，如需求文档、需求条目、需求体系等。

1．需求文档的版本

对整个文档进行版本的管理是基础，当谈及最新版本时，项目团队的成员应该都知道它指的是哪个版本的文档，比如 2.1 版。但在很多情况下，每个人往往都是指自己的计算机上的文档版本，以为是最新版本。

2．需求条目的版本

需求条目的版本表示对每个需求对象进行更细粒度的控制。需求文档里面由若干需求条目组成，两个需求在不同版本之间可能是几个需求条目发生了变化，需要更清楚地知道某条关键的需求，何人何时创建，何人何时做出何种修改，并且能够知道修改的开始和结束的状态，显示出其中的差异，最好可以自动地回退到某个历史状态。这些工作中的需求，实际上都体现了对需求条目层次上版本管理的要求。

3．需求体系的版本

公司采用迭代或增量开发模式时，为了降低风险，将开发过程分为多个增量部分可以加快整个开发过程。每个阶段结束后，是否要将整个项目的文档做一个快照呢？通常是需要的，此时的项目基线也就是需求体系版本，需求体系版本包含来自需求的多个相关文档，此时的版本管理将该组文档之间的追踪关系也进行基线化管理。

对文档之间的追踪关系也进行基线化管理意味着项目的每一个阶段，需求文档会有所不同，需求文档之间的追踪关系也会不同。记录项目每个阶段的需求文档及其追踪关系的版本，可以回溯到以前的某个需求版本，并能够按照当时的项目追踪关系，追踪当时的分析设计结果，实现对整个需求体系的掌握，能够更好地理解、复用已完成的工作成果。

4.6.5 需求跟踪

需求跟踪是指通过比较需求文档与后继工作成果之间的对应关系，建立与维护"需求跟踪矩阵"，确保产品依照需求文档进行开发。

1. 需求跟踪矩阵

在需求变更、设计变更、代码变更、测试用例变更时，需求跟踪矩阵（RTM）是目前经过实践检验的进行变更及范围影响分析的最有效工具，如果不借助 RTM（Requirement Traceability Matrix），当发生上述变更时，往往会遗漏某些连锁变化，RTM 也是验证需求是否得到实现的有效工具，借助 RTM，可以跟踪每个需求的状态：是否设计、是否实现、是否测试。

2. 需求跟踪步骤

（1）建立与维护需求跟踪矩阵：

- 正向跟踪：检查需求文档中的每个需求是否能在后续工作成果中找到对应点。
- 逆向跟踪：检查设计文档、代码、测试等工作成果是否都能在需求文档中找到对应点。
- 正向跟踪和逆向跟踪合称为"双向跟踪"。不论采用何种跟踪方式，都要建立于维护需求跟踪矩阵，需求跟踪矩阵保存了需求与后续工作成果的对应关系，矩阵单元之间可能存在"一对一""多对多"的关系，由于对应关系比较复杂，最好在表格中加必要的文字解释。简单的需求跟踪矩阵格式如表 4-2 所示。

表 4-2　《需求跟踪矩阵》格式

序号	需求文档（版本，日期）	设计文档（版本，日期）	代码（版本，日期）	测试用例（版本，日期）
1	标题或标识符，说明	标题或标识符，说明	代码名称，说明	测试用例名称，说明
2				
3				

有多个角色参与建立 RTM，需求开发人员负责客户需求到产品需求的 RTM 建立；设计人员负责需求到设计的 RTM 建立；测试人员负责需求到测试用例的 RTM 建立；QA 负责检查是否建立了 RTM，是否所有的需求都被覆盖了，等等。当需求文档或后续工作成果发生变更时，需要及时更新需求跟踪矩阵。

（2）查找不一致。使用需求跟踪矩阵，很容易发现需求文档与后续工作成果之间的不一致。例如，后续工作成果没有实现需求文档的某些需求，后续工作成果实现了需求文档中不存在的需求，后续工作成果没有正确实现需求文档中的需求等。项目经理将发现的"不一致性"记录在《需求跟踪报告》之中，并通报给相关责任人。

（3）消除不一致。相关责任人给出消除"不一致性"的措施和计划，项目经理将该措施和计划记录到《需求跟踪报告》之中。相关责任人消除"不一致性"之后，项目经理更新"需求跟踪矩阵"。

（4）输出《需求跟踪报告》，《需求跟踪报告》格式如表 4-3 所示。

表 4-3 《需求跟踪报告》格式

序号	问题描述	识别人、日期	解决措施	结　果
1				
2				

4.7 任 务 分 解

在软件项目管理实践中，项目任务的分解一直是一项很重要的工作。工作分解结构（Work Breakdown Structure，WBS）是把项目交付成果和项目工作分解成较小的、更易于管理的组成部分的过程。WBS 总是处于计划过程的中心，项目范围是由 WBS 定义的，制定进度计划、资源需求、成本预算、风险管理计划、采购计划和控制项目变更等也是以 WBS 作为重要基础。WBS 目前已成为软件工程项目管理过程中一种必不可少的基本方法。

4.7.1 WBS 的定义

WBS（Works Breakdown Structure，工作/任务分解结构）简单来说就是将工程项目的各项目内容按其相关关系逐层进行分解，直到工作内容单一、便于组织管理的单项工作为止。合理地进行分解可以把各单项的工作在整个项目中的地位、相对关系用树形结构或锯齿列表的形式直观地表示出来。比如，图 4-3 展示了一个"变化计数器"的项目分解结果。

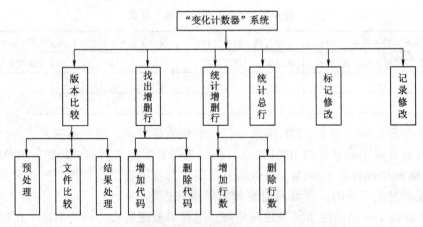

图 4-3 "变化计数器"的项目分解

当解决问题过于复杂时，可以将问题进行分解，直到分解后的子问题容易解决；然后，分别解决这些子问题。规划项目时，将一个项目分解为更多的工作细节或者子项目，使项目变得更小、更容易管理、更容易操作，责任分工更加明确。任务分解是对需求的进一步细化，是最后确定项目的所有任务范围的过程，所得到的 WBS 是面向可交付成果的项目元素的分组。

无论在项目管理实践中，还是在 PMP（Project Management Professional）考试中，

工作分解结构（WBS）都是最重要的内容。WBS总是处于计划过程的中心，也是制订进度计划、资源需求、成本预算、风险管理计划和采购计划等的重要基础。WBS同时也是控制项目变更的重要基础。项目范围是由WBS定义的，所以WBS也是一个项目的综合工具。WBS应包含的信息：项目产品或服务结构，项目组织结构，项目的阶段划分。

WBS是面向项目可交付成果的成组的项目元素，这些元素定义和组织该项目的总的工作范围，未在WBS中包括的工作就不属于该项目的范围。WBS每下降一层就代表对项目工作更加详细的定义和描述。项目可交付成果之所以应在项目范围定义过程中进一步被分解为WBS，是因为较好的工作分解可以：

（1）防止遗漏项目的可交付成果。

（2）帮助项目经理关注项目目标和澄清职责。

（3）建立可视化的项目可交付成果，以便估算工作量和分配工作。

（4）帮助改进时间、成本和资源估计的准确度。

（5）帮助建立项目团队和获得项目人员的承诺。

（6）为绩效测量和项目控制定义一个基准。

（7）辅助沟通清晰的工作责任。

（8）为其他项目计划的制订建立框架。

（9）帮助分析项目的最初风险。

通常情况下，WBS总是处于软件项目计划过程的中心，是制订进度计划、了解资源需求、统计成本预算、控制可能风险和决定采购计划等工作的重要基础。WBS是一个描述思路的规划和设计工具。它帮助项目经理和项目团队确定和有效地管理项目的工作。WBS是一个清晰地表示各项目工作之间相互联系的结构设计工具。WBS是一个展现项目全貌，详细说明为完成项目所必须完成的各项工作的计划工具，定义了里程碑事件，可以向高级管理层和客户报告项目完成情况。作为项目状况的报告工具，有利于项目团队效率的提升。

通过项目分解结构的制订，项目组成员可以对系统的整个架构有一个比较全面充分的认识，减少在项目过程中不必要的争执和沟通障碍。同时在项目的执行过程中，可以让项目组的各个成员对自己的工作做到心中有数，便于项目经理对项目进行控制，提升编写代码的效率，从而在整体的层次上提升整个项目团队的研发效率，有利于增进客户对软件的认识。通过在调研过程中的多次沟通，客户与软件开发团队成员形成了一定的默契关系。同时，客户能够从软件人员的描述中了解到软件开发的一般性规律，为后期的工作做好一定的铺垫。

另外，通过工作分解结构，使得客户在比较直观明了的情况下对程序的功能构架有所了解，同时在反复的过程中也引起了客户自身对软件功能需求的重新认识和定位，为系统的开发定出了比较清晰的目标，减少了后期需求变动的可能性。具有工期预计作用以及比较有说服力的成本概算。通过工作分解结构，比较好地定义出了软件所要实现的具体功能，同时也可以从中看出各个模块所需要的人员以及工期等相关因素。从人员工资以及相关的工期中就可以比较有说服力地计算出相关成本，然后加上一定的系数，就能提出对于客户来说一个相对便宜而对公司来说又可以基本持平的软件研发费用。虽然事实上，最终的工期和成本都与计算有所出入，但是出入不是很大，在25%左右，因此认为这还是一个很有价值的数据，为以后的成本计算提供了比较好的参考值。

　　WBS也是强有力的质量、成本、时间控制工具。项目的3个互相制约的因素是质量、时间和成本，三者之间的平衡是一个项目成功与否的关键。项目分解结构是一个项目执行的基线，项目经理通过项目各个阶段的当前情况与基线进行对比可以发现项目中出现的偏差，然后根据项目的当前情况对项目中各个环节的成本时间进行控制。

　　WBS的最低层次的项目可交付成果称为工作包（WorkPackage），具有以下特点：

（1）工作包可以分配给另一位项目经理进行计划和执行。

（2）工作包可以通过子项目的方式进一步分解为子项目的WBS。

（3）工作包可以在制订项目进度计划时，进一步分解为活动。

（4）工作包可以由唯一的一个部门或承包商负责。用于在组织之外分包时，称为委托包（Commitment Package）。

（5）工作包的定义应考虑80小时法则（80 Hour Rule）或两周法则（Two Week Rule），即任何工作包的完成时间应当不超过80小时。在每个80小时或少于80小时结束时，只报告该工作包是否完成。通过这种定期检查的方法，可以控制项目的变化。

4.7.2　创建WBS的方法

　　创建WBS是指将复杂的项目分解为一系列明确定义的项目工作，并作为随后计划活动的指导文档。创建WBS的方法主要有以下几种：

（1）自上而下的方法。从项目的目标开始，逐级分解项目工作，直到参与者满意地认为项目工作已经充分地得到定义。该方法由于可以将项目工作定义在适当的细节水平，对于项目工期、成本和资源需求的估计可以比较准确。

（2）类比方法。参考类似项目的WBS创建新项目的WBS。

（3）使用指导方针。一些像美国国防部的组织，提供MIL-STD（Military Standard）之类的指导方针用于创建项目的WBS。

（4）自下而上的方法。从详细的任务开始，将识别和认可的项目任务逐级归类到上一层次，直到达到项目的目标。这种方法存在的主要风险是可能不能完全地识别出所有任务或者识别出的任务过于粗略或过于琐碎。

4.7.3　WBS的分解原则及基本要求

　　WBS分解过程中可参考如下原则：

（1）横向到边即百分百原则，指WBS分解不能出现漏项，也不能包含不在项目范围之内的任何产品或活动。

（2）纵向到底原则，指WBS分解要足够细，以满足任务分配、检测及控制的目的。

（3）自上而下与自下而上的充分进行沟通。

（4）一对一个别交流。

（5）小组讨论。

（6）分解后的活动结构清晰。

（7）逻辑上形成一个大的活动。

（8）集成了所有的关键因素。

（9）包含临时的里程碑和监控点。

（10）所有活动全部定义清楚。

学会分解任务，只有将任务分解得足够细，才能心里有数，才能有条不紊地工作，才能统筹安排时间表。

创建WBS时需要满足以下几点基本要求：

（1）某项任务应该在WBS中的一个地方且只应该在WBS中的一个地方出现。

（2）WBS中某项任务的内容是其下所有WBS项的总和。

（3）一个WBS项只能由一个人负责，即使许多人都可能在其上工作，也只能由一个人负责，其他人只能是参与者。

（4）WBS必须与实际工作中的执行方式一致。

（5）应让项目团队成员积极参与创建WBS，以确保WBS的一致性。

（6）每个WBS项都必须文档化，以确保准确理解已包括和未包括的工作范围。

（7）WBS必须在根据范围说明书正常地维护项目工作内容的同时，也能适应无法避免的变更。

4.7.4 WBS的分解方法

1. WBS的分解方式

WBS的分解可以采用多种方式进行，包括：

①按产品的物理结构分解；

②按产品或项目的功能分解；

③按照实施过程分解；

④按照项目的地域分布分解；

⑤按照项目的各个目标分解；

⑥按部门分解；

⑦按职能分解。

2. WBS表示方式

WBS可以由树形的层次结构图或者行首缩进的表格表示，其任务分解图如图4-4所示。

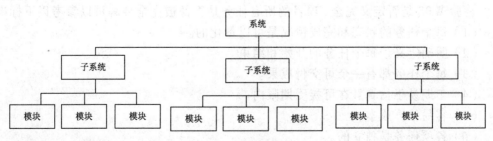

图4-4 任务分解

WBS 的每一个任务通常应指定唯一的编码，WBS 的编码设计与结构设计应该有一一的对应关系，即结构的每一层次代表编码的某一位数。图 4-5 所示为确定了编码的任务分解结果。

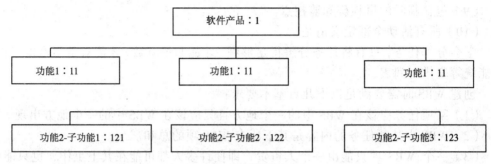

图 4-5　有编码的 WBS

其中，美国军标使用的 WBS 在 MIL-STD 中对 WBS 进行的描述为："WBS 是由硬件、软件、服务、数据和设备组成的面向产品的家族树。"

在实际应用中，表格形式的 WBS 应用比较普遍，特别是在项目管理软件中。

4.7.5　创建 WBS 的过程

创建 WBS 的过程非常重要，因为在项目分解过程中，项目经理、项目成员和所有参与项目的职能经理都必须考虑该项目的所有方面。制定 WBS 的过程如下：

（1）得到范围说明书（Scope Statement）或工作说明书（Statement of Work，承包子项目时）。

（2）召集有关人员，集体讨论所有主要项目工作，确定项目工作分解的方式。

（3）分解项目工作。如果有现成的模板，应该尽量利用。

（4）画出 WBS 的层次结构图。WBS 较高层次上的一些工作可以定义为子项目或子生命周期阶段。

（5）将主要项目可交付成果细分为更小的、易于管理的组分或工作包。工作包必须详细到可以对该工作包进行估算（成本和历时）、安排进度、做出预算、分配负责人员或组织单位。

（6）验证上述分解的正确性。如果发现较低层次的项没有必要，则修改组成成分。

（7）如果有必要，建立一个编号系统。

（8）随着其他计划活动的进行，不断地对 WBS 更新或修正，直到覆盖所有工作。

检验 WBS 是否定义完全、项目的所有任务是否都被完全分解可以参考以下标准：

（1）每个任务的状态和完成情况是可以量化的。

（2）明确定义了每个任务的开始和结束。

（3）每个任务都有一个可交付成果。

（4）工期易于估算且在可接受期限内。

（5）容易估算成本。

（6）各项任务是独立的。

项目分解结构的一般步骤如下：

1．工程项目的结构分析

项目的总任务是完成确定的技术系统（功能、质量、数量等）的工程，完成这个任务是通过许多互相联系、互相影响、互相依赖的工程活动实现的。主要包括如下内容：

（1）工程项目的结构分解。

（2）项目单元的定义。

（3）项目单元之间逻辑关系的分析。

2．项目结构分解

对一个项目进行结构分解，通常按系统分析方法，由粗到细，由总体到具体，由上而下地将工程项目分解成树形结构。结构分解的结果有：树型结构图；项目结构分析表。

3．项目结构分解过程

（1）将项目分解成单个定义的且任务范围明确的子部分（子项目）。

（2）研究并确定每个子部分的特点和结构规则、它的执行结果以及完成它所需的活动，以做进一步的分解。

（3）将各层次结构单元（直到最低层的工作包）收集于检查表上，评价各层次的分解结果。

（4）用系统规则，将项目单元分组，构成系统结构图（包括子结构图）。

（5）分析并讲解分解的完整性，如有可能让相关部门的专家或有经验的人参加，并听取他们的意见。

（6）由决策者决定结构图，并做相应的文件。

（7）在设计和计划过程中确定各单元的（特别是工作包）说明文件内容，研究并确定系统单元之间的内部联系。

这样表示可以使项目的管理者与各参与者直观地从整体上了解工程项目中的各项工作（任务），便于从整体上协调和管理，并使各参与者明确了解自己承担的工作与全局的关系。

4.7.6　处理经验

既然工作分解如此重要并且在实际中有效，那么如何才能在项目的计划阶段就做出一个完善又可行的工作分解呢？

1．改变思考方法

常见的分解基本上是按时间的先后顺序，或工作实施顺序来分解的。但是，WBS分解中并没有要求分解的工作之间需要有一定的时间关系，主要的分解原则是：一是横向到边即百分百原则，指 WBS 分解不能出现漏项，也不能包含不在项目范围之内的任何产品或活动；二是纵向到底，指 WBS 分解要足够细，以满足任务分配、检测及控制的目的。

根据这两个原则，没必要一定按照时间顺序或项目实施顺序来分解项目，完全可以按照其他的标准来分解，比如按照项目的最终交付成果来分解就是一个不错的分解方式。

2．按目标分解

工作分解结构（WBS）：以可交付成果为导向对项目要素进行的分组，它归纳和定义了项目的整个工作范围，每下降一层代表对项目工作的更详细定义。具体来说，就是在总体上按目标分解，局部可以按成熟的工作流程分解。这样就让项目管理者能够更多地从宏观的角度把握整个项目的进展情况，而不是注重局部的工作，最终忽略了部分细节，使项目开发成功。

一个 WBS 分解中的局部范围可按工作的时间顺序分解，但最好计划人与实施者都能对这个局部工作有丰富的实践经验，或已经形成了针对这部分工作的成熟模型。分解后应达到：活动结构清晰；逻辑上形成一个大的活动；集成了所有的关键因素；包含临时的里程碑和监控点；所有活动全部定义清楚。

没有计划的项目是一种无法控制的项目。在高技术行业，日新月异是主要特点，因此计划的制订需要在一定条件的限制和假设之下采用渐近明细的方式进行不断完善。例如，对于较为大型的软件开发项目的工作分解结构 WBS 可采用二次 WBS 方法。即根据总体阶段划分的总体 WBS 和专门针对详细设计或编码阶段的二次 WBS。学会分解任务，只有将任务分解得科学、合理，才能做到心中有数、有条不紊地工作，才能统筹安排好时间。统一的、标准化的 WBS 分解体系对解决软件工程项目管理中存在的问题，对快速提高项目管理水平具有重要意义。

在软件开发的整个过程中，从开发经理到系统分析员到高级程序员到普通程序员把任务层层分解，到最后，变成一堆纯敲代码的体力活，这个过程中存在许多不合理的过程。比如，一方面要高级程序员写大量简单的方法，很烦、很费时；另一方面，大量初入门或者还在校的程序员苦于找不到程序员工作不得不闲着，甚至改行。应该让合适的人做合适的事，让大公司不养闲人，让每个想做编程的人都有机会。要避免软件公司闲的时候养太多闲人，忙的时候又犹豫是否不招人。招人的花费挺多，且跳槽率高，不利于后期维护修改。

进行任务分割时应当注意任务之间关于知识和技术的耦合程度，以及任务内关于知识和技术的内聚程度，以减少项目内耗。尽量做到低耦合，以降低对成员之间交流的依赖程度，让大多数成员（需要把握全局的骨干成员除外）无须考虑太多繁杂的、不相干的东西；尽量做到高内聚，让成员可以尽量发挥他的能力并掌握已经获得的项目的相关信息。

对于划分好的任务，要仔细地分析它的难点和工作量，这些东西都是任务分配必需的约束条件。一定要结合技术含量、相关知识的学习难度来深入考虑，不可过分依赖表面数据（代码行/页数/功能点数）来评估。

任务分割完毕之后，就可以开始分配任务。分配任务的总则是减少对交流的依赖。

对于不同的人来说，同一个任务的难度是不相同的。因此，要调整任务分配方法，让合适的人做合适的工作，减少整体难度。

分配过程中，尽量把高耦合的任务分给同一个成员，避免把过多过琐碎的无关任务分给同一个成员。

此外，分配任务时，还应当把任务相应的知识/技术要点列表，连同其他任务资料一起提交给成员，以便成员能够提前做好准备，做到胸有成竹，以避免不必要的技术风险。如果工作量实在太大，或是工期要求太紧，不得不把高耦合任务甚至同一任务分给多个成员负责，这时候就要特别注意成员间工作相关知识的同步、信息的交流问题。选择几个比较友好的人，让这几个人坐在一起工作，就能使他们方便地交流。

如果由于成员调度、个人进度、需求变更、以前遗漏的任务或者某种不可抗力等原因，而不得不更改任务分配，这时候一定要考虑如何最大化地利用项目人员已经做过的工作、已经获得的项目相关信息，尽量减少任务更改而引起的交流、培训和再教育花费。

4.7.7 工作分解结构在开发各阶段的应用

在项目的执行过程中事实上并没有完全按照项目管理的规范来做，但是，在项目的各个环节中都很多地用到了工作分解结构这样一个工具，在这里分阶段进行应用阐述：

1．启动阶段

项目在最初定义阶段，不管是客户还是软件开发人员，对于系统的了解总是基于大模块的，而对于模块局部结构的了解则比较模糊，在需求定义和明确的过程中，首先通过软件人员的头脑风暴形成一个最初的软件分解结构，然后以此为基础与客户进行沟通就比较直观明了，便于客户形成直观的概念。但是，在这个阶段，项目中的很多内容往往是不清晰和不确定的，在这里可以很好地利用项目分解结构这个工具来进行有效的沟通。

可以看出，在需求定义阶段，项目分级结构可以作为一个很好的客户与调研人员沟通的手段，可以更好地对项目的构建形成一个统一的认识，同时界定出项目的模块范围，为以后软件开发产生需求变更提供参考依据。

同时，由于组织分解结构是以最终交付物为单位的，以一人两周的开发周期做模块分解的依据。所以，当最终的项目分级结构形成之后，可以依据项目分解结构计算出项目所需要的工期以及开发人员资源，并以此为基准计算出项目的可估算成本。

2．计划阶段

虽然在项目启动中，已经生成了一个简单的项目分解结构图，但是那是远远不够的。项目分解结构图纸是项目分解结构的一个部分，在计划阶段，需要对项目分解结构再次进行细分，清楚地定义出项目的各个工作包以及对应的各种资源，同时产生WBS字典。经过这个步骤就可以非常明确地定义出需求，同时可以完成对项目人员工作的具体分配。在这个基础上做出项目的完整工作计划，这样就形成了项目的基线。接下来的工作就是按照基线按部就班地来完成。

3．项目开发阶段

在项目开发阶段，项目的进度过程中难免出现各种问题：例如，项目人员的调动；项目人员没有按时地完成工作；模块功能定义时忽略了一些细节；项目研发过程中由于一些难以逾越的障碍造成项目时间的延长，等等，这些事情都是在所难免的。

由于有了项目分解结构，这些问题的控制和解决都变得简单了许多。项目分解结构是基于最小的可交付成果，在项目分解结构定义的过程中都遵循了可定义、可管理、可估计、可估量、独立、专业、完整、可适应这 8 个原则。在这样的前提下，通过人员的调整、各种资源的投入，项目经理可以较好地对项目中可能拖后腿的环节进行及时的控制，防止开发时间偏离预计的基线，也就是预计的项目分解结构。

同时，由于项目分解结构和字典的直观详细性，可以很好地为项目组成员对自身工作的认识和把握提供参考，减少了很多沟通上的障碍。

4．项目结束阶段

项目分解结构是一个项目执行过程的基线，它定义了项目的最终可交付物。所以，在项目结束阶段，项目分解结构也就自然而然地成为了考核项目成功与否的一个参照，同时也可以作为对项目组成员进行项目考核的一个重要判断依据。

本章案例一：

A 公司是一家经营纸产品的企业，近几年业务得到了成倍的发展，原来采用手工处理业务的方式已经越来越显得力不从心，因此，经过公司董事会研究决定，在公司推行一套管理软件，用管理软件替代原有的手工作业的方式，同时，请公司副总经理负责此项目的启动。

副总经理在接到任务后，即开始了项目的启动工作。项目经过前期的一些工作后，副总经理任命小丁为该项目的项目经理，小丁组建了项目团队，并根据项目前期的情况，开始进行项目的计划。

项目进行了一半，由于公司业务发展的需要，公司副总经理要求小丁提前完工，作为项目经理，小丁对项目进行了调整，保证了项目的提前完工。

【问题 1】 请描述作为项目前期的负责人，在接到任务后将如何启动项目。

【问题 2】 假设公司总经理要求提前完工，作为项目经理将如何处理？

参考答案：

【问题 1】 本题中，项目前期的负责人实际是公司副总经理，在项目章程中确定项目经理的人选。作为项目前期的负责人，在接到项目的任务后将开始项目的启动工作。项目的启动包括了以下几个主要活动：

（1）识别项目的需求。

（2）解决方案的确定。

（3）对项目进行可行性分析。

（4）项目立项。

（5）项目章程的确定。

【问题 2】 项目的质量、进度、成本相关联，因此，在进度控制和成本管理上要考虑以下几点：

（1）在进度管理上，可以采用加班等方式进行。

（2）投入更多的人力、物力。

（3）把握关键路径上的任务。

在实际处理的过程中，因为新投入人力到项目，而且新的人力对项目的熟悉程度不一，新员工需要经过一段时间的培训才能适应项目，所以，最佳的方式应该是采用加班方式来提前完成项目，同时，项目经理应该调整进度计划，在关键路径上加班，缩短关键路径的长度。

本章案例二：

酒店管理系统的基本信息有客房、餐饮、财务及人力资源等，用户登录系统后根据权限操作这些基本信息。要实现的功能模块包括四方面：第一方面是客房管理子系统，包括客房登记、客房预订、工作报表、信息查看及最重要的客房部经理管理模块；第二方面是餐饮管理子系统，包括点单、买单、预订、换台及最重要的餐饮部经理管理模块；第三方面是财务管理子系统，包括财务预算的查看及发布审核、财务报表的生成等；最后一方面是人力资源管理子系统，包括员工信息的录入、查看及绩效考核等。

【问题】请画出系统结构分解图。

参考答案：

本餐饮管理系统要实现的功能模块包括四方面：第一方面是客房管理子系统，包括客房登记、客房预订、工作报表、信息查看及最重要的客房部经理管理模块；第二方面是餐饮管理子系统，包括点单、买单、预订、换台及最重要的餐饮部经理管理模块；第三方面是财务管理子系统，包括财务预算的查看及发布审核、财务报表的生成等；第四方面是人力资源管理子系统，包括员工信息的录入、查看及绩效考核等。系统的 WBS 如图 4-6 所示。

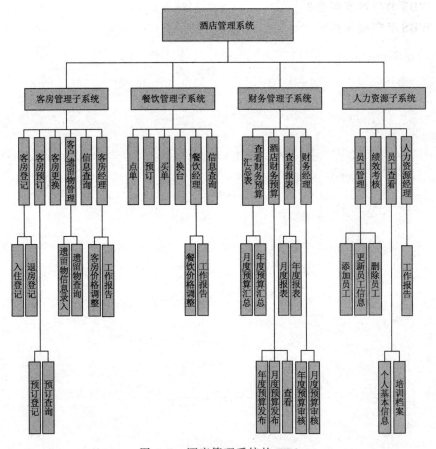

图 4-6　酒店管理系统的 WBS

小　结

　　本章主要介绍了范围管理的概念和过程，讲述了需求获取、需求描述、需求验证及需求管理。需求捕获中讲述了需求的来源、获取需求信息的方法、客户与开发人员的合作伙伴关系；需求描述中讲述了描述方法、范围，并推荐了一个实用模版；需求验证中讲述了需求验证的任务、需求评审及需求测试的方法；需求管理中重点讲述了需求变更控制的过程方法。介绍 WBS 的概念、设计方法及实践经验。首先给出工作任务分解的概念，然后给出原则及主要任务，重点讲述了 WBS 的设计方法过程，提及了一些 WBS 设计实践中常见的问题，最后针对一些具体问题讲述了实践处理经验。

习　题

1. 需求获取的方法有哪些？
2. 需求验证的方法有哪些？
3. 简述需求变更控制的流程。
4. 简述 WBS 的设计过程。
5. WBS 的作用有哪些？
6. WBS 有哪些类型？

进度管理 ‹‹‹

引言

项目成功的一个定义是"系统能够按时和在预算内交付,并能满足要求的质量"。这就意味着要设定目标,而且项目负责人要努力在给定的限制条件下,用最短的时间、最少的成本、以最小的风险完成项目工作。因此,进度管理是软件项目管理中最重要的部分。

学习目标

通过本章学习,应达到以下要求:

- 进度管理工作的主要任务。
- 活动的定义及活动间的顺序和依赖关系。
- 创建项目的关键路径和优先网络。
- 采取进度压缩和资源平衡改进项目进度。
- 编制项目进度计划并监控项目进度。

内容结构

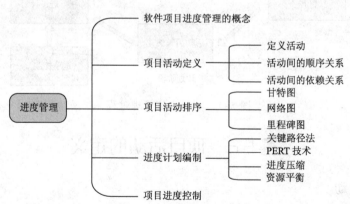

5.1 软件项目进度管理概述

项目进度管理又称时间管理,是为确保项目按期完成所需要的管理过程。在满足项目时间和质量要求的情况下,使资源配置和成本达到最佳状态。时间是一种特殊的资源,以其单向性、不可重复性、不可替代性而有别于其他资源。如项目的资金不够,还可以贷款、集资;但如果项目的时间不够,就无处可借,而且时间也不像其他资源那样有可加合性。

按时保质地完成软件项目是进度管理的基本要求，但工期拖延的情况却时常发生。因此，进度问题是项目生命周期内造成项目冲突的主要原因。对于一个项目管理者，应该定义所有的项目任务，识别关键任务，跟踪关键任务的进展情况。同时，能够及时发现拖延进度的原因。为此，项目管理者必须制订一个足够详细的进度表，以便监督项目进度并控制项目。

软件项目的范围决定软件的规模，软件的规模决定项目的成本与开发周期，项目成本与开发周期构成项目进度计划的基础。编制项目进度计划的过程是根据工作分解结构（WBS）对项目所有活动进行分解，列出活动清单的基础上，通过确定活动的顺序关系，估算每个任务需要的资源、历时，并调整活动编排和平衡资源分配，最后编制项目的进度计划。项目进度管理包括以下几个主要过程，如图 5-1 所示。

（1）活动定义（Activity Definition）：确定项目团队成员和项目干系人为完成项目可交付成果而必须完成的具体活动。一项活动或任务就是在 WBS 中得到的工作包。

（2）活动排序（Activity Sequencing）：即确立活动之间的关联关系。

（3）活动历时估计（Activity Duration Estimating）：即估计完成每个活动所需的时间。

（4）制订进度计划（Schedule Development）：分析活动顺序、历时估计和资源要求，制订项目计划。

（5）进度控制（Schedule Control）：控制和管理项目进度计划的变更。

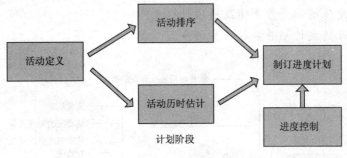

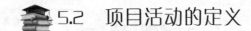

图 5-1　项目进度管理过程

5.2　项目活动的定义

5.2.1　定义活动

项目活动定义是确认和描述项目的特定活动，它把项目的组成要素细分为可管理的更小部分，以便更好地管理和控制。活动定义过程识别处于 WBS 最下层，叫做工作包的可交付成果。项目工作包被有计划地分解为更小的组成部分，叫做计划活动，为估算、安排进度、执行，以及监控项目工作奠定基础。

在开始标识构成项目的活动之前，项目及其活动应该满足以下准则，若不满足这些准则的活动，应该被重新定义：

（1）项目是由许多相互关联的活动组成。

（2）至少有一个项目活动准备开始时，项目就开始了。

（3）当项目包含的所有活动都已经完成时，项目就完成了。

（4）一项活动应该有明确定义的开始点和结束点，通常以一个切实的可交付物的产生来标识。

（5）如果一项活动需要资源（多数情况下需要），那么资源需求应该是可预测的，而且假定在整个活动周期都是要求的。

（6）在有合理的可用资源的正常情况下，一个活动的周期应该是可预测的。

（7）有些活动可能在开始之前要求先完成其他活动（称为优先需求）。

软件项目活动的定义是通过审查 WBS 中的活动、详细的产品说明书、假设和约束条件，将项目工作分解为一个个易管理、可控制、责任明确的活动或任务，并列出活动清单的过程，目的是为项目团队制订更加详细的 WBS 和辅助解释，确保项目团队对项目范围中必须完成的所有工作有一个完整的解释。定义活动的成果主要有活动清单、活动属性、里程碑清单和请求的变更。

活动清单内容包括项目中将要进行的所有计划活动。活动清单应当有活动标志，并对每一计划活动工作范围给予详细的说明，以保证项目团队成员能够理解如何完成该项工作。

活动属性是活动清单中的活动属性的扩展，指出每一计划活动具有的多属性。每一计划活动的属性包括活动标志、活动编号、活动名称、先行活动、后继活动、逻辑关系、提前与滞后时间量、资源要求、强制性日期、制约因素和假设。活动属性还可以包括工作执行负责人、实施工作的地区或地点，以及计划活动的类型。

计划里程碑清单列出了所有的里程碑，并指明里程碑属于强制性（合同要求）还是选择性（根据项目要求或历史信息）。

请求的变更，活动定义过程可能提出影响项目范围说明与工作分解结构的变更请求。请求的变更通过整体变更控制过程审查与处置。

5.2.2 活动间的顺序关系

为了进一步制订切实可行的进度计划，必须对活动任务进行适当的顺序安排。项目各项活动之间存在相互联系与相互依赖的关系，根据这些关系安排各项活动的先后顺序。活动之间的关系主要有如下 4 种情况，如图 5-2 所示。

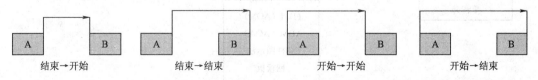

图 5-2 项目各活动之间的关系

其中：

（1）结束→开始（Finish-to-Start，FS）：表示 A 活动结束的时候，B 活动开始，是最常见的逻辑关系。

（2）结束→结束（Finish-to-Finish，FF）：表示 A 活动结束的时候，B 活动也结束。

（3）开始→开始（Start -to-Start，SS）：表示 A 活动开始的时候，B 活动也开始。

（4）开始→结束（Start -to-Finish，SF）：表示 A 活动开始的时候，B 活动结束。

5.2.3 活动间的依赖关系

在确定活动之间的依赖关系时需要必要的业务知识，因为有些强制性的依赖关系或称硬逻辑关系是来源于业务知识领域的基本规律。常见活动之间的关系如下：

（1）强制性依赖关系（Mandatory or Hard）：项目工作中固有的依赖关系，是一种不可违背的逻辑关系，又称硬逻辑关系。它是因为客观规律和物质条件的限制造成的，有时也称为内在的相关性。例如，需求分析完成后才能进行系统设计，单元测试活动是在编码完成之后执行。

（2）软逻辑关系（Discretionary）：由项目管理人员确定的项目活动之间的关系，是人为的、主观的，是一种根据主观意志去调整和确定的项目活动的关系，也可称为指定性相关或偏好相关。例如，安排计划时，哪个模块先开发，哪些任务同时做好一些，都可以由项目管理者根据资源、进度来确定。

（3）外部依赖关系（External）：项目活动与非项目活动之间的依赖关系，例如，软件项目交付上线可能会依赖客户环境准备情况。

与活动定义一样，项目管理人员一起讨论项目中活动的依赖关系很重要。在实践中，可以通过组织级活动排序原则、专门技术人员的发散式讨论等方式定义活动关系和顺序，也可以使用活动排序工具和技术，例如网络图法和关键路径分析法。

5.3 项目活动排序

在整个项目期间需要有一个进度表，以清楚地说明每个项目的活动执行时间以及需要的资源。项目活动排序是指识别项目活动清单中各项活动的相互关联与依赖关系，并据此对项目各项活动的先后顺序进行安排和确定工作。活动排序过程如图 5-3 所示。

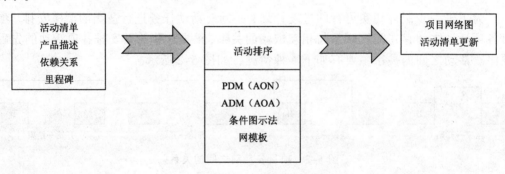

图 5-3 活动排序过程

编排和描述项目活动进度的方法和工具主要有：甘特图、网络图、里程碑图等，下面分别进行介绍。

5.3.1 甘特图

甘特图（Gantt Chart）又称横道图、条状图（Bar Chart），是一种常用于项目管理的、按照时间进度标出工作活动的图表。即以图示的方式通过活动列表和时间刻度形象地表示出项目的活动顺序与持续时间。使用甘特图可以显示项目活动的基本信息、工期、开始和结束时间以及资源信息。甘特图有两种表现方法，这两种方法都是用横轴表示时间，纵轴表示项目活动。线条表示在整个期间计划和实际的活动完成情况（见图5-4），白色表示计划完成任务的时间，灰色表示实际完成项目的时间。甘特图可以直观地表明任务计划在什么时候进行，及实际进展与计划要求的对比。便于管理者弄清一项任务（项目）还剩下哪些工作要做，并可评估工作进度。

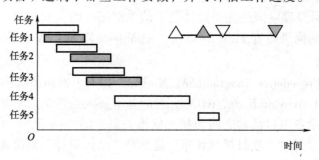

图5-4 甘特图

图5-4中三角形表示项目评审，白色三角形表示计划项目评审时间，灰色三角形表示实际完成项目评审的时间。

下面概要说明一个小型软件项目的甘特图进度表，如图5-5所示。

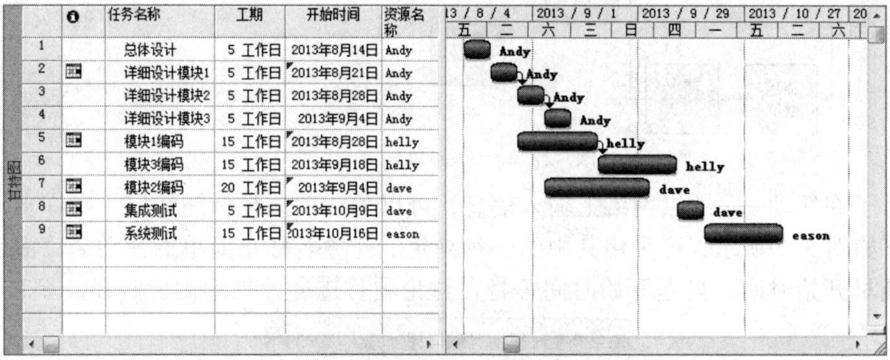

图5-5 小型软件项目计划甘特图

甘特图考虑了在该软件项目开发过程中活动的顺序（某些任务必须在其他任务之前完成）、可获得的资源（例如详细设计模块1必须在详细设计模块2之前，因为Andy员工不能同时做两个任务），但不能表达各个任务之间复杂的逻辑关系，例如不清楚为什么集成测试要第九周才开始，可能因为除非模块3编码完成后才能开始，也可能因为员工dave要第八周休假。同时，甘特图也不能明显表示关键路径和关键任务，进度计划中的关键部分不明确导致项目管理人员的重点关注不清晰。要想实现逻辑和物理分离的进度表示方法，需要使用网络图对项目进度建模。

5.3.2 网络图

网络图（Network Diagramming）是活动排序的一个输出，它是利用项目的进度安排技术将项目活动及其关系建立的网络模型。网络图是 20 世纪 50 年代末发展起来的一种编制大型项目进度的有效方法，其中最著名的项目计划管理技术是 CPM（Critical Path Method，关键路径法）和 PERT（Program/Project Evaluation and Review Technique，计划评审技术）都是采用网络图来表示项目的任务。

在网络图中，从左到右画出各个任务的时间关系图，将项目中的各个活动及各个活动之间的逻辑关系表示出来，直观地显示项目中各项活动和活动之间的逻辑关系和排序，标明项目活动将以什么顺序进行。在网络图中可以容易地标识出关键路径和关键任务，作为项目经理应该关注关键路径上的关键任务的完成时间，从而确保项目按计划完成。常用的网络图有 PDM 网络图、ADM 网络图和 CDM 网络图。

1. 优先图法

优先图法（Precedence Diagramming Method，PDM）网络图又称单代号网络图或单结点网络图（Activity on Node，AON），它的基本特点是用结点（方框）表示项目活动，用箭头线表示各项目活动之间的相互依赖关系。图 5-6 所示为一个软件项目的 PMD 网络图实例。活动"项目规划评审"是活动"总体设计"的前置任务，活动"系统测试"是活动"集成测试"的后置任务。

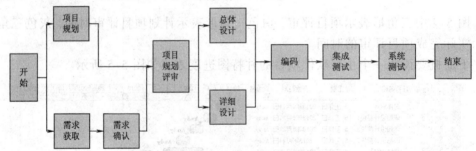

图 5-6　软件项目的 PDM 图

为了在活动——结点网络上输入信息，可以为活动添加标注约定。有许多不同的约定，如图 5-7 所示，可采用其中的一种约定。任务名称是简单的活动名，活动结点中的最早开始时间、最迟开始时间等将在讨论项目进度计划编制中解释。

最早开始时间	持续时间	最早完成时间
任务名称		
最迟开始时间	可宽延时间	最迟完成时间

图 5-7　活动的标注约定

2. 箭线图法

箭线图法（Arrow Diagram Method，ADM）网络图又称双代号网络图。其特点是用箭头表示活动，对活动的描写在箭线上，箭线也表示活动之间的联系和相互依赖关系。结点表示前一活动的结束，同时也表示后一活动的开始。图 5-8 所示为一个软件项目的 ADM 网络图实例。

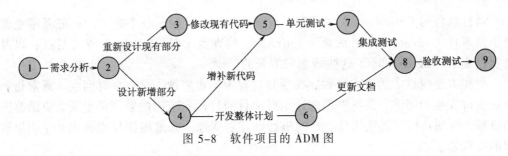

图 5-8 软件项目的 ADM 图

绘制网络图必须严格遵循下列基本规则：

（1）网络图中不能出现循环路线，否则将使组成回路的工序永远不能结束，工程永远不能完工。

（2）进入一个结点的箭线可以有多条，但相邻两个结点之间只能有一条箭线，如图 5-9（a）是不允许的。当需要表示多个活动之间的关系时，需通过增加结点的虚拟活动（Dummy Activity）来表示。图 5-9（b）中添加了虚活动。虚活动不消耗时间，只是为了逻辑上正确。

（3）网络图中，除网络起点、终点外，其他各结点的前后都有箭线连接，即图中不能有缺口，使自网络始点起经由任何箭线都可以达到网络终点。否则，将使某些活动失去与其紧后（或紧前）作业应有的联系。

（4）箭线的首尾必须有活动，不允许从一条箭线的中间引出另一条箭线。

（5）为表示项目的开始和结束，在网络图中只能有一个始点和一个终点。

（6）网络图绘制力求简单明了，箭线最好画成水平线或具有一段水平线的折线；箭线尽量避免交叉；尽可能将关键路线布置在中心位置。

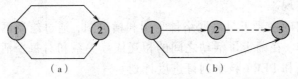

（a）　　　　　　　　　　　（b）

图 5-9　添加虚活动

5.3.3　里程碑图

里程碑图是一个目标计划，它表明为了达到特定的里程碑，去完成一系列活动。里程碑计划通过建立里程碑和检验各个里程碑的到达情况，来控制项目工作的进展和保证实现总目标。图 5-10 所示为一个软件项目的里程碑图。

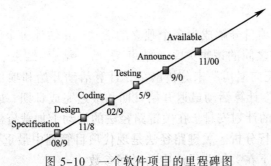

图 5-10　一个软件项目的里程碑图

项目里程碑（Milestone）并没有形成统一的定义，但是各个定义的核心基本上都是围绕事件（Event）、项目活动（Activity）、检查点（Check Point）或决策点，以及可交付成果（Deliverable）这些概念来展开的。

里程碑是项目中的重大事件，在项目过程中不占资源，是一个时间点，通常指一个可支付成果的完成。编制里程碑计划对项目的目标和范围的管理很重要，协助范围的审核，给项目执行提供指导，好的里程碑计划就像一张地图指导你该怎么走。里程碑的特点如下：

（1）里程碑显示项目进展中的重大工作完成情况。

（2）里程碑不同于活动。

（3）活动是需要消耗资源的。

（4）里程碑仅仅表示事件的标记。

5.4 进度计划编制

编制进度计划前要进行详细的项目结构分析，系统地剖析整个项目结构，包括实施过程和细节，通过项目 WBS 分解做到将项目分解到相对独立的、内容单一的、易于成本核算与检查的项目单元，做到明确单元之间的逻辑关系与工作关系，做到每个单元具体地落实到责任者。

进度计划编制的主要依据：项目目标范围；工期的要求；项目特点；项目的内外部条件；项目结构分解单元；项目对各项工作的时间估计；项目的资源供应状况等。进度计划编制要与费用、质量、安全等目标相协调，充分考虑客观条件和风险预计，确保项目目标的实现。

进度计划编制的主要工具是网络计划图和横道图，通过绘制网络计划图，确定关键路线和关键工作。在确定了活动之间的相互依赖关系和对每个活动进行估算后，可以使用关键路径法和 PERT 技术制订进度计划。

5.4.1 关键路径法

关键路径法（Critical Path Method，CPM）是一种基于数学计算的项目计划管理方法，它是通过分析项目过程中哪个活动进度安排的总时差最少，来预测项目的工期。关键路径法关注的两个主要目的：一是以尽可能快地完成项目的方式来制订项目进度计划；二是标识那些执行过程中可能会影响整个项目结束日期或后置活动的开始日期的活动。

该方法首先要求项目分解成为多个独立的活动，并估计每个活动的周期，然后用网络图表示各项工作之间的逻辑关系（结束–开始、结束–结束、开始–开始和开始–结束），通过执行"正向遍历"来分析网络，计算活动开始和项目完成的最早日期，通过执行"反向遍历"计算活动最迟开始日期和最迟完成日期，最后找出控制工期的关键路线，获得最佳的计划安排。在关键路径法的活动上加载资源后，还能够对项目的资源需求和分配进行分析。关键路径法是现代项目管理中最重要的一种分析工具。

下面首先介绍一下在关键路径法中的时间参数：

（1）最早开始时间（Early Start，ES）：由所有前置活动中最后一个最早结束时间确定。

（2）最早结束时间（Early Finish，EF）：由活动的最早开始时间加上其工期确定。

（3）最迟结束时间（Late Finish，LF）：一个活动在不耽误整个项目的结束时间的情况下能够最迟结束的时间。它等于所有紧后工作中最早的一个最晚开始时间。

（4）最迟开始时间（Late Start，LS）：一个活动在不耽误整个项目结束时间的情况下能够最迟开始的时间。它等于活动的最迟结束时间减去活动的工期。

（5）滞后（Lag）：表示两个活动的逻辑关系所允许的推迟后置活动的时间，网络图中的固定等待时间。

（6）总时差（Total Float，又称总缓冲期）：指一项活动在不影响整体计划工期的情况下最大的浮动时间。Total Float=LF–EF 或 Total Float=LS–ES。

（7）自由时差（Free Float）：指活动在不影响其紧后工作的最早开始时间的情况下可以浮动的时间。Free Float=ES（Successor）–EF（Predecessor）–Lag，Successor 表示后置任务，Predecessor 表示前置任务，Lag 表示 Successor 与 Predecessor 之间的滞后时间。

（8）关键路径：指网络图终端元素的序列路径，该路径具有最长的总工期并决定了整个项目的最短完成时间。关键路径上的任何活动延迟，都会导致整个项目完成时间的延迟。

（9）对于箭线图法，用到的时间参数还常有：

- 最早结点时间（Early Event Occurrence Time）：由其前置活动中最晚的最早结束时间确定。
- 最迟结点时间（Late Event Occurrence Time）：由其后置活动中最早的最迟开始时间确定。

在表 5-1 中，描述了一个小型 IT 项目的示例，该项目由 8 个活动构成，表中给出了每个活动的估算周期。根据表 5-1，项目使用 PDM 优先网络绘制活动网络图，如图 5-11 所示。

表 5-1 一个具有估计的活动周期和优先需求的项目规格说明示例

活　　动	周　　数	前 置 活 动
A	7	
B	3	
C	6	A
D	3	B
E	3	D, F
F	2	B
G	3	C
H	2	E,G

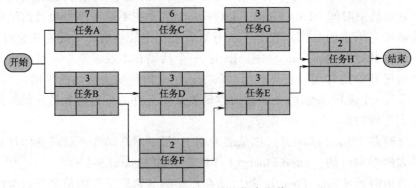

图 5-11　示例项目的优先网络

1. 正向遍历

在网络图中按照时间顺序计算各个活动的最早开始时间和最早完成时间的方法称为正向遍历。此方法的执行过程如下：

（1）确定项目开始时间。

（2）项目的开始时间是网络中第一个活动的最早开始时间。

（3）从左到右，从上到下编排任务。

当一个活动有多个前置任务时，选择其中最大的最早完成日期作为后置活动的最早开始时间。在选择的活动最早开始时间上加上其工期，就是其最早结束时间。

按照此规则，假设项目的开始时间是 1，活动 A、B 可以立即开始，因此活动 A 和活动 B 的最早开始时间是 1，即 ES(A)=1，ES(B)=1。任务 A 的历时是 7 周，因此任务 A 的最早完成时间 EF(A)=1+7=8；同理 EF(B)=1+3=4；只有活动 A 完成，活动 C 才能开始，因此活动 C 的最早开始时间 ES(C)=EF(A)=8；同理活动 D 和活动 F 在活动 B 完成后才能开始，ES(D)=ES(F)=EF(B)=4。继续算出 EF(C)=8+6=14，EF(D)=4+3=7，EF(F)=4+2=6；除非活动 D 和活动 F 都完成，活动 E 才能开始，因此活动 E 最早开始时间应该是活动 D 和活动 F 最大的最早完成时间，ES(E)=EF(D)=7。类似的，EF(E)=10，EF(G)=17，ES(H)=17，EF(H)=19。正向遍历的结果如图 5-12 所示。

2. 反向遍历

在关键路径法分析中，第二阶段是执行反向遍历来计算每项活动在保证项目结束日期不延迟的前提下的最迟开始时间和最迟结束时间。

（1）首先确定项目的结束时间。

（2）项目的结束时间是网络图中最后一个活动的最晚结束时间。

（3）从右到左，从上到下进行计算。

（4）一个活动的最迟完成时间是该活动后置活动的最迟开始时间，当一个前置活动有多个后置活动时，选择其最小最晚开始时间（如果有滞后，应减去 Lag）为其前置任务的最晚完成时间。

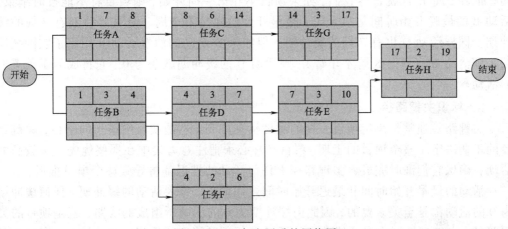

图 5-12 正向遍历后的网络图

（5）一个活动的最晚开始时间等于该活动最晚结束时间减去该活动的历时，即 LS=LF–Duration。

按照此规则，假定项目的结束时间是 19 周，则最后一个活动 H 的最迟完成时间是 19 周，LF=19，活动 H 的最早结束时间 LS(H)=LF(H)– Duration(H)=19–2=17。任务 G 和任务 E 的最迟完成时间是其后置活动 H 的最迟开始时间，LF(G)=LF(E)=LS(H)=17，依此类推，可以计算出 LF(C)=14，LS(C)=8，LF(D)=14，LS(D)=11，LF(F)=14，LS(F)=12；活动 B 有两个后置活动活动 D 和活动 F，因此活动 B 的最迟完成时间应该是两个后置活动中最小的最迟开始时间，即 LF(B)=LS(D)=11。反向遍历的结果如图 5-13 所示。

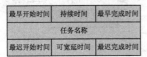

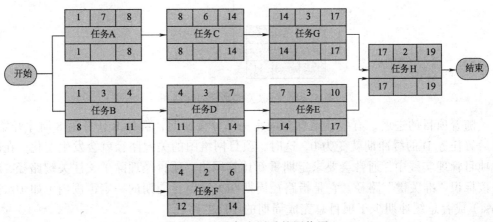

图 5-13 反向遍历后的网络图

经过正向遍历和反向遍历的过程，可以通过网络图得到每个活动的最早开始时间、最晚开始时间、最早结束时间和最晚结束时间，可以计算出每个项目的缓冲期（总浮动时间）。从图 5-13 可以看出，项目的最迟开始时间是活动 A 的最迟开始时间（即第 1 周），这就告诉我们，如果项目不在第一周开始，则项目将不能按时结束。活动 B 的最晚开始时间是第 8 周，最早开始时间是第 1 周，说明活动 B 有 7 周的缓冲期。同样活动 D 也有 7 周的缓冲期，但如果 D 活动的前置活动 B 用完了它的缓冲期（即活动 B 直到第 8 周才开始），则活动 D 的缓冲期就变为 0，它将成为至关重要的活动。

3．标识关键路径

关键路径通常是决定项目工期的进度活动序列，它是项目中最长的路径，关键路径的工期决定了整个项目的工期。项目经理必须把注意力集中在那些优先等级较高的活动，确保它们准时完成，关键路径上任何活动的推迟都将导致整个项目推迟。

活动的最早开始时间和最迟开始时间之间的差，称为活动的缓冲期。任何缓冲期为 0 的活动都是至关重要的，因此由缓冲期为 0 的活动所组成的线路，就是项目的关键路径。在工期控制中对该线路上的活动必须予以特别的重视，在时间上、资源上予以特殊的保证。图 5-14 中粗线显示的路径是该项目的关键路径（A—C—G—H）。

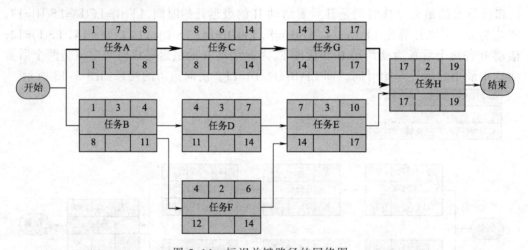

图 5-14　标识关键路径的网络图

随着项目的进展，有些活动总会用完一部分缓冲期，例如 B 任务第 8 周才开始，则后置任务 D 的缓冲期就变为 0，这时，项目网络图的关键路径就会发生变化。在软件项目管理实践中，通常会要求定期重新计算网络。项目经理除了关注关键路径，还应该标识"准关键"路径。它是指路径周期在关键路径周期的一定范围内（如 10%～15%）或者总缓冲期少于项目总完成周期的 10%的路径。

5.4.2　PERT 技术

PERT（Program/Project Evaluation and Review Technique）即计划评审技术，简单地说，PERT 是利用网络图分析制订项目计划以及对计划予以评价的技术。它能协调整个计划的各项任务，合理安排人力、物力、时间、资金，加速计划的完成。PERT 网络多采用箭线图描绘项目中各种活动的依赖关系，标明每项活动的时间或相关的成本。在现代计划的编制和分析手段上，PERT 是被广泛使用的现代项目管理的重要手段和方法。

PERT 方法和 CPM 技术非常类似，很多专业人士也经常混淆。PERT 首先是建立网络计划，其次是软件项目中各个活动的周期不肯定，过去通常对活动只估计一个周期，到底完成任务的把握有多大，项目经理心中无数，处于被动状态。PERT 技术要求对每个活动的周期做三次估算，而不是一次估算，即乐观时间（用字母 a 表示）、悲观的时间（用字母 b 表示）和最可能持续时间（用字母 m 表示），再加权平均算出一个期望值作为活动的周期。PERT 用于估算期望周期（用字母 t 表示）的公式为：

$$t = \frac{a + 4m + b}{6}$$

图 5-15 所示的 ADM 网络图中，估计各个活动的历时存在很大的不确定性，故采用 PERT 方法估算每个活动的历时结果，如表 5-2 所示。

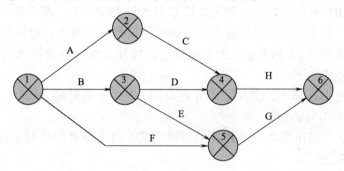

图 5-15　ADM 网络图

表 5-2　PERT 估算历时

活动周期活动	乐观时间（a）	最可能时间（m）	悲观时间（b）	PERT 估算值（t）
A	5	6	8	6.17
B	3	4	5	4.00
C	2	3	3	2.83
D	3.5	4	4	4.08
E	1	3	4	2.83
F	8	10	15	10.5
G	2	3	4	3.00
H	2	2	2.5	2.08

期望周期使用与 CPM 技术相同的正向遍历方法，可以得到活动期望的日期。如图 5-16 所示，表示期望项目花 13.5 周完成，与 CPM 方法不同。PERT 方法并不表示项目的最早完成时间，而是期望完成（或最可能）日期，优点是考虑了现实世界的不确定性，最好说"期望在……之前完成项目"而不是说"项目完成的日期是……"。

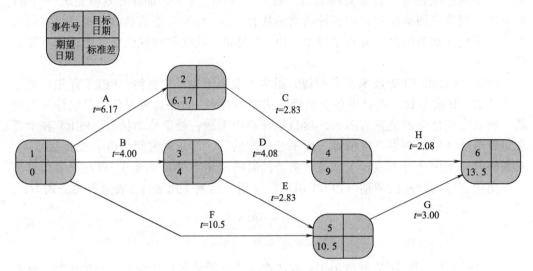

图 5-16　正向遍历后的 PERT 网络

在编制 PERT 网络计划时，把风险因素引入到 PERT 中，需要考虑按 PERT 网络计划在指定的工期下，完成项目有多大可能性（项目成功概率，也称计划的可靠度）。因此，引入标准差（δ）和方差（δ^2）的概念。标准差是对活动周期的不确定性程度的量化度量，公式如下：

（1）标准差 $\delta=(b-a)/6$，其中 a 为悲观时间，b 为乐观时间。

（2）方差 $\delta^2=[(b-a)/6]^2$。

如果需要估计网络图中一条路径的历时情况，这个路径的历时（t），标准差（δ）和方差（δ^2）的公式为：

$$T=t_1+t_2+\cdots+t_n$$
$$\delta^2=(\delta_1)^2+(\delta_2)^2+\cdots+(\delta_n)^2$$
$$\delta=((\delta_1)^2+(\delta_2)^2+\cdots+(\delta_n)^2)^{1/2}$$

按公式可计算出图 5-15 所示 ADM 网络图中各活动的标准差，如表 5-3 所示。

表 5-3　ADM 网络图中各活动的标准差

活动	A	B	C	D	E	F	G	H
标准差	0.50	0.33	0.17	0.25	0.50	1.17	0.33	0.08

根据已计算的每个活动的标准差绘制的 PERT 网络，如图 5-17 所示。对于事件 5，有两条路径 B+E 或 F，事件路径 B、E 的总偏差 $\delta=(0.33^2+0.5^2)^{1/2}=0.6$，而路径 F 的标准偏差 $\delta=1.17$，因此事件 5 的标准差是两者中最大的一个，即 1.17。同样，可以计算图中事件 4 和事件 6 的偏差分别为 0.53 和 1.22。

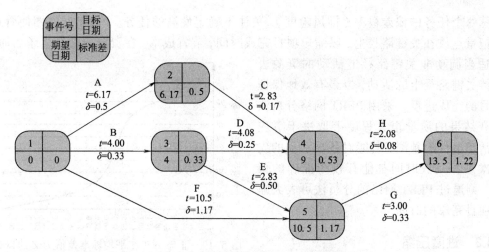

图 5-17　计算事件标准差的 PERT 网络

　　根据概率理论,可以计算出每项任务在目标日期内完成的概率和整个项目在目标日期内完成的概率。具体方法是:首先计算出每个事件的标准差,再计算目标日期的事件 Z 值。将 Z 值转换为概率。Z 值等价于结点的期望日期和目标日期时间标准差的数量,公式如下:

$$z = \frac{t-T}{\delta} \qquad (\text{ } t \text{ 是期望日期},T \text{ 是目标日期},\delta \text{ 是标准差})$$

　　假定项目必须在 15 周内完成,预计花费的是 13.5 周,另外假定 C 必须在 10 周内完成。PERT 网络图如图 5-18 所示。

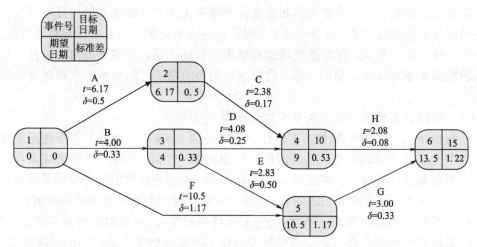

图 5-18　添加目标日期的 PERT 网络

　　按照公式和图 5-18 中数据,整个项目的 Z=(15-13.5)/1.22=1.23,活动 C 的 Z=(10-9)/0.53=1.887。根据正态分布图 5-19 所示,整个项目 Z=1.23 等价的概率大约是 11%,即不能在 15 周内完成整个项目的风险概率为 11%。活动 C 的 Z=1.887 等价的概率大约是 3%,即不能在 10 周内完成活动 C 的风险概率为 3%。

　　PERT 是一种有效的事前控制方法,通过计算每个任务的标准差,并用此标准差计算每个任务的偏差概率（即风险度），关注不确定性高的任务。PERT 网络图使管理者把重点放在关键路径上，以缩短项目完成时间，节省成本。在资源分配发生矛盾时，可适当调动非关键路径上活动的资源去支持关键路径上的活动，以最有效地保证项目的完成进度；采用 PERT 网络分析法所获结果的质量很大程度上取决于事先对活动事件的预测，若能对各项活动的先后次序和完成时间都能有较为准确的预测，则通过 PERT 网络的分析法可大大缩短项目完成的时间。

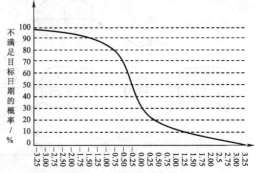

图 5-19　正态分布在平均标准差值为 Z 的概率

5.4.3　进度压缩

如果希望缩短整个项目的周期，一般会考虑减少关键路径上活动的周期。例如 5.4.1 节中图 5-13 所示网络图，整个项目结束时间是 19 周，如果将关键路径 A—C—G—H 上的任务 A 的周期缩短 2 周，整个项目可以在 17 周完成。减少活动周期通常的方法是应用更多的资源来实现，例如增加员工人数或者加班时间。

采用时间压缩法可以对项目进行进度压缩。时间压缩法是一种数学分析的方法，在不改变项目范围前提下，寻找缩短项目计划的途径。时间压缩法包括应急法和平行作业法。

1. 应急法

应急法又称赶工，是权衡成本和进度间的得失关系，以决定如何用最小增量成本以达到最大量的时间压缩。应急法并不总是产生一个可行的方案且常常导致成本增加。

在进行进度压缩时，存在进度压缩和费用增长的关系，许多人提出用最低的相关成本的增加来缩短项目工期的方法。这里介绍两种方法：时间成本平衡和进度压缩因子法。

（1）时间成本平衡。该方法基于以下假设：
- 每项活动有两组工期和成本估计，正常时间（Normal Time）是指在正常条件下完成某项活动需要的估计时间。应急时间（Crash Time）是指完成某项活动的最短估计时间。正常成本（Normal Cost）是指在正常时间内完成某项活动的预计成本。应急成本（Crash Cost）是指在应急时间内完成某项活动的预计成本。
- 如果投入足够的资源，一项活动的工期可以被缩短，从正常时间减至应急时间。
- 无论对一项活动投入多少额外资源，也不可能在低于应急时间的时间内完成。
- 必须有足够的资源做保证。
- 在活动的正常点和应急点之间，时间和成本的关系是线性的。

单位进度压缩的成本=（可压缩成本-正常成本）/（正常进度-可压缩进度）。

以 5.4.1 节中的项目 PDM 网络图为例，假设项目中的活动（任务）都在压缩的范围内，首先给出所有活动的正常进度、可压缩进度、正常的成本和可压缩成本，如图 5-20 所示。从 PDM 图可知项目的总工期为 18 周，如果要将项目压缩到 15 周、10

周并且保证每个任务都在可压缩的范围内,应该压缩哪些任务? 压缩后的总成本是多少?

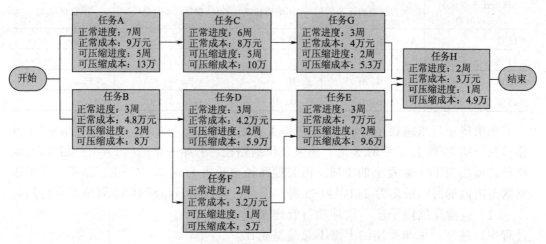

图 5-20 时间压缩 PMD 网络图

从 PDM 网络可以看出,项目有"开始—A—C—G—H—结束""开始—B—D—E—H—结束"和"开始—B—F—E—H"三条路径,路径的周期分别是 18 周、11 周和 10 周。所以,关键路径是"开始—A—C—G—H—结束",项目完成的最短时间是 18 周。

如果要将项目压缩到 15 周、10 周并且保证每个任务都在可压缩的范围内,必须满足:一是项目的所有活动都必须在可压缩的范围内;二是保证压缩的成本最小。根据图 5-20 中的数据计算出每个活动的压缩成本如表 5-4 所示。

压缩成本=(可压缩成本−正常成本)/(正常进度−可压缩进度)。

表 5-4 每个任务的正常进度、正常成本、可压缩进度、可压缩成本和压缩成本

任务名	正常进度	正常成本	可压缩进度	可压缩成本	压缩成本/(万/周)
A	7 周	9 万	5 周	13 万	2
B	3 周	4.8 万	2 周	8 万	3.2
C	6 周	8 万	5 周	10 万	2
D	3 周	4.2 万	2 周	5.9 万	1.7
E	3 周	7 万	2 周	9.6 万	2.6
F	2 周	3.2 万	1 周	5 万	1.8
G	3 周	4 万	2 周	5.3 万	1.3
H	2 周	3 万	1 周	4.9 万	1.9

如果将项目压缩到 15 周,需要压缩关键路径"开始—A—C—G—H—结束",可压缩的活动 A(2 周)和活动 C(1 周),也可以压缩活动 A(2 周)和活动 G(1 周),也可以压缩活动 A(2 周)和活动 H(1 周);也可以压缩 C(1 周)、G(1 周)和活动 H(1 周)。根据公式计算出各压缩路径的成本如表 5-5 所示。压缩任务 C、G、H 的成本最小为 29.2 万。

表 5-5　压缩后的项目成本

压缩任务和成本完成周期	可以压缩的任务	压缩的任务	项目成本计算/万	项目成本/万
15 周	A、C、G、H	A，C	24+2×2+2	30
15 周	A、C、G、H	A，G	24+2×2+1.9	29.9
15 周	A、C、G、H	A，H	24+2×2+1.3	29.3
15 周	A、C、G、H	C，G，H	24+2+1.3+1.9	29.2

如果将项目压缩到 10 周，除了压缩关键路径"开始—A—C—G—H—结束"（该路径总周期为 18 周）中的 8 周，还应该压缩路径"开始—B—D—E—H—结束"（该路径总周期为 11）路径上的 1 周。但关键路径"开始—A—C—G—H—结束"在可压缩的范围内的时间最多为 2+1+1+1=5 周。因此，将该项目压缩到 10 周是不可行的。

（2）进度压缩因子法。软件项目管理实践过程中，进度压缩与费用的上涨不总是呈正比关系的，但进度被压缩到一定范围内，需要的资源会急剧增长。因此，软件项目存在一个可能的最短进度，这个最短的进度是不可能突破的，如图 5-21 所示。例如，一个程序员 5 天（40 小时）可以写 1 000 行代码，如果 1000 行代码要 50 个程序员 4 小时完成，是不可能的。

进度压缩因子方法是由著名的 Charles Symons 提出的，被认为是精确度比较高的一种方法，公式为：

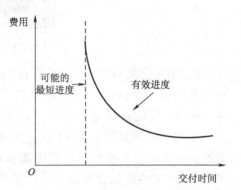

图 5-21　进度与费用的关系图

进度压缩因子=期望进度/估算进度（研究表明，进度压缩因子不应该小于 0.75）

压缩进度的工作量=估算工作量/进度压缩因子

例如，上述项目总的工作进度为 18 周，假设估算的工作量是 80 人月。期望将项目压缩到 15 周，则进度压缩因子=15/18=0.83，压缩进度后的工作量=80/0.83=96.4 人月。即压缩进度 3 周增加的工作量是 16.4，也就是说进度缩短了 17%，工作量增加了 20.5%。

2．平衡作业法

平衡作业法也称快速跟进，是在相互配合、相互制约的条件下，尽可能地同时进行多个活动的方式。例如，将示例项目的周期压缩为 15 周，可以采用时间成本平衡法，压缩活动 A 两周和活动 C 两周，项目时间压缩至 15 周，这不会改变活动之间的逻辑关系。也可以采用平衡作业法，改变任务之间的逻辑关系，在活动 A 开始后的第 6 周即开始活动 C，在活动 C 结束的前 1 周，就开始活动 G，这样使活动 A 和活动 C，并行工作了 2 周，活动 C 和活动 G 并行工作了 1 周，从而项目的总进度压缩到 15 周。图 5-22 所示为两种进度压缩方法的对比。

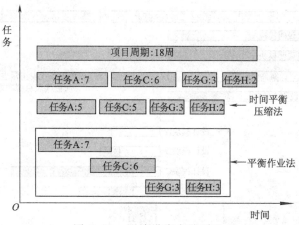

图 5-22　压缩进度方法对比

5.4.4　资源平衡

前面已经介绍如何使用活动网络分析技术来计划活动应该何时发生,确定了任务的最早开始日期和最迟完成日期。使用 PERT 技术来预测完成活动期望日期的范围。这两种情况都没有考虑资源的可用性,下面介绍如何使项目计划与可用资源相符,资源的分配会导致理想化的项目计划的评审和修改。下面以图 5-23 为例说明考虑到资源平衡的项目进度计划调整。

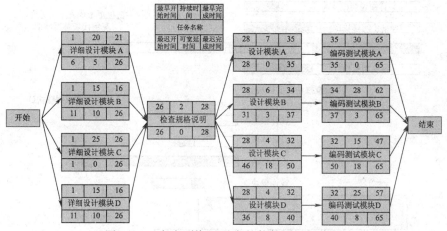

图 5-23　考虑到资源平衡的软件项目网络图

图 5-23 是为考虑资源问题的,其对应的甘特图和设计分析人员资源直方图如图 5-24 所示。如果由四名员工完成该项目,则员工 C 和员工 D 休息 18 天,员工 B 休息 13 天,员工 A 休息 5 天,造成资源浪费。

如果将“详细说明模块 C”任务向后推迟 10 天,并将“设计模块 C”任务单提出来,放在 30 天后(即“详细说明模块 C”任务完成以后),并将设计模块 D 推迟 4 天,甘特图如图 5-25 所示。在并不影响任务逻辑关系和总体完成时间的前提下,资源由原来的 4 名减少到 3 名。当然,该软件项目的网络图也发生了改变,关键路径也可能发生改变。

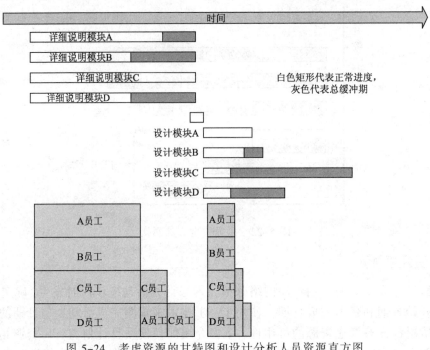

图 5-24　考虑资源的甘特图和设计分析人员资源直方图

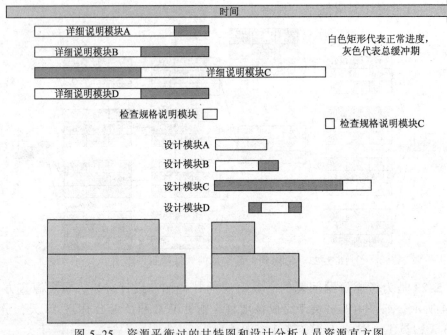

图 5-25　资源平衡过的甘特图和设计分析人员资源直方图

5.4.5　编制进度计划工作的结果

项目进度计划编制工作的结果是给出了一系列的项目进度计划文件。

（1）项目进度计划书。通过项目进度计划编制而给出的项目进度计划书，至少应包括每项活动的计划开始日期和计划结束日期等信息。一般在项目资源配置得到确认之前，这种项目工期计划只是初步计划，在项目资源配置得到确认之后才能够得到正式的项目进度计划。项目工期计划文件可以使用摘要的文字描述形式给出，也可使用图表的形式给出。

（2）项目工期计划书的支持细节。这是关于项目工期计划书各个支持细节的说明文件。这包括：所有已识别的假设前提和约束条件说明、具体计划实施措施的说明等。例如，项目工期计划书的支持细节可以包括：项目资源配置的说明、项目现金流量表、项目的设备采购计划和其他一些项目工期计划的保障措施等。

（3）项目进度管理的计划安排。项目进度管理的计划安排是有关如何应对项目工期计划变更和有关项目实施的作业计划管理安排。这一部分内容既可以整理成正式的项目进度计划管理文件，也可以作为项目工期计划正式文件的附件，或只是做一个大体上的框架说明即可。但是无论使用什么方式，它都应该是整个项目工期计划的一个组成部分。

（4）更新后的项目资源需求。在项目工期计划编制中会出现对于项目资源需求的各种改动，因此，在项目工期计划制订过程中需要对所有的项目资源需求改动进行必要的整理，并编制成一份更新后的项目资源需求文件。这一文件将替代旧的项目资源需求文件并在项目工期计划管理和资源管理中使用。

5.5　项目进度控制

在项目进度管理中，制订出一个科学、合理的项目进度计划，只是为项目进度的科学管理提供了可靠的前提和依据，但并不等于项目进度的管理就不再存在问题。在项目实施过程中，由于资源有限，外部环境和条件的变化，往往会造成实际进度与计划进度发生偏差，如不能及时发现这些偏差并加以纠正，项目进度管理目标的实现就一定会受到影响。所以，必须实行项目进度计划控制。

项目进度计划控制是动态的、全过程的，方法是以项目进度计划为依据，在实施过程中对实施情况不断进行跟踪检查，收集有关实际进度的信息，比较和分析实际进度与计划进度的偏差，找出偏差产生的原因和解决办法，确定调整措施，对原进度计划进行修改后再予以实施。随后继续检查、分析、修正；再检查、分析、修正，直至项目最终完成。

1. 项目进度控制的前提

项目进度控制的前提是有效地制订项目计划和充分掌握第一手实际信息，在此前提下，通过实际值与计划值进行比较，检查、分析、评价项目进度。通过沟通、肯定、批评、奖励、惩罚、经济等不同手段，对项目进度进行监督、督促、影响、制约。及时发现偏差，及时予以纠正；提前预测偏差，提前予以预防。

在进行项目进度控制时，必须落实项目团队之内或之外进度控制人员的组成，明确具体的控制任务和管理职责。要制订进度控制的方法，要选择适用的进度预测分析和进度统计技术或工具。要明确项目进度信息的报告、沟通、反馈以及信息管理制度。

项目进度控制应该由部门经理和项目监控人员共同进行，之所以需要部门经理参与，是因为部门经理负责项目的同时，一般还要负责一定人事行政的责任，如成员的考核、升迁、发展等。只有通过软件开发项目才能更好地了解项目成员，只有通过对他们有切身利益的管理者参与管理才会更加有效。

2．项目进度控制主要手段

项目计划书：作为项目进度控制的基准和依据，项目负责人负责制作项目计划书。项目进度监控人员根据项目计划书对项目的阶段成果完成情况进行监控，如果由于某些原因导致阶段成果提前或延后完成，项目负责人应提前申请并做好开发计划的变更。对于项目进度延后的，应当分析产生进度延后的原因、确定纠正偏差的对策、采取纠正偏差的措施，在确定的期限内消除项目进度与项目计划之间的偏差。项目计划书应当根据项目的进展情况进行调整，以保证基准和依据的新鲜性、有效性。

项目阶段情况汇报与计划：项目负责人按照预定的每个阶段点（根据项目的实际情况可以是每周、每双周、每月、每双月、每季、每旬等）定期在与项目成员和其他相关人员充分沟通后，向相关管理人员和管理部门提交一份书面项目阶段工作汇报与计划。内容包括：

（1）对上一阶段计划执行情况的描述。

（2）下一阶段的工作计划安排。

（3）已经解决的问题和遗留的问题。

（4）资源申请、需要协调的事情及其人员。

（5）其他需要处理的问题。

这些汇报将存档，作为对项目进行考核的重要材料。

在计划制订时就要确定项目总进度目标与分进度目标；在项目进展的全过程中，进行计划进度与实际进度的比较，及时发现偏离，及时采取措施纠正或者预防；协调项目参与人员之间的进度关系。

在项目计划执行中，做好以下几方面的工作：

（1）检查并掌握项目实际进度信息。对反映实际进度的各种数据进行记载并作为检查和调整项目计划的依据，积累资料，总结分析，不断提高计划编制、项目管理、进度控制水平。

（2）做好项目计划执行中的检查与分析。通过检查，分析计划提前或拖后的主要原因。项目计划的定期检查是监督计划执行的最有效的方法。

（3）及时制订实施调整与补救措施。调整的目的是根据实际进度情况，对项目计划做必要的修正，使之符合变化的实际情况，以保证项目目标的顺利实现。由于初期编制项目计划时考虑不周，或因其他原因需要增加某些工作时就需要重新调整项目计划中的网络逻辑，计算调整后的各时间参数、关键线路和工期。

3．进度控制内容

从内容上看，软件开发项目进度控制主要表现在组织管理、技术管理和信息管理等这几方面。组织管理包括以下几方面内容：

（1）项目经理监督并控制项目进展情况。

（2）进行项目分解，如按项目结构分，按项目进展阶段分，按合同结构分，并建立编码体系。

（3）制订进度协调制度，确定协调会议时间，参加人员等。

对影响进度的干扰因素和潜在风险进行分析。技术管理与人员管理有非常密切的关系。软件开发项目的技术难度需要引起重视，有些技术问题可能需要特殊的人员，可能需要花时间攻克一些技术问题，技术措施就是预测技术问题并制订相应的应对措施。控制得好坏直接影响项目实施进度。

在软件开发项目中，合同措施通常不由项目团队负责，企业有专门的合同管理部门负责项目的转包、合同期与进度计划的协调等。项目经理应该及时掌握这些工作转包的情况，按计划通过计划进度与实际进度进行动态比较，定期向客户提供比较可靠的报告等。

软件开发项目进度控制的信息管理主要体现在编制、调整项目进度控制计划时对项目信息的掌握上。这些信息主要是：预测信息，即对分项和分阶段工作的技术难度、风险、工作量、逻辑关系等进行预测；决策信息，即对实施中出现的计划之外的新情况进行应对并做出决策。参与软件开发项目决策的有项目经理、企业项目主管及客户的相关负责人；统计信息，软件开发项目中统计工作主要由参与项目实施的人员自己做，再由项目经理或指定人员检查核实。通过收集、整理和分析，写出项目进展分析报告。根据实际情况，可以按日、周、月等时间要求对进度进行统计和审核，这是进度控制所必需的。

4．不同阶段的项目进度控制

从项目进度控制的阶段上看，软件开发项目进度控制主要有：项目准备阶段进度控制，需求分析和设计阶段进度控制，实施阶段进度控制等几部分。

（1）准备阶段进度控制任务：向业主提供有关项目信息，协助业主确定工期总目标；编制阶段计划和项目总进度计划；控制该计划的执行。

（2）需求分析和设计阶段控制的任务：编制与用户的沟通计划、需求分析工作进度计划、设计工作进度计划，控制相关计划的执行等。

（3）实施阶段进度控制的任务：编制实施总进度计划并控制其执行；编制实施计划并控制其执行等。由甲乙双方协调进度计划的编制、调整并采取措施确保进度目标的实施。

为了及时地发现和处理计划执行中发生的各种问题，必须加强项目的协同工作。协同工作是组织项目计划实现的重要环节，它要为项目计划顺利执行创造各种必要的条件，以适应项目实施情况的变化。

本章案例：

XS 信息技术有限公司承担一项信息网络工程项目的实施，公司员工小丁担任该项目的项目经理，在接到任务后，小丁分析了项目的任务，开始进行手工排序。

其中，完成任务 A 所需时间为 5 天，完成任务 B 所需时间为 6 天，完成任务 C 所需时间为 5 天，完成任务 D 所需时间为 4 天，任务 C、D 必须在任务 A 完成后才能开工，完成任务 E 所需时间为 5 天，在任务 B、C 完成后开工，任务 F 在任务 E 之后才能开始，所需完成时间为 8 天，当任务 B、C、D 完成后，才能开始任务 G、H，所需时间分别为 12 天、6 天。任务 F、H 完成后才能开始任务 I、K，所需完成时间分别为 2 天、5 天。任务 J 所需时间为 4 天，只有当任务 G 和 I 完成后才能进行。

项目经理据此画出了如图 5-26 所示的工程施工进度网络图。

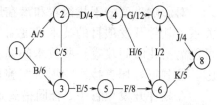

图 5-26 项目经理所绘项目网络图

【问题 1】该项目经理在制订进度计划中有哪些错误？同时，请计算相关任务时间的 6 个基本参数。

【问题 2】项目经理于第 12 天检查时，任务 D 完成一半的工作任务，E 完成 2 天的工作，以最早时间参数为准判断 D、E 的进度是否正常。

【问题 3】由于 D、E、I 使用同一台设备施工，以最早时间参数为准，计算设备在现场的闲置时间。

【问题 4】H 工作由于工程师的变更指令，持续时间延长为 14 天，计算工期延迟天数。

参考答案：

【问题 1】根据案例描述对任务进行定义，工作分解结构如表 5-6 所示。

表 5-6 工作分解结构

任 务 名 称	时 间	前 置 任 务
A	5	
B	6	
C	5	A
D	4	A
E	5	B、C
F	8	E
G	12	B、C、D
H	6	B、C、D
I	2	F、H
J	4	G、I
K	5	F、H

据此，画出进度计划的网络图，如图 5-27 所示。

而本案例中，并没有表现出任务 G 进行的前提条件是任务 B、C、D 的完成。相关任务时间的 6 个基本参数可分为两组。

第一组参数为 3 个：（1）最早开始时间 ES；（2）最早完成时间 EF；（3）自由时差 FF。

第二组参数为以下 3 个：（1）最迟开始

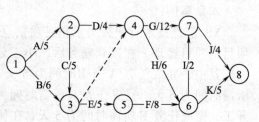

图 5-27 正确的项目网络图

时间 FS；（2）最迟完成时间 LF；（3）总时差 TF。

6 个基本参数的计算：

s$_{1-2}$=0   EF$_{1-2}$=0+5=5

ES$_{1-3}$=0   EF$_{1-3}$=0+6=6

ES$_{2-3}$=5   EF$_{2-3}$=5+5=10

ES$_{2-4}$=5   EF$_{2-4}$=5+4=9

ES$_{3-5}$=10   EF$_{3-5}$=10+5=15   FF$_{1-2}$=min|0, 0|=0

ES$_{6-8}$=23   EF$_{6-8}$=23+5=28

ES$_{7-8}$=25   EF$_{7-8}$=25+4=29

计算最迟完成时间、最迟开始时间、总时差，其计算顺序是从后往前计算的。

LF$_{7-8}$=29   LS$_{7-8}$=29-4=25

LF$_{6-8}$=29   LS$_{6-8}$=29-5=24   TF$_{6-8}$=29-28=1

LF$_{6-7}$=25   LS$_{6-7}$=25-2=23   TF$_{6-7}$=25-25 =0

LF$_{4-6}$=23   LS$_{4-6}$=23-6=17

【问题 2】D：计算进度第 9 天完成。实际第(12+4-2)=14 天完成，拖期 5 天。E：计算进度第 15 天。实际第(12+3)=15 天完成，说明进度正常。

【问题 3】D 工作最早完成时间为第 9 天，E 工作最早开始时间为第 10 天，设备闲置 1 天；E 工作为第 15 天，I 工作为第 23 天开始，设备闲置 8 天；故设备总共闲置 8+1=9 天。

【问题 4】原计划工期 TC=29，时间发生后 TC=30。因此，延迟的工期天数为 1 天。

小 结

本章主要讲述了软件项目进度管理的基本概念、项目活动的排序表示方式、进度计划编制的方法和项目进度控制管理。

习 题

1. 项目活动间的依赖关系有哪几种？
2. 项目活动的历时估算方法有哪几种？
3. 什么是关键路径法？怎样查找关键路径？
4. 作为项目经理，需要给一个软件项目做进度计划，经过任务分解后得到任务 A、B、C、D、E、F、G，假设各个任务之间没有滞后和超前，图 5-28 所示为这个项目的 PDM 网络图。通过历时估计已经估算出每个任务的工期，现已标识在 PDM 网络图上。假设项目的最早开工日期是第 0 天，请计算每个任务的最早开始时间、最晚开始时间、最早完成时间、最晚完成时间，同时确定关键路径，并计算关键路径的长度，计算任务 F 的自由浮动和总浮动。

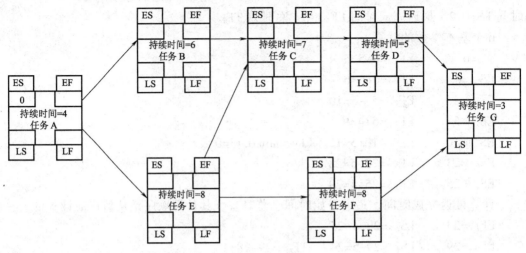

图 5-28   第 4 题的 PDM 网络图

第 6 章

质量管理 ‹‹‹

引言

软件项目质量管理是指为确保软件项目质量目标要求而开展的项目管理活动，其根本目的是保障最终的软件项目交付成果能够符合质量要求。任何软件项目交付成果的质量都是靠项目开发过程的工作质量保证的，软件项目质量管理包括两方面内容：一是软件项目开发过程中工作质量的管理；二是软件项目交付成果的质量管理。本章将介绍软件质量的定义、软件项目质量管理的过程、软件质量体系、软件度量及软件质量改进等内容。

学习目标

通过本章学习，应达到以下要求：

- 理解软件质量的重要性。
- 掌握如何更好地定义软件质量。
- 熟悉软件质量管理的过程。
- 监督软件项目中过程的质量。
- 如何编写软件质量计划。

内容结构

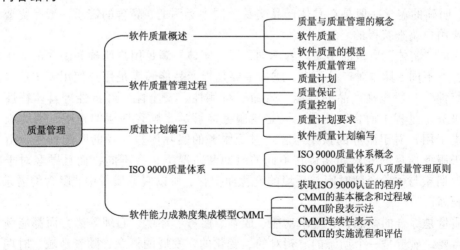

6.1 软件质量概述

通常认为质量是"好的东西"，但在实践中系统的质量可能是模糊而未定义的属性。因此，需要精确地定义软件要求的质量，并且这些"质量属性"是可以度量的。软件质量管理过程中不应该把注意力集中在最终的系统上，而应该在软件开发过程中尽可能地保证软件质量。质量管理是整个项目管理的一个重要部分。

6.1.1 质量与质量管理的概念

质量是指产品或服务满足规定或潜在需要的特征和特性的总和，它既包括有形产品也包括无形产品，既包括产品内在的特性，也包括产品外在的特性。质量随着应用的不同而不同，随着用户提出的质量要求不同而不同。因此，有必要明确软件质量的概念、各种质量特性及评价质量的标准。软件质量体现在开发过程的质量和它所拥有的特征上，是各种特性的复杂组合。

1. 质量的定义

国际标准组织对质量的定义：质量是反映实体（产品、过程或活动等）满足明确和隐含需求的能力的特性总和。

所谓实体是指承载质量属性的具体事物，反映质量的实体包括产品、过程（服务）和活动（工作）3种。其中，"产品"是指能够为人们提供各种享用功能的有形实物；"过程"是指为人们带来某种享受的服务；而"活动"是指人们在生产产品或提供服务中所开展的作业或工作。

质量本身的含义是指实体能够满足用户需求的能力和特性的总和。不同的产品和服务能够满足人们不同的需要，所以不同的产品和服务各自有不同的质量特性。质量的高低并不取决于"实体"的各种能力特性是否都是最好的，只要实体的能力和特性总和能够满足用户的需求即可。当然，这里的需求包括用户明确和隐含的两类需求。其中，明确的需求一般是在具体产品交易合同中标明的，隐含的需求一般是需要通过市场或用户调查获得的。

不同"实体"质量的实质内容不同，即"实体"满足用户明确和隐含的需求在实质内容上不同。具体对产品而言，质量主要是指产品能够满足用户使用要求所具备的功能特性，一般包括产品的性能、寿命、可靠性、安全性、经济性等具体特性，具体对服务（过程）而言，质量主要是指服务能够满足顾客期望的程度，因为服务质量取决于用户对于服务的预期与客户对于服务的实际体验二者的匹配程度，由于人们对于服务质量的要求和期望在不同的时间和情况下也会不同，而且顾客对于服务质量的期望与体验会随时间与环境的变化而变化，所以服务质量中"隐含的需求"成分比较高。

质量是综合的概念，它要求功能、成本、服务、环境、心理等诸方面都能满足用户的需要。质量是一个动态的、相对的、变化的、发展的概念，随着地域、时期、使用对象、社会环境、市场竞争的变化而被赋予不同的内容和要求，而且随着社会的进步及知识创新，其内涵和要求也是不断更新、丰富的。

2．质量管理的概念

质量管理（Quality Management）是确定质量方针、目标和职责并在质量体系中通过质量计划、质量控制、质量保证和质量改进使其实施的全部管理职能的所有活动。质量管理是项目管理的重要组成部分，是一个项目的性能（功能）、成本、进度 3 项指标实现的重要领域。质量管理主要就是监控项目的可交付产品和项目执行的过程，以确保它们符合相关的要求和标准，同时确保不合格项能够按照正确方法或者预先规定的方式处理。

质量管理的发展大致经历了 3 个阶段：

（1）质量检验阶段：20 世纪前，产品质量主要依靠操作者本人的技艺水平和经验来保证，属于"操作者的质量管理"。20 世纪初，以 F.W.泰勒为代表的科学管理理论的产生，促使产品的质量检验从加工制造中分离出来，质量管理的职能由操作者转移给工长，是"工长的质量管理"。随着企业生产规模的扩大和产品复杂程度的提高，产品有了技术标准（技术条件），公差制度（见公差制）也日趋完善，各种检验工具和检验技术也随之发展，大多数企业开始设置检验部门。上述几种做法都属于事后检验的质量管理方式。

（2）统计质量控制阶段：1924 年，美国数理统计学家 W.A.休哈特提出控制和预防缺陷的概念。他运用数理统计的原理提出在生产过程中控制产品质量的"6σ"（6 个标准偏差）法，绘制出第一张控制图并建立了一套统计卡片。与此同时，美国贝尔研究所提出关于抽样检验的概念及其实施方案，成为运用数理统计理论解决质量问题的先驱，但当时并未被普遍接受。以数理统计理论为基础的统计质量控制的推广应用始自第二次世界大战。因为事后检验无法控制武器弹药的质量，美国国防部决定把数理统计法用于质量管理，并由标准协会制定有关数理统计方法应用于质量管理方面的规划，成立了专门委员会，并于 1941—1942 年先后公布一批美国战时的质量管理标准。

（3）全面质量管理阶段：20 世纪 50 年代以来，随着生产力的迅速发展和科学技术的日新月异，人们对产品的质量从注重产品的一般性能发展为注重产品的耐用性、可靠性、安全性、维修性和经济性等。在生产技术和企业管理中要求运用系统的观点来研究质量问题，在管理理论上也有新的发展，突出重视人的因素，强调依靠企业全体人员的努力来保证质量。此外，还有"保护消费者利益"运动的兴起，企业之间市场竞争越来越激烈。在这种情况下，美国 A.V.费根鲍姆于 20 世纪 60 年代初提出全面质量管理的概念。他提出，全面质量管理是"为了能够在最经济的水平上，并考虑到充分满足顾客要求的条件下进行生产和提供服务，并把企业各部门在研制质量、维持质量和提高质量方面的活动构成为一体的一种有效体系"。

6.1.2 软件质量

软件系统有功能、质量和资源方面的需求，功能需求是这个系统能够做什么，资源需求是可用的成本，质量需求是指系统功能的操作效果。概括地说，软件质量就是"软件与明确和隐含定义的需求相一致的程度"。具体地说，软件质量是软件符合明确叙述的功能和性能需求、文档中明确描述的开发标准，以及所有专业开发的软件都应具有的隐含特征的程度。软件质量狭义地说就是"无缺陷"，是以顾客为中心的，以顾客的需求为开始，以顾客的满意为结束。

1. 软件质量的定义

国际标准 ISO 8402 定义："对用户在功能和性能方面需求的满足、对规定的标准和规范的遵循，以及正规软件某些公认的应该具有的本质"。

美国国家标准及国际电气与电子工程师协会标准 ANSI/IEEE 定义："与软件产品满足规定的和隐含的需求能力有关的特征和特性的全体"

也就是说，为满足软件的各项精确定义的功能、性能需求，符合文档化的开发标准，需要相应地给出或设计一些质量特征及其组合，作为在软件开发与维护中的重要考虑因素。如果这些质量特性及其组合都能在软件产品中得到满足，则这个软件的质量就是高的。软件质量反映了三方面的问题：

（1）软件需求是度量软件质量的基础。

（2）在各种标准中定义了一些准则，用来指导软件人员用工程化的方法来开发软件。如果不遵循这些准则，软件的质量就难以得到保证。

（3）软件需求中往往有一些隐含的需求没有明确提出，如果不能满足这些隐含需求则软件质量也难以得到保证。

值得提出的是，风靡于 20 世纪 80 年代的全面质量管理(Total Quality Management, TQM)，它的思想是项目组织以质量为中心，以全员参与为基础，目的在于通过顾客满意和本组织所有成员及社会受益而达到长期成功的管理途径。在全面质量管理中，质量这个概念和全部管理目标的实现有关。可从如下 9 个方面来理解：

（1）质量要从顾客的角度来看，质量始于顾客的需要，终于顾客的理解。

（2）质量不仅要反映在企业的产品上，而且要反映在企业的每一个行为上。

（3）质量需要全体员工同心协力，使外部顾客和内部顾客都感到满意。

（4）质量要求高质量的合作伙伴。

（5）质量方案不能够挽救劣质产品，一个质量活动并不能够补救产品缺陷。

（6）质量是可以得到改进的。

（7）质量改进有时需要数量上的飞跃，较大的改进必须要有新的解决办法和更精明的工作方式。

（8）质量并不导致成本上升，改进质量要求一次性做好以减少补救修正和重新设计的成本。

（9）质量是必需的但可能还不够，尤其当所有的竞争者都将其质量提高到大致同一水平时。

显然，上述观点对于软件企业而言极为重要，软件质量不仅仅是缺陷率，还包括不断改进、提高内部顾客和外部顾客满意度、缩短产品开发周期与投放市场时间、降低质量成本等全面质量概念。面对日新月异的技术发展，如何不断创新以满足顾客快速变化的需求，是每个软件企业必须解决的重要课题。

2．软件质量属性和质量要素

软件质量是许多质量属性的综合体现，各种质量属性反映了软件质量的方方面面。从技术角度讲，对软件整体质量影响最大的那些质量属性才是质量要素；从商业角度讲，客户最关心的、能成为卖点的质量属性才是质量要素。人们通过改善软件的各种质量属性，从而提高软件的整体质量。

（1）对用户重要的属性：

- 有效性：指的是在预定的启动时间中，系统真正可用并且完全运行时间所占的百分比，即有效性等于系统的平均故障时间除以平均故障时间与故障修复时间之和。有些任务比起其他任务具有更严格的时间要求，此时，当用户要执行一个任务，但系统在那一时刻不可用时，用户会感到很沮丧。询问用户需要多高的有效性，并且是否在任何时间，对满足业务或安全目标有效性都是必需的。

- 效率：用来衡量系统如何优化处理器、磁盘空间或通信带宽。如果系统用完了所有可用的资源，那么用户遇到的将是性能的下降，这是效率降低的一个表现。拙劣的系统性能可激怒等待数据库查询结果的用户，或者可能对系统安全性造成威胁，就像一个实时处理系统超负荷一样。为了在不可预料的条件下允许安全缓冲，可以定义在预计的高峰负载条件下，10%处理器能力和15%系统可用内存必须留出备用。"在定义性能、能力和效率目标时，考虑硬件的最小配置是很重要的。

- 灵活性：表明在产品中增加新功能时所需工作量的大小。如果开发者预料到系统的扩展性，那么可以选择合适的方法来最大限度地增大系统的灵活性。灵活性对于通过一系列连续的发行版本，并采用渐增型和重复型方式开发的产品是很重要的。例如，在一个图形工程中，灵活目标是按如下方法设定的："一个至少具有 6 个月产品支持经验的软件维护程序员可在一小时之内为系统添加一个新的可支持硬拷贝的输出设备。"

- 完整性（或安全性）：主要涉及防止非法访问系统功能、防止数据丢失、防止病毒入侵，并防止私人数据进入系统。完整性对于通过 www 执行的软件已成为一个重要的议题。电子商务系统的用户关心的是保护信用卡信息，Web 的浏览者不愿意私人信息或他们所访问过的站点记录被非法使用。完整性的需求不能犯任何错误，即数据和访问必须通过特定的方法完全保护起来。用明确的术语陈述完整性的需求，如身份验证、用户特权级别、访问约束或者需要保护的精确数据。一个完整性的需求样本可以这样描述："只有拥有查账员访问特权的用户才可以查看客户交易历史。"

- 互操作性：表明产品与其他系统交换数据和服务的难易程度。为了评估互操作性是否达到要求的程度，必须知道用户使用其他哪一种应用程序与你的产品相连接，还要知道他们要交换什么数据。"在线商品销售跟踪系统"的用户习惯于使用一些商业工具绘制订制商品的结构图，所以他们提出如下的互操作性需求："在线商品销售跟踪系统应该能够从工具中导入任何有效的商品结构图。"

- 可靠性：软件无故障执行一段时间的概率。健壮性和有效性有时可看成是可靠性的一部分。衡量软件可靠性的方法包括正确执行操作所占的比例，在发现新缺陷之前系统运行的时间长度和缺陷出现的密度。根据发生故障对系统有多大影响和对于最大的可靠性的费用是否合理，来定量地确定可靠性需求。如果软件满足了它的可靠性需求，即使该软件还存在缺陷，也可认为达到其可靠性目标。要求高可靠性的系统也是为高可测试性系统设计的。

- 健壮性：指的是当系统或其组成部分遇到非法输入数据、相关软件或硬件组成部分的缺陷或异常的操作情况时，能继续正确运行功能的程度。健壮的软件可以从发生问题的环境中完好地恢复并且容忍用户的错误。当从用户那里获取健壮性的目标时，询问系统可能遇到的错误条件并且要了解用户想让系统如何响应。

- 可用性：它所描述的是许多组成"用户友好"的因素。可用性衡量准备输入、操作和理解产品输出所花费的努力。

（2）对开发者重要的属性：

- 可维护性：表明在软件中纠正一个缺陷或做一次更改的简易程度。可维护性取决于理解软件、更改软件和测试软件的简易程度，可维护性与灵活性密切相关。高可维护性对于那些经历周期性更改的产品或快速开发的产品很重要。可以根据修复一个问题所花的平均时间和修复正确的百分比来衡量可维护性。

- 可移植性：度量把一个软件从一种运行环境转移到另一种运行环境中所花费的工作量。软件可移植的设计方法与软件可重用的设计方法相似。可移植性对于工程的成功是不重要的，对工程的结果也无关紧要。可以移植的目标必须陈述产品中可以移植到其他环境的那一部分，并确定相应的目标环境。于是，开发者就能选择设计和编码方法以适当提高产品的可移植性。

- 可重用性：从软件开发的长远目标上看，可重用性表明了一个软件组件除了在最初开发的系统中使用之外，还可以在其他应用程序中使用的程度。比起创建一个打算只在一个应用程序中使用的组件，开发可重用软件的费用会更大些。可重用软件必须标准化、资料齐全、不依赖于特定的应用程序和运行环境，并具有一般性。确定新系统中哪些元素需要用方便于代码重用的方法设计，或者规定作为项目副产品的可重用性组件库。

- 可测试性：指的是测试软件组件或集成产品时查找缺陷的简易程度。如果产品中包含复杂的算法和逻辑，或如果具有复杂的功能性的相互关系，那么对于可测试性的设计就很重要。如果经常更改产品，那么可测试性也是很重要的，因为将经常对产品进行回归测试来判断更改是否破坏了现有的功能性。

3. 软件质量框架

根据软件质量国家标准 GB\T 19001—2008，软件质量评估通常从软件质量框架的分析开始。如图 6-1 所示，软件质量框架是一个"质量特征—质量子特征—度量因子"的三层结构模型。

在这个框架模型中，上层是面向管理的质量特征，每一个质量特征是用以描述和评价软件质量的一组属性，代表软件质量的一个方面。软件质量不仅从该软件外部表现出来的特征来确定，而且必须从其内部所具有的特征来确定。

第二层的质量子特征是上层质量特征的细化，一个特定的子特征可以对应若干个质量特征。软件质量子特征是管理人员和技术人员关于软件质量问题的通信渠道。

最下面一层是软件质量度量因子（包括各种参数），用来度量质量特征。定量化的度量因子可以直接测量或统计得到，为最终得到软件质量子特征值和特征值提供依据。

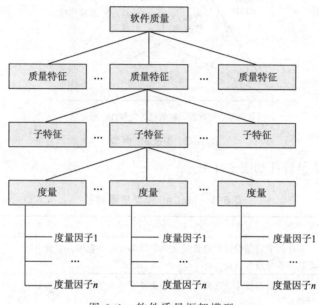

图 6-1　软件质量框架模型

6.1.3　软件质量的模型

从上述软件质量的定义中可以了解，对软件质量的评价是在将产品的实际情况与给定的需求中推导出来的软件质量的特征和质量标准进行比较后得出来的。因此，虽然软件质量难以定量度量，但仍需提出重要的软件质量特征对软件质量进行度量。这些质量特征有的可以从用户角度加以定义，反映出软件的某些外部质量特征（例如可用性），开发人员应该注意将这些外部的质量特征映射到软件内部。质量特征可以直接测量，例如计算千代码行的缺陷数，也可以间接测量，例如通过统计帮助平台上用户咨询的次数可以间接度量一个软件的可用性。项目经理通过标识质量测量，项目经理需要一个易于理解的质量模型来帮助评估软件的质量和对风险进行识别、管理。目前已有很多质量模型，它们分别定义了不同的软件质量属性。以下是比较常见的 3 个质量模型：

（1）B.W.Boehm、T.R.Brown 和 M.Lipow 于 1976 年首次提出软件质量模型。

（2）1977 年，Walters 和 McCall 提出了新的软件质量层次模型与度量。

（3）1994 年，ISO 90003 软件质量国际标准（ISO 的软件质量评价模型）给出了 6 个软件质量特性和与其相关的 21 个质量子特性的明确定义。

1. McCall 软件质量模型

McCall 等认为,特性是软件质量的反映,软件属性可用作评价准则,定量化地度量软件属性可知软件质量的优劣。McCall 软件质量模型如图 6-2 所示。

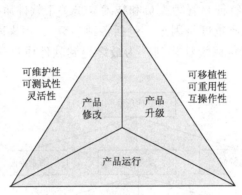

图 6-2 McCall 模型

McCall 模型质量特征如表 6-1 所示。

表 6-1 McCall 模型质量特征

类别	质量特征	含 义	直观描述
产品运行	正确性	程序能够满足设计规格说明及用户预期目标的程度,它要求软件本身没有错误	它做了该做的事吗
	可靠性	程序能够按要求,在规定时间和条件下不出故障、持续运行的程度	它做了该做的事吗
	高效性	程序实现其功能所需要的计算机资源量	需要资源多吗
	完整性	软件或数据不受未授权人控制的程度	它是安全的吗
	易用性	学习、操作程序、为其准备输入数据、解释其输出的工作量	它可用吗
产品修改	可维护性	对运行的程序找到错误并排除错误的工作量	它可调整吗
	可测试性	为保证程序执行规定功能所需的测试工作量	它可测试吗
	灵活性	修改运行的程序所需的工作量	它可修改吗
产品升级	可移植性	将程序从一个硬件配置或环境转移到另一个硬件配置或环境所需的工作量	可以在另一台上使用它吗
	可重用性	程序可被用于与其他应用问题的程度	可以重复使用吗
	互操作性	让系统与另一个系统协同运行所需的工作量	

2. Boehm 软件质量模型

Boehm 模型是由 Boehm 等在 1978 年提出的质量模型,如图 6-3 所示。在表达质量特征的层次性上它与 McCall 模型是非常类似的。不过,它是基于更为广泛的一系列质量特征,并将这些特征最终合并成 19 个标准。Boehm 提出概念的成功之处在于它包含了硬件性能的特征,这在 McCall 模型中是没有的。

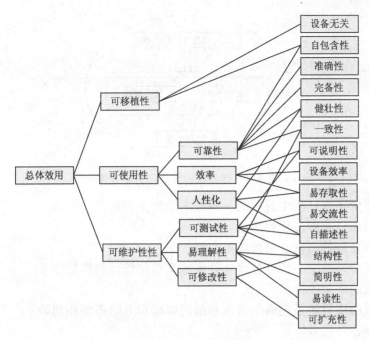

图 6-3 Boehm 软件质量模型

6.2 软件质量管理过程

前面描述的软件质量特征主要是度量软件产品的。在采用基于产品的项目策划和控制方法的情况下，关注产品是很自然的事情。不过，在软件项目开发过程中，这种方法用于测量产品的质量，而并非是软件的开发过程。尽管可以测量开发项目的早期阶段创建的中间产品属性，并且可以用它来预测最后产品的质量，但这在实际操作中难度很大。因此，需要关注软件产品的开发过程，仔细检查过程的质量。如果开发过程的质量得到保证，最终的软件产品质量也能得到保证。

软件的质量是软件开发各个阶段质量的综合反映，因此软件的质量管理贯穿整个软件开发周期。为了更好地管理软件产品的质量，首先需要制订项目的质量计划，然后，在软件开发的过程中，需要进行技术评审和软件测试，并进行缺陷跟踪。最后，对这个过程进行检查，进行有效的过程改进，以便在以后的项目中进一步提高软件质量。

6.2.1 软件质量管理

软件本身的特点和目前软件的开发模式的一些缺陷，使软件内部的质量问题有时不可能完全避免。软件项目的质量管理是指保证项目满足其目标要求所需要的过程，它包括编制质量计划、质量控制、质量保证等过程。软件的质量是软件开发各个阶段质量的综合反映。每个环节都可能带来产品的质量问题，因此软件的质量管理贯穿了整个软件开发周期。软件项目的质量管理，不仅确保项目最终交付的产品满足质量要求，而且要保证项目实施过程中阶段性成果的质量，也就是保证软件需求说明、设计和代码的质量，包括各种项目文档的质量。软件质量管理的实施过程如图 6-4 所示。

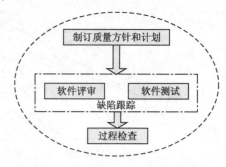

图 6-4　软件质量管理的实施过程

软件的质量实施过程中遵循的一些基本原则：

（1）控制项目所有过程的质量。

（2）过程控制的出发点是预防不合格。

（3）质量管理的中心任务是建立并实施文档化管理的质量体系。

（4）持续的质量改进。

（5）有效的质量体系应满足顾客和组织内部双方的需要和利益。

（6）定期评价质量体系。

（7）搞好质量管理的关键在于领导。

6.2.2　质量计划

　　质量计划是质量管理的第一过程域，它主要指依据公司的质量方针、产品描述以及质量标准和规则等制订出实施等略，其内容全面反应用户的要求，为质量小组成员有效工作提供了指南，为项目小组成员以及项目相关人员在项目进行中如何实施质量保证和控制提供依据，为确保项目质量得到保障提供坚实的基础。从长远的观点来看，质量计划可以节约成本，并缩短工期。

　　质量管理计划主要工作是描述项目团队如何实现质量政策，质量管理计划是整个项目计划的组成部分，内容包括质量控制、质量保证与质量改进，质量管理计划可繁可简，根据实际情况确定。软件质量管理计划的过程如图 6-5 所示。

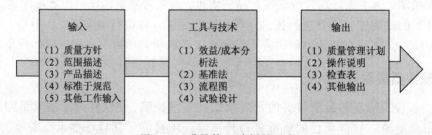

图 6-5　质量管理计划的过程

1．制订软件项目质量计划的输入要素

质量计划是质量策划的交付成果，所以项目质量计划在制订时应考虑以下几个因素：

（1）质量方针：质量方针是由高层管理者对项目的整个质量目标和方向制订的一

个指导性和约束性文件，是隶属于软件企业年度工作目标和方针政策之下的一分旨在针对软件工作的政策性文件。但是，在项目实施过程中，可以根据实际情况对质量方针进行适当的修正。质量政策应具备下面的特点：什么的原则（而不是如何做）；在组织所有的项目中保持一致；代表组织的质量观点。

（2）范围描述：项目的范围描述说明了投资人对项目的需求以及项目的主要要求和目标，因此，范围描述是质量计划的重要依据。

（3）产品描述：包含了更多的技术细节和性能标准，是制订质量计划必不可少的部分。

（4）标准和规则：项目质量计划的制订必须参考相关领域的各项标准和特殊规定。

（5）其他工作的输出：在项目中，其他方面的工作成果也会影响质量计划的制订。比如，采购计划就要说明承包人的质量要求。

2. 质量计划的制订步骤

质量计划的制订程序如图 6-6 所示，质量计划的规划阶段的一个基本过程：每个提交结果都有质量检查的衡量标准。制订项目质量计划时，首先必须明确项目的范围、中间产品和最终产品，分析资料确定质量树和寻求最佳的组织结构，然后制订质量控制的程序并审定实施。

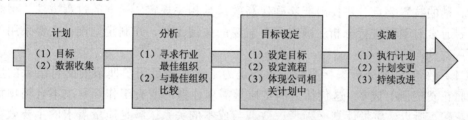

图 6-6 质量计划的制订过程

（1）了解项目的基本情况，收集项目有关资料。质量管理计划编制阶段应重点了解项目的组成、项目的质量目标以及项目实施方案等具体内容。所需资料主要有项目质量策划结果、实施规范、质量评定标准和类似项目资料等。

（2）确定项目质量目标树，明确项目质量管理组织机构。在了解项目的基本情况并收集大量相关资料后，所要做的工作就是确定项目质量目标树，回执项目质量管理组织机构图。

首先，按照项目质量总目标和项目的组成与划分，进行逐级分解，建立本项目的质量目标树。然后，根据项目的规模、特点、组织、总进度计划和以建立的项目质量目标树，配备各级质量管理人员、设备等。确定各级人员的角色和质量责任，建立项目的质量管理机构图。表 6-2 是一个普通软件项目各个人员所扮演的角色和承担的责任。

（3）制订项目质量控制的目标。项目的质量控制程序主要有项目质量控制的工作流程、初始的检查流程、项目实施过程中的质量检查流程、不合格项目产品的控制流程等。在制订好的项目控制流程之后，应把单独编制的项目质量计划，根据项目总的进度计划，相应地编制项目的质量工作计划表、质量管理人员计划表和质量管理资源计划表等。

表 6-2　项目质量责任表

角　色	质　量　责　任
项目经理	负责整个项目内部的控制、管理和协调
系统分析员	开发组负责人
编程人员	详细设计、编码和单元测试
测试组长	准备测试计划、组织设计测试用例、实施测试计划和准备测试报告
测试人员	编写执行测试用例
文档编写人员	编制相关文档
质量保证人员	负责整个开发过程的质量控制

（4）项目质量计划的评审与实施。项目质量计划编制后，经相关部门审阅，由项目经理或者项目负责人审定、批准后颁布实施。在项目实施过程中可根据项目实际情况对质量计划进行变更。项目完成后进行项目总结，对开发过程中的质量管理进行持续改进。

3．制订质量计划的方法和技术

制订质量计划是需要明确中间产品和最终产品的有关规定、标准，确定可能影响产品质量的技术要点，并找出能够确保高效满足相关规定、标准的过程方法。编制质量计划通常对项目进行分析，确定需要监控的关键元素，并制定标准。主要采用的方法有：

（1）效益/成本分析法：质量的承办是为了达到满足用户期望的交付结果的质量要求而花费的所有成本。这包括为满足质量需求而做的所有工作和解决不合格项而付出的花费。所以，质量计划必须考虑效益与成本的关系，满足质量需求的主要效益是减少了重复性工作，即高产出、低成本、高用户满意度。质量管理的基本原则是效益与成本之比尽可能大。

（2）基准法：主要是通过比较项目的实施与其他同类项目的实施过程，为改进项目的实施过程提供借鉴和思路，并作为一个实施的参考标准，是一种寻找最佳实践的方法。

（3）流程图：一个由箭线和结点表示的若干因素关系图，可以包括原因结果图、系统流程图、处理流程图等。因此，流程图经常用于项目质量控制过程中，其主要目的是确定并分析问题产生的原因。

（4）试验设计：对于分析整个项目输出结果是最有影响的因素，十分有效。对于软件开发，设计原型解决核心技术问题和主要需求也是可行和有效的。但是，这种方法存在费用与进度交换的问题。

4．制订质量计划的阶段成果

（1）质量管理计划：主要描述了项目管理小组应该如何实施项目质量方针，包括对组织结构、责任、方法、步骤、资源等实施质量管理。质量计划提供了对整个项目进行质量控制、质量保证及质量改进的基础。

（2）操作说明：对于质量计划中的一些特殊条款需要附加的操作说明，包括注解、如何控制、如何度量，以及在何种情况下采取何种措施和方法等说明。

（3）检查表：各种检查表是记录项目执行情况和进行分析的工具，既可以简单，也可以复杂，但需要项目小组形成一种较标准的体系。

综上所述，项目质量计划工作在项目管理，特别是项目质量管理中有着非常重要的地位和指导作用。加强项目的质量计划可以充分体现项目质量管理的目的性，有利于克服质量管理工作中的盲目性和随意性，增加工作的主动性、针对性和积极性。对确保项目工期、降低成本和圆满实现项目质量起到保证作用。

6.2.3　质量保证

软件质量保证（Software Quality Assurance，SQA）是贯穿整个项目生命周期有计划、系统的活动，经常性地针对整个项目质量计划的执行情况进行评估、检查与改进等工作，向管理者、顾客或其他方提供信任，确保项目质量与计划保持一致。简单地说，质量保证的职责是：审计过程的质量，确保过程被正确执行。

软件质量保证通过建立一套有计划、有系统的方法向管理层保证，拟定出的标准、步骤、实践和方法能够正确地被所有项目所采用，如图 6-7 所示。软件质量保证的目的是使软件过程对于管理人员来说是可见的，通过对软件产品和活动进行评审和审计来验证软件是合乎标准的。通常由质量保证部门来履行质量保证的责任，软件质量保证组在项目开始时就一起参与建立计划、标准和过程。这些将使软件项目满足机构方针的要求。质量保证可以描述为 "Is it done right？"（完成是否正确）。质量保证本身并不直接提高产品的质量，但通过质量保证的一系列工作可以间接地提高产品质量。

图 6-7　软件质量保证工作

质量保证包括面向客户的质量保证和面向内部高层的质量保证。面向客户的质量保证是让客户相信项目正在向客户所期望的方向进行，正在越来越逼近目标；面向内部高层的质量保证是使高层认同项目组的工作，这些工作正是项目所需要的。为此，质量保证人员要定期对项目质量计划执行情况进行评估、审核与改进等工作，提供项目或产品的可视化管理报告，在项目出现偏差时提醒项目管理人员。

1. 质量保证策略

质量保证的目标是以独立审查方式，以第三方的角度监控软件项目任务的执行，确保软件项目遵循制订好的计划、标准和章程，给开发人员和管理层提供反映产品和过程质量的信息和数据，辅助取得符合各项质量特性的产品。它包括以下功能：

（1）质量方针的制定和贯彻。

（2）质量保证方针和质量保证标准的制定。

（3）质量保证体系的质量保证工作。

（4）明确各阶段的质量保证工作。

（5）各阶段的质量评审。

（6）确保设计质量。

（7）重要质量问题的提出与分析。

（8）总结实现阶段的质量保证活动。

（9）整理面向用户的文档、说明书等。

（10）产品质量鉴定、质量保证系统鉴定。

（11）质量信息的搜集、分析和使用等。

质量保证的要点：在项目进展过程中，定期对项目各个方面的表现进行评价；通过评价来推测项目最后是否能够达到相关的质量指标；通过质量评价来帮助项目相关的人建立对项目质量的信心。质量保证的策略主要分为以下 3 个阶段：

（1）以检测为重：产品制成之后进行检测，只能判断产品质量，不能提高产品质量。

（2）以过程管理为重：把质量保证的工作重点放在过程管理上，对开发过程中的每一道工序都要进行质量控制。

（3）以产品开发为重：在产品的开发设计阶段，采取强有力的措施来消灭由于设计原因而产生的质量隐患。

由上可知，软件质量保证的主要活动应是对项目产品的审计和项目执行过程的审计，应从产品计划和设计开始，直到投入使用和运行维护的软件生存期的每一阶段中的每一步骤。

2. 质量保证的工作内容

首先，对具体项目制订 SQA 计划，确保项目组正确执行过程。制订 SQA 计划应当注意以下几点：

（1）依据企业目标以及项目情况确定审计的重点。

（2）明确审计内容：明确审计哪些活动、哪些产品。

（3）明确审计方式：确定怎样进行审计。

（4）明确审计结果报告的规则：审计的结果报告给谁。

其次，依据 SQA 计划进行 SQA 审计工作，按照规则发布审计结果报告。质量保证审计活动包括：正规的质量评价（质量审计），通常在项目执行过程中进行；总结性质量评价（质量改进），通常在项目结束时进行和自检。需要注意的是：审计一定要有项目组人员陪同，不能搞突然袭击。双方要开诚布公，坦诚相对。审计的内容是否按照过程要求执行了相应活动，是否按照过程要求产生了相应产品。

最后进行问题跟踪，对审计中发现的问题，要求项目组改进，并跟进直到解决。

3. 软件质量保证的措施

为了确保软件系统和产品的质量，必须建立软件质量保证机构和相应的软件质量保证系统。建立质量保证系统，需要确定系统的结构，相应的规程、职责、措施和质量保证方法。在质量保证系统中，为了保证软件产品质量和过程质量，要根据项目风险来确定措施的种类和规模，并需要建立一个质量保证机构来执行各种质量保证措施，处理由于项目规模的不断增长及随之增加的风险所带来的各种质量问题。软件质量保证机构负责调整所有影响产品质量的因素，这些因素包括：

（1）使用的方法和工具。

（2）在开发和维护过程中应用的标准。

（3）对开发和维护过程所进行的组织管理。

（4）软件生产环境。

（5）软件开发中人员的组织和管理。

（6）工作人员的熟练程度。

（7）对工作人员的奖励和工作条件的改善情况。

（8）对外部项目转包商交付的产品进行质量控制。

软件质量保证的措施主要有：基于非执行的测试（也称为复审或评审）、基于执行的测试（即前面讲过的软件测试）和程序正确性证明。复审主要用来保证在编码之前各个阶段产生的文档的质量；基于执行的测试需要在程序编写出来之后进行，它是保证软件质量的最后一道防线；程序正确性证明使用数学方法严格验证程序是否对它的说明完全一致。

参加软件质量保证工作的人员可以分成下述两类：

（1）软件工程师：通过采用先进的技术方法和度量，进行正式的技术复审及完成计划周密的软件测试来保证软件质量。

（2）SQA 小组：其职责是辅助软件工程师以获得高质量的软件产品，其从事的软件质量保证活动主要是计划、监督、记录和报告。

质量保证活动的一个重要输出是质量报告，它是对软件产品或软件过程评估的结果，并提出改进建议。例如，表 6-3 是一个软件产品审计的报告实例。

表 6-3　软件产品审计报告实例

项目名称	××系统	项目标识	
审计人	张明	审计对象	（功能测试报告）
审计时间	2006-11-24	审计次数	1
审计主题	从质量保证管理的角度审计测试报告		
审计项与结论			
审计要素	审计结果		
测试报告与产品标准的符合程度	与产品标准存在如下符合项： （1）封面的标识； （2）目录； （3）第 2 章和第 3 章（内容与标准有一定出入）		
测试执行情况	本文的第 2 章基本描述了测试执行情况，但题目应为"测试执行情况"		
测试情况结论	测试总结不存在		

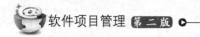

结论（包括上次审计问题的解决方案）
由于测试报告存在上述不符合项，建议修改测试报告，并进行再次审计
审核意见
不符合项基本属实，审计有效！ 审核人： 审核日期：

质量保证的最终目标是质量的提高，质量改进是以"增加项目的有效性和效率提高项目投资人利益"为主要目的而采取的各种行动。通常，质量改进将要求改变不正确的活动及改变的过程。

6.2.4 质量控制

质量控制是一个常规的过程。通过它度量实际的质量性能并与标准进行比较，当出现差异时采取行动。软件质量控制的定义：软件质量控制是一系列验证活动，在软件开发过程的任何一点进行评估开发的产品是否在技术上符合该阶段制定的规约。质量控制可以表述为"Is it right done?"（是否正确完成）。

1. 整个开发过程中的质量控制

软件质量的控制是对阶段性的成果进行测试、验证，为质量保证提供参考依据。软件质量牵涉很多变量，关键是在每个步骤都需要管理和控制。需要规范化整个软件开发过程：

（1）做需求评审。

（2）概要设计时体系结构的评审、多次讨论。

（3）详细设计尽可能统一、规范。

（4）测试要在需求和设计阶段就开始。

（5）版本控制和文档规范。

（6）质量控制过程。

按照项目实施的进度可以将项目质量的控制分为3个阶段：

（1）事前质量控制：指项目在正式实施前进行的质量控制，其具体工作内容有以下几类：

- 审查开发组织的技术资源，选择合适的项目承包组织。
- 对所需资源的质量进行检查与控制。没有经过适当测试的资源不得在项目中使用。
- 审查技术方案，保证项目质量具有可靠的技术措施。
- 协助开发组织完善质量保证体系和质量管理制度。

（2）事中质量控制：指在项目实施过程中进行的质量控制，其具体工作内容有以下几类：

- 协助开发组织完善实施控制。把影响产品质量的因素都纳入管理状态。建立质量管理点，及时检查和审核开发组织提交的质量统计分析资料和质量控制图表。

- 严格交接检查。关键阶段和里程碑应有合适的验收。
- 对完成的分项应按相应的质量评定标准和方法进行检查、验收并按合同或需求规格说明书行使质量监督权。
- 组织定期或不定期的评审会议，及时分析、通报项目质量状况，并协调有关组织间的业务活动等。

（3）事后质量控制：指在完成项目过程形成产品后的质量控制，具体工作内容如下：

- 按规定的质量评价标准和办法，组织单元测试和功能测试，并进行可能的检查验收。
- 组织系统测试和集成测试。
- 审核开发组织的质量检验报告及有关技术性文件。
- 整理有关的项目质量的技术文件，并编号、建档。

（4）软件项目质量控制活动：其主要活动是技术评审、代码走查、代码评审、软件测试（包括单元测试、集成测试、系统测试、验收测试）和缺陷追踪等。

- 技术评审：目的是尽早发现工作成果中的缺陷，并帮助开发人员及时消除缺陷，从而有效地提高产品的质量。软件质量评审是软件项目管理过程中的"过滤器"，评审被用于软件开发过程中的多个不同的点上，起到发现错误（进而引发纠错活动）的作用。评审起到的作用是"净化"分析、设计和编码过程中所产生的软件工作产品。软件评审并不是在软件开发完毕后再进行的，而是在软件开发的各个阶段都要进行评审。

技术评审的主体一般是产品开发中的一些设计产品，这些产品往往涉及多个小组和不同层次的技术。主要评审的对象有：软件需求规格说明书、软件设计方案、测试计划、用户手册、维护手册、系统开发规程、产品发布说明等。技术评审应该采取一定的流程，这在企业质量体系或者项目计划中都有相应的规定。评审过程如图 6-8 所示。

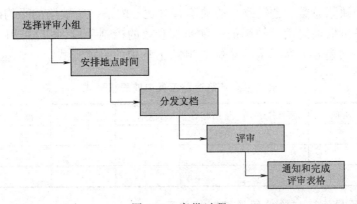

图 6-8　审批过程

同行评审是一个特殊类型的技术评审，是由与工作产品开发人员具有同等背景和能力的人员对产品进行的一种技术评审，目的是在早期有效地消除软件工作产品中的缺陷，并更好地理解软件工作产品和其中可预防的缺陷。同行评审是提高生产率和产品质量的重要手段。

- 代码走查：主要是对软件代码进行复审，它可以检查到其他测试方法无法监测到的错误，很多逻辑错误是无法通过测试手段发现的。它主要以高级程序员复审代码或同级别的程序员交叉检查的形式进行。代码走查的目的是通过抽查，保证代码的编写和注释符合编码规范，编码逻辑符合系统设计要求，减少测试返工以及因测试返工引起的来回沟通、回归测试等问题，降低管理成本，提高开发效率。

- 代码评审：由一组人通过阅读、讨论和争议对程序进行静态分析的过程。评审小组由组长、2～3 名程序设计和测试人员及程序员组成。评审小组在充分阅读待审程序文本、控制流程图及有关要求和规范等文件的基础上，召开代码评审会，程序员逐句讲解程序的逻辑，并展开讨论甚至争议，以揭示错误的关键所在。实践表明，程序员在讲解过程中能发现许多自己原来没有发现的错误，而讨论和争议则进一步促使了问题的暴露。例如，对某个局部性小问题修改方法的讨论，可能发现与之有牵连的甚至能涉及模块的功能、模块间接口和系统结构的大问题，导致对需求的重定义、重新设计验证。

- 软件测试：单元测试可以测试单个模块是否按其详细设计说明运行，它测试的是程序逻辑。一旦模块完成就可以进行单元测试。集成测试是测试系统各个部分的接口及在实际环境中运行的正确性，保证系统功能之间接口与总体设计的一致性，而且满足异常条件下所要求的性能级别。系统测试是检验系统作为一个整体是否按其需求规格说明正确运行，验证系统整体的运行情况，在所有模块都测试完毕或者集成测试完成之后，可以进行系统测试。验收测试是在客户的参与下检验系统是否满足客户的所有需求，尤其是在功能和使用的方便性上。

- 缺陷追踪：从发现缺陷开始，一直到缺陷改正为止的全过程称为缺陷追踪。缺陷追踪要一个缺陷、一个缺陷地加以追踪，也要在统计的水平上进行，包括未改正的缺陷总数、已经改正的缺陷百分比、改正一个缺陷的平均时间等。缺陷追踪是可以最终消灭缺陷的一种非常有效的控制手段，可以采用工具跟踪测试的结果。表 6-4 所示为一个缺陷追踪工具中的表格形式。

表 6-4　缺陷追踪工具中的表格形式

序号	时间	事件描述	错误类型	状态	处理结果	测试人	开发人

2. 软件质量保证与软件质量控制的关系

QA 是审计过程的质量，保证过程被正确执行，是过程质量审计者。QC 是检验产品的质量，保证产品符合客户的需求，是产品质量检查者。对照上面的管理体系模型，

QC 进行质量控制，向管理层反馈质量信息；QA 则确保 QC 按照过程进行质量控制活动，按照过程将检查结果向管理层汇报。这就是 QA 和 QC 工作的关系。

在这样的分工原则下，QA 只要检查项目是否按照过程进行了某项活动，是否产出了某个产品；而 QC 检查产品是否符合质量要求。如果企业原来具有 QC 人员并且 QA 人员配备不足，可以先确定由 QC 兼任 QA 工作。但是只能是暂时的，应当具备独立的 QA 人员，因为 QC 工作也是要遵循过程要求的，也是要经过审计过程的，这种混合情况，难以保证 QC 工作的质量。

6.3　质量计划编写

6.3.1　质量计划要求

质量计划应说明项目管理小组如何具体执行它的质量策略。质量计划的目的是规划出哪些是需要被跟踪的质量工作，并建立文档，此文档可以作为软件质量工作的指南，帮助项目经理确保所有工作计划完成。作为质量计划，应该满足下列要求：

（1）确定应达到的质量目标和所有特性的要求。

（2）确定质量活动和质量控制程序。

（3）确定项目不同阶段中的职责、权限、交流方式及资源分配。

（4）确定采用控制的手段、合适的验证手段和方法。

（5）确定和准备质量记录。

在质量计划中应该明确项目要达到的质量目标：

（1）可用度：指软件运行后在任一时刻需要执行规定任务或完成功能时，软件处于可使用状态的概率。

（2）初期故障率：指软件在初期故障期内单位时间的故障数。一般以每 100 小时的故障为单位，可以用它来评价交付使用的软件质量与预测什么时候软件可靠性基本稳定。初期故障率的大小取决于软件设计水平、检查项目数、软件规模、软件调试彻底与否等因素。

（3）偶然故障率：指软件在偶然故障期（一般以软件交付给用户的 4 个月以后为偶然故障期）内单位时间的故障数。一般以每 1 000 小时的故障数为单位，它反映了软件处于稳定状态下的质量。

（4）平均失效间隔时间（Mean Time Between Failure，MTBF）：指软件在相继两次失效之间正常工作的平均统计时间。在实际使用时，MTBF 通常是指当 n 很大时，系统第 n 次失效与第 $n+1$ 次失效之间的平均统计时间。对于可靠性要求高的软件，则要求在 1 000～10 000 小时之内。

（5）缺陷密度（Faulty Density，FD）：指软件单位源代码中隐藏的缺陷数量，通常以每千行无注解源代码为一个单位。一般情况下，可以根据同类软件系统的早期版本估算 FD 的具体值。如果没有早期版本信息，也可以按照通常的统计结果来估计。典型的统计表明，在开发阶段平均每千行源代码有 50～60 个缺陷，交付时平均每千行源代码有 15～18 个缺陷。

在质量计划中非常重要的一个任务是提供项目执行的过程程序，例如，项目计划的程序、项目跟踪的程序、需求分析的程序、总体设计的程序、详细设计的程序、质量审计的程序、配置管理的程序、测试过程的程序等。

6.3.2 软件质量计划编写

软件项目的质量计划要根据项目的具体情况来决定采取的计划形式，没有统一的定律。有的质量计划只是针对质量保证的计划，有的质量计划既包括质量保证计划也包括质量控制计划。质量保证计划包括质量保证（审计、评审软件过程、活动和软件产品等）的方法、职责和时间安排等；质量控制计划可以包含在开发活动的计划中，例如，代码走查、单元测试、集成测试、系统、测试等。

在编制项目质量计划时，主要的依据有以下几方面：

（1）质量方针：由高层管理者对项目的整个质量目标和方向制订的一个指导性的文件。但在项目实施的过程中，可以根据实际情况对质量方针进行适当的修正。

（2）范围描述：它是质量计划的重要依据。

（3）产品描述：包含了更多的技术细节和性能标准，是制订质量计划必不可少的部分。

（4）标准和规则：项目质量计划的制订必须参考相关领域的各项标准和特殊规定。

在项目中，其他方面的工作成果也会影响质量计划的制订，例如采购计划、子产品分包计划等，其中对承包人的质量要求也影响项目的质量计划。

在制订质量计划时，主要采取的方法和技术有以下几种：

（1）效益/成本分析法：质量计划必须考虑效益与成本的关系。满足质量需求的主要效益时减少了重复性工作，即高产出、低成本、高用户满意度。质量管理的基本原则是效益与成本之比尽可能大。

（2）基准法：主要是通过比较项目的实施与其他同类项目的实施过程，为改进项目的实施过程提供借鉴和思路，并作为一个实施的参考标准。

（3）流程图：指由箭线和结点表示的若干因素关系图，可以包括原因结果图、系统流程图、处理流程图等。因此，流程图经常用于项目质量控制过程中，其主要目的是分析及确定问题产生的原因。

（4）试验设计：试验设计对于分析整个项目输出结果是最有影响的因素，也是十分有效的。对于软件开发、设计原型解决核心技术问题和主要需求也是可行和有效的。但是，这种方法存在费用与进度交换的问题。

6.4 ISO 9000 质量体系

在软件开发过程中，项目经理要对开发过程进行质量控制，并进行质量保证等工作，以保证软件项目最终交付产品的质量。因此，软件组织建立和实施的质量体系应能满足该组织的质量目标，确保影响产品质量的技术、管理和人员因素处于受控的状态。保证质量控制活动的有效性，关键要素是建立适当的质量管理体系。

6.4.1 ISO 9000 质量体系基本概念

质量管理体系标准定义为"在质量方面指挥和控制组织的管理体系",通常包括制订质量方针、目标以及质量策划、质量控制、质量保证和质量改进等活动。实现质量管理的方针目标,有效地开展各项质量管理活动,必须建立相应的管理体系,这个体系叫做质量管理体系。

ISO 9000 质量管理体系(Quality Management System,QMS)是国际标准化组织(International Organization for Standardization,ISO)制定的国际标准之一,在 1994 年提出的概念,是指"由 ISO/TC176(国际标准化组织质量管理和质量保证技术委员会)制定的所有国际标准"。该标准可帮助组织实施并有效运行质量管理体系,是质量管理体系通用的要求和指南。我国在 20 世纪 90 年代将 ISO 9000 系列标准转化为国家标准,随后,各行业也将 ISO 9000 系列标准转化为行业标准。

ISO 9000 质量管理体系到目前为止有好几个版本:GB/T 19001—1987、GB/T 19001—1994 GB/T 19001—2000、GB/T 19001—2008,每后一个版本均是前一个版本在使用过程中不断完善的结果,具体差异可详细解读以下几份标准体会。

ISO 9000 标准由五部分组成,着重质量管理和质量保证,如图 6-9 所示。

（1）质量术语标准。

（2）质量保证标准。

（3）质量管理标准。

（4）质量管理和质量保证标准的选用和实施指南。

（5）支持性技术标准。

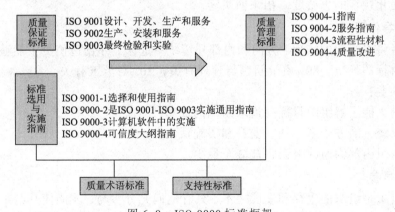

图 6-9　ISO 9000 标准框架

2008 年 8 月 20 日正式发布 ISO 9000：2008 族标准,其核心标准有 4 个:

（1）ISO 9000：2005《质量管理体系——基础和术语》,标准阐述了 ISO 9000 族标准中质量管理体系的基础知识、质量管理八项原则,并确定了相关的术语。

（2）ISO 9001：2008《质量管理体系——要求》,标准规定了一个组织若要推行 ISO 9000,取得 ISO 9000 认证,所要满足的质量管理体系要求。组织通过有效实施和推行一个符合 ISO 9001：2000 标准的文件化的质量管理体系,包括对过程的持续改进和预防不合格,使顾客满意。

（3）ISO 9004：2000《质量管理体系——业绩改进指南》，标准以八项质量管理原则为基础，帮助组织有效识别能满足客户及其相关方的需求和期望，从而改进组织业绩，协助组织获得成功。

（4）ISO 19011：2001《质量和环境管理体系审核指南》，标准提供质量和（或）环境审核的基本原则、审核方案的管理、质量和（或）环境管理体系审核的实施、对质量和（或）环境管理体系审核员的资格等要求。

6.4.2　ISO 9000 质量体系八项质量管理原则

ISO 9000 八项质量管理原则是 ISO/TC176/SC2 下的工作组在总结质量管理实践经验，并吸纳了国际上最受尊敬的一批质量管理专家的意见，用高度概括、易于理解的语言所表达的质量管理的最基本、最通用的一般性规律，成为质量管理的理论基础。它是组织的领导者有效地实施质量管理工作必须遵循的原则。八项质量管理原则形成了 ISO 9000 质量管理体系的基础。指导组织的管理者建立、实施、改进本组织的质量管理体系。

1．以顾客为关注焦点

组织依赖于顾客，因此组织应该理解顾客当前的和未来的需求，从而满足顾客要求并超越其期望。

主要利益：

（1）通过对市场机遇灵活而快速的反应，增加收益和市场份额。

（2）提高组织资源使用的有效性来增强顾客的满意度。

（3）强化顾客的忠诚度，招来回头客。

2．领导作用

领导者将本组织的宗旨、方向和内部环境统一起来，并创造使员工能够充分参与实现组织目标的环境。80%质量问题与管理有关，20%与员工有关。

主要利益：

（1）员工能了解组织目标并追求组织的成功。

（2）以统一的方式来评估、安排和实施活动。

（3）组织内部沟通的失误将被减至最少。

3．全员参与

各级员工是组织的生存和发展之本，只有他们充分参与，才能使其给组织带来最佳效益。岗位职责包括全员（从总经理到基层员工）。

主要利益：

（1）组织内员工被激励，尽忠职守，积极参与。

（2）进一步促进组织目标的创新和创造力。

（3）员工对其业绩负有责任感。

（4）员工积极为组织的持续改进做出贡献。

4．过程方法

将相关的资源和活动作为过程进行管理，可以更高效地取得预期结果。

主要利益：

（1）通过有效地使用资源来降低成本和缩短周期。

（2）获得不断改进、协调一致、并可预测的结果。

（3）提供有重点和有优先次序的改进机会。

5. 管理的系统方法

针对设定的目标，识别、理解并管理一个由相互关联的过程所组成的体系，有助于提高组织的有效性和效率。

主要利益：

（1）过程的协调一致可以最大限度地实现预期的结果。

（2）具有将注意力集中于重点过程的能力。

（3）使利益相关方对组织的协调性、有效性和效率建立信心。

6. 持续改进

持续改进总体业绩是组织的一个永恒发展的目标。

主要利益：

（1）通过改进组织能力增强竞争优势。根据组织的战略意图协调各层次上的改进活动。

（2）对机遇的快速灵活反应。

7. 基于事实的决策方法

针对数据和信息的逻辑分析或判断是有效决策的基础。用数据和事实说话。

主要利益：

- 有信息依据的决策。
- 增强通过参照实际记录来证明过去的决策有效性的能力。增强对各种意见和决定加以评审、质疑和改变的能力。

8. 互利的供方关系

通过互利的关系，增强组织及其供方创造价值的能力。

主要利益：

（1）增强双方创造价值的能力。

（2）对市场或顾客的需求和期望的变化，一起做出灵活快速的反应。

（3）优化资源和成本。

ISO 9000 族标准以过程为基础的质量管理体系的管理和运行模式如图 6-10 所示。从图中可以看出，质量管理体系的四大过程"管理职责""资源管理""产品实现"和"测量、分析和改进"彼此相连，最后通过体系的持续改进而进入更高的阶段。从水平方向看，顾客（和其他相关方）的要求形成产品实现过程的输入。产品实现过程的输出是最终产品，产品交付给顾客后，顾客（及其他相关方）将对其满意程度的意见反馈给组织的测量、分析和改进过程，作为体系持续改进的一个依据。在新的阶段，"管理职责"过程把新的决策反馈给顾客（及其他相关方），后者可能据此而形成新的要求。利用这个模型图，组织可以明确主要过程，进一步展开、细化，并对过程进行连续控制，从而改进体系的有效性。

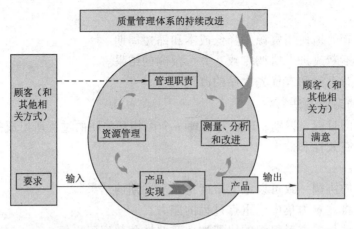

图 6-10　以过程为基础的质量管理体系模型

6.4.3　获取 ISO 9000 认证的程序

对于软件企业，通过取得 ISO 9000 认证能提高 IT 公司管理水平，增强公司抗风险能力，提高软件产品质量，增强企业市场竞争能力，树立公司的良好形象，巩固和不断扩大市场分额，并与国际接轨，有利于国际市场的开拓。因此，获得 ISO 9000 认证是软件企业发展的必经之路。

ISO 9000 认证步骤：

（1）企业原有质量体系识别、诊断。

（2）任命管理者代表、组建 ISO 9000 推行组织。

（3）制订目标及激励措施。

（4）各级人员接受必要的管理意识和质量意识训练。

（5）ISO 9000 标准知识培训。

（6）质量体系文件编写（立法）。

（7）质量体系文件大面积宣传、培训、发布、试运行。

（8）内审员接受训练。

（9）若干次内部质量体系审核。

（10）在内审基础上的管理者评审。

（11）质量管理体系完善和改进。

（12）申请认证。

6.5　软件能力成熟度集成模型 CMMI

CMMI 全称是 Capability Maturity Model Integration，即软件能力成熟度模型集成，是由美国国防部与卡内基–梅隆大学和美国国防工业协会共同开发和研制的，其目的是帮助软件企业对软件工程过程进行管理和改进，增强开发与改进能力，从而能按时地、不超预算地开发出高质量的软件。其所依据的想法是：只要集中精力持续努力去建立有效的软件工程过程的基础结构，不断进行管理的实践和过程的改进，就可以克服软件开发中的困难。

6.5.1 CMMI 基本概念

自从 1994 年 SEI 正式发布软件 CMM 以来,相继又开发出了系统工程、软件采购、人力资源管理以及集成产品和过程开发方面的多个能力成熟度模型。虽然这些模型在许多组织都得到了良好的应用,但对于一些大型软件企业来说,可能会出现需要同时采用多种模型来改进自己多方面过程能力的情况。这时他们就会发现存在一些问题,其中主要问题体现在:

(1)不能集中其不同过程改进的能力以取得更大成绩。

(2)要进行一些重复的培训、评估和改进活动,因而增加了许多成本。

(3)遇到不同模型中有一些对相同事物说法不一致,或活动不协调,甚至相抵触。

于是,希望整合不同 CMM 模型的需求产生了。1997 年,美国联邦航空管理局(Federal Aviation Administration, FAA)开发了 FAA–iCMMSM(联邦航空管理局的集成 CMM),该模型集成了适用于系统工程的 SE–CMM、软件获取的 SA–CMM 和软件的 SW–CMM 三个模型中的所有原则、概念和实践。该模型被认为是第一个集成化的模型。

CMMI 与 CMM 最大的不同点在于:CMMISM–SE/SW/IPPD/SS 1.1 版本有 4 个集成成分,即系统工程(System Engineering, SE)和软件工程(Software Engineering, SW)是基本的科目,对于有些组织还可以应用集成产品和过程开发方面的内容,如果涉及供应商外包管理可以相应地应用 SS (Supplier Sourcing)部分。

CMMI 1.3 是 2010 年 11 月 SEI 发布的 CMMI 模型的最新版本。CMMI 1.3 包括 CMMI 采购模型 1.3 版、CMMI 开发模型 1.3 版、CMMI 服务模型 1.3 版。

CMMI 开发模型 1.3 版(CMMI–DEV 1.3)与 CMMI 开发模型 1.2 版相比,做了如下改进:

(1)将过程域"组织级创新与部署"(Organizational Innovation and Deployment, OID)更名为"组织绩效管理"(Organizational Performance Management, OPM),并增加了一个新的特定目标与几个新的特定实践。

(2)对模型架构进行了改进,简化对多个模型的使用。

6.5.2 CMMI 的过程域

过程域(Process Area, PA)是同属于某个领域而彼此相关的实践集合,当这些实践共同执行时,可以达到该领域过程改进的目的。过程域对软件开发来说就是做好软件开发的某一方面,如果这些软件开发过程的各个方面都做好了,整个软件开发过程就能得到改进。

CMMI–DEV(CMMI for Development)有 22 个过程域,如表 6–5 所示,可以分为 4 类:过程管理、项目管理、工程和支持管现。

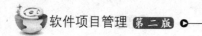
表 6-5 CMMI-DEV 的 22 个过程域

类型	过程域	缩写	描述	成熟层次
过程管理	组织级过程定义	OPD	建立和维护有用的组织过程资产。Organizational Process Definition	3
	组织级过程焦点	OPF	在理解现有过程强项和弱项的基础上计划和实施组织过程改善。Organizational Process Focus	3
	组织培训管理	OT	增加组织各级人员的技能和知识，使他们能有效地执行他们的任务。Organizational Training	3
	组织过程性能	OPP	建立与维护组织过程性能的量化标准，以便使用量化方式的管理项目。Organizational Process Performance	4
	组织的创新与推广	OID	选择并推展渐进创新的组织过程和技术改善，改善应是可度量的，所选择及推展的改善需支持基于组织业务目的的质量及过程执行目标。Organizational Innovation and Deployment	5
项目管理	项目计划	PP	保证在正确的时间有正确的资源可用，为每个人员分配任务，协调人员，根据实际情况，调整项目。Project Plan	2
	项目监督与控制	PMC	通过项目的跟踪与监控活动，及时反映项目的进度、费用、风险、规模、关键计算机资源及工作量等情况，通过对跟踪结果的分析，依据跟踪与监控策略采取有效的行动，使项目组能在既定的时间、费用、质量要求等情况下完成项目。Project Monitoring and Control	2
	供应商协议管理	SAM	旨在对以正式协定的形式从项目之外的供方采办的产品和服务实施管理。Supplier Agreement Management	2
	集成项目管理	IPM	根据从组织标准过程剪裁而来的集成的、定义的过程对项目和利益相关者的介入进行管理。Integrated Project Management	3
	风险管理	RSKM	识别潜在的问题，以便策划应对风险的活动和必要时在整个项目生存周期中实施这些活动，缓解不利的影响，实现目标。Risk Management	3
	量化的项目管理	QPM	量化管理项目已定义的项目过程，以达成项目既定的质量和过程性能目标。Quantitative Project Management	4
工程管理	需求开发	RD	需求开发的目的在于定义系统的边界和功能、非功能需求，以便涉众（客户、最终用户）和项目组对所开发的内容达成一致。Requirement Development	3
	需求管理	REQM	需求管理的目的是在客户和软件项目之间就需要满足的需求建立和维护一致的约定。Requirement Management	2
	技术解决方案	TS	在开发、设计和实现满足需求的解决方案。解决方案的设计和实现等都围绕产品、产品组件和与过程有关的产品。Technical Solution	3
	产品集成	PI	从产品部件组装产品，确保集成产品功能正确并交付产品。Product Integration	3
	确认	VAL	确认证明产品或产品部件在实际应用下满足应用要求。Validation	3
	验证	VER	验证确保选定的工作产品满足需求规格。Verification	3

类型	过程域	缩写	描述	成熟层次
支持管理	配置管理	CM	建立和维护在项目的整个软件生存周期中软件项目产品的完整性。Configuration Management	2
	过程和产品质量保证	PPQA	为项目组和管理层提供项目过程和相关工作产品的客观信息 Process and Product Quality Assurance	2
	测量与分析	MA	开发和维持度量的能力,以便支持对管理信息的需要,作为改进、了解、控制决策。Measurement and Analysis	2
	决策分析与解决方案	DAR	应用正式的评估过程依据指标评估候选方案,在此基础上进行决策。Decision Analysis and Resolution	3
	原因分析和解决方案	CAR	识别缺失的原因并进行矫正,防止未来再次发生。Causal Analysis and Resolution	5

6.5.3 CMMI 的两种表示法

CMMI 有两种表示方法:一种是阶段式表示法;另一种是连续式表示法。

阶段式表示法把 CMMI 中的若干个过程区域分成了 5 个成熟度级别,指出达到每一程度等级必须实施哪些过程域。成熟度等级提供一个阶段式过程改进的建议顺序,如图 6-11 所示。

连续式表式法(见图 6-12)则通过将 CMMI 中过程区域分为四大类:过程管理、项目管理、工程过程以及支持过程。每类过程重的过程域又进一步分为"基础的"和"高级的"。按照连续式表示方式实施 CMMI 时,一个组织可以把项目管理或者其他某类的实践一直做到最好,而其他方面的过程区域可以完全不必考虑。

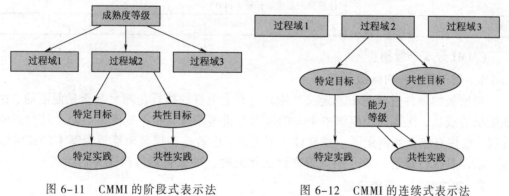

图 6-11　CMMI 的阶段式表示法　　　　图 6-12　CMMI 的连续式表示法

6.5.4 CMMI 阶段式表示法

成熟度等级是一组经过定义的渐进式过程改进指标,达到每个成熟度等级,则代表组织过程的某重要部分有了稳固的基础。

CMMI 的阶段式表示法将成熟度划分为 5 个等级。除了初始级以外,每个成熟度等级都有若干个过程域,如表 6-6 所示。由于程度等级是循序渐进的,如果想达到某个成熟度等级,例如 CMMI 3 级,除了满足 CMMI 3 级本身的 11 过程域之外,还要满足 CMMI 2 级的 7 个过程域。

表 6-6　CMMI 阶段表示法：成熟度等级和过程域关系表

成熟度等级	过 程 域
第 5 级：持续优化级	组织创新与推广（OID） 原因分析和解决方案（CAR）
第 4 级：量化管理级	量化的项目管理（QPM） 组织过程性能（OPP）
第 3 级：已定义级	需求开发（RD） 技术解决方案（TS） 产品集成（PI） 验证（VER） 确认（VAL） 组织级过程焦点（OPF） 组织级过程定义（OPD） 组织培训管理（OT） 集成项目管理（IPM） 风险管理（RSKM） 决策分析与解决方案（DAR）
第 2 级：已管理级	需求管理（REQM） 项目计划（PP） 项目监督与控制（PMC） 供应商协议管理（SAM） 测量与分析（MA） 配置管理（CM） 过程和产品质量保证（PPQA）
第 1 级：初始级	无

CMMI 分 5 个级别：

1．第一级——初始级

初始级的软件过程是未加定义的随意过程，项目的执行是随意甚至是混乱的。这些组织的成功，往往依赖组织中个人的能力与拼搏精神，而不是使用一套经过验证的过程。也许有些企业制定了一些软件工程规范，但若这些规范未能覆盖基本的关键过程要求，且执行没有政策、资源等方面的保证时，那么它仍然被视为初始级。

2．第二级——已管理级

根据多年的经验和教训，人们总结出软件开发的首要问题不是技术问题而是管理问题。因此，第二级的焦点集中在软件管理过程上。一个可管理的过程则是一个可重复的过程，可重复的过程才能逐渐改进和成熟。可重复级的管理过程中需求、过程、工作成果及服务是受管理的。在预定的时间结点（例如，重要里程碑和重要任务的完成时刻），管理层都可以了解工作成果的情况。

3．第三级——已定义级

在成熟度第 3 级中，组织已达到成熟度第二级和第三级的所有过程与的特定目标和共性目标，工作过程都已详尽地说明，并应用标准、规范、工具及方法表现。

组织的标准过程是成熟度第三级的基础。可对项目的标准过程进行剪裁，以建立项目过程。

成熟度第二级与第三级的主要区别在于标准、过程说明及规程的范围不同。在成熟度第二级中，过程在不同案例间的标准、过程说明及规程可能有相当的差异。在成熟度第三级中，项目的标准、过程说明及规程都是从组织的标准过程裁剪而来的，以适用于某些特殊项目或单位。组织的标准过程包括了成熟度第二级和第三级的过程，因此除了裁剪指南所允许的差异之外，整个组织所执行的过程都是一致的。另一个主要的区别是：成熟度第三级的过程说明比第二级更加详细与严谨，基于对过程活动的了解，以及对过程、产品与服务的详细度量，可更主动地管理过程。

4．第四级——量化管理级

在成熟度第四级中，组织已达到成熟度第二级第三级和第四级的所有过程域的特定目标和共性目标。选定对整体过程绩效有重大影响的子过程，并使用统计和其他的量化技术来控制这些子过程。

建立质量与过程绩效的量化目标，并以该目标为管理过程的准则。量化目标是根据客户、最终用户、组织及过程执行者的需求而设定，以统计的术语表示质量和过程绩效，并使它们在整个过程中受到管理。

针对这些过程，收集过程绩效的详细度量资料，并进行统计分析。界定过程变化的特殊原因，并适当地修正特殊原因的来源，以避免未来再度发生。

将质量和过程绩效的度量结果纳入到组织的度量库，以支持未来以事实为基础的决策。

成熟度第三级与第四级的主要区别在于过程绩效的可预测能力不同。在成熟度第四级中，过程绩效是由统计和其他的量化技术所控制，并且可以用量化方式预测。但在成熟度第三级中，仅能在质量上可预测。

5．第五级——持续优化级

成熟度第五级中，组织已达到成熟度第二级、第三级、第四级和第五级的所有过程域的特定目标和共性目标。根据对过程变化共性原因的量化了解，持续进行过程改进。

经由渐进式的和革新式的技术改进，成熟度第五级专注于持续改进过程绩效，已经建立组织的量化过程改进目标，并持续修订以反映持续变化的经营目标。量化的过程改进也作为管理过程改进的准则，用以度量、评估已进行的过程改进效果。已定义过程和组织标准过程都是这些可度量改进活动的对象。通过查找问题总结经验教训，可以增强组织对变化和机会的快速反应能力。

6.5.5　CMMI 连续式表示法

与 CMM 不同，CMMI 不但提出了软件能力成熟度集成模型，还提出了软件过程能力等级（Capability Level，CL）模型。能力等级表示一个组织在实施和控制其过程及改善其过程绩效等方面所具备的能力。

一个过程能力等级由若干与这个过程相关的特定实践和共性实践所构成。这些特定实践和共性实践如果得以执行，则将使该组织的这个过程的执行能力得到提高，进而增强该组织的总体过程能力。

过程能力等级模型中能力等级的着眼点在于使组织走向成熟，以便增加实施和控制过程的能力并改善过程本身的绩效。这些能力等级有助于组织在改进各个相关过程时追踪、评价和验证各项改进过程。该模型中，每个过程域的能力等级划分为 0～5级（共 6 级），从 0～5 编号，分别是：

（1）CL0——不完备级（Incomplete）。

（2）CL1——已执行级（Performed）。

（3）CL2——受管理级（Managed）。

（4）CL3——已定义级（Defined）。

（5）CL4——定量管理级（Quantitatively Managed）。

（6）CL5——持续优化级（Optimizing）。

CMMI 模型的连续式表示，按照过程域之间的关系分为 4 个类型：过程管理过程、项目管理过程、工程过程和支持过程，如表 6-7 所示。

表 6-7　CMMI 连续表示法：过程域分类

类　　型	过　程　域	基本过程域/*高级过程域
过程管理过程	组织级过程焦点 OPF	基本过程域
	组织级过程定义 OPD	基本过程域
	组织培训管理 OT	基本过程域
	组织过程性能 OPP	*高级过程域
	组织的创新与推广 OID	*高级过程域
项目管理过程	项目计划 PP	基本过程域
	项目监督与控制 PMC	基本过程域
	供应商协议管理 SAM	基本过程域
	集成项目管理 IPM	*高级过程域
	风险管理 RSKM	*高级过程域
	量化的项目管理 QPM	*高级过程域
工程过程	需求管理 REQM	基本过程域
	需求开发 RD	基本过程域
	技术解决方案 TS	基本过程域
	产品集成 PI	基本过程域
	确认 VAL	基本过程域
	验证 VER	基本过程域
支持过程	测量与分析 MA	基本过程域
	配置管理 CM	基本过程域
	过程和产品质量保证 PPQA	基本过程域
	决策分析与解决方案 DAR	*高级过程域
	原因分析和解决方案 CAR	*高级过程域

6 个能力等级具有不同的过程特征：

（1）CL0——不完备级：不完备级也成为未执行级，其过程是一个未执行或仅部分执行的过程。该过程的一个或多个特定目标未被满足。

（2）CL1——已执行级：已执行级的过程满足过程域各个特定目标的过程：为了实现可识别的输入工作成果产生可识别的输出工作成果，需要做相应的工作，处于这个级别的过程，能支持这类工作并且使其能执行。不完整级与已执行级过程之间的主要区别在于，已执行级过程满足相应的过程域的所有特定目标。

（3）CL2——已管理级：已管理级过程是个具有以下特征的已执行级过程：它是按照预定方针予以策划和执行的；为了生成受控的输出，过程的执行都配备有适当的资源、有熟练技能的人，各相关干系人介入了该过程；并且依据各项要求进行了审查和评价。该过程可能由某个项目、项目组或职能部门予以制度化，或者可能成为了组织的一个独立过程。该过程的管理牵涉到过程的制度化（作为已管理级过程加以制度化），牵涉到针对该过程各种具体目标（如成本、进度和质量目标）的实现。

已管理级过程与已执行级过程之间的主要区别在于过程受到管理的程度不同。已管理级过程是有计划的，当实际结果和性能明显偏离该计划时，会采取纠正措施。已管理级过程要实现该计划的各项具体目标并且被制度化，以保证绩效的一致性。过程制度化还意味着，该过程的实施广度和深度及维持时间是适当的，能够确保该过程成为开展工作中的一个坚实的组成部分。

（4）CL3——已定义级：已定义级过程是根据本组织的剪裁指南从本组织的标准过程集合剪裁而得来；它具有受到维护的过程描述；它能为本组织的过程财富（资源）贡献工作成果、度量项目及其他过程改进信息。

已定义级过程和已管理级过程之间的主要区别在于标准、过程描述和规程的应用范围不同。就已管理级过程而言，标准、过程描述和规程只在该过程的某个特例中使用（在某个特定项目上使用）。就已定义级过程而言，因为标准、过程描述和规程是从本组织的标准过程集合剪裁而来并且与组织的过程财富相关。所以，在整个组织里执行的各个已定义过程就比较一致。与已管理级过程的另外一个重要区别是，已定义级过程的描述比较详细，执行比较严格。对过程各项活动的深入了解及对过程的工作产品所提供的服务的详细度量，是对已定义过程进行管理的基础。

组织的标准过程集合是已定义过程的基础，它是在长期实践中建立起来并且不断改进的。这些标准过程描述的基本过程元素可望纳入已定义过程中。标准过程还描述基本元素之间的关系。为支持本组织现在和将来使用的标准过程集合，而在组织一级进行的制度化也是在长期实践中实现和不断改进的。

（5）CL4——定量管理级：定量管理级过程是利用统计和其他量化技术进行控制的已定义级过程。按照管理该过程的准则来建立和利用质量和过程绩效的定量目标。从统计意义上反映质量和绩效目标，并且在整个过程周期里管理这些质量和过程目标。

组织的标准过程以及客户、最终用户、组织和过程实施人员的需要等是量化目标的基础。执行该过程的人直接参与对该过程的量化管理。对生成工作成果或提供服务的整个过程集合实施量化管理；对那些在总的过程性能上起重大作用的过程实施量化管理；针对选定的过程绩效详细度量并进行量化分析，确定过程变化的特殊原因，并且在适当时候对特殊原因的根源进行处理，以避免将来再次发生。

量化管理级过程和已定义级过程的一个主要区别是过程绩效的可预测性不同。量化管理意味着使用统计技术或其他量化技术来管理某过程的一个或几个关键子过程，从而做到可以预测该过程未来的绩效。

（6）CL5——持续优化级：持续优化级过程是一个可以通过调整使之满足当前的和预定业务目标的量化管理级过程。持续优化级过程侧重于通过渐进式的和革新式的技术不断改进过程绩效。凡是涉及处理过程变化的共性原因和对组织的过程进行可度量改进的各个过程改进项都得到标识和评价，并且在适当时予以推广实施。对改进项做出选择的基础是：量化地了解它们在实现组织过程改进目标中的预期贡献、成本和对组织的影响。处于持续优化级的过程其绩效将不断得到改善。

所选定的对过程的渐进式的和革新式的技术改进，系统地进行组织推广实施，对照量化的过程改进目标、测量和评价已推广实施过程的改进效果。

持续优化级过程与量化管理级过程之间的一个主要区别在于，持续优化级过程是通过处理过程变化的共性原因而不断地进行改进。量化管理级过程关心的是处理过程变化的特殊原因和提供对过程结果的统计意义上的可预计性。尽管量化管理级过程可以产生可预计的结果，但这种结果可能与规定的目标有差距。持续优化级过程关心的是处理过程变化的共性原因，并且调整过程以改善过程绩效，从而实现规定过程量化目标。过程变化的共性原因是过程内在的并且影响该过程的总体性能的原因。

6.5.6　CMMI 的实施流程

组织要推行过程改进和制度改进，必须设定相应的负责单位。可能会根据需要外聘第三方咨询单位，同时制订改进计划，判定现有的状态、需要更改的方向、达到的目标，确定其中的风险和相应的工作量，安排相应的工作计划和利益相关者，申请资源，达到意见一致，生成相应的活动纲领，还要划分若干工作阶段，确定产出物以及度量标准，然后进入实施阶段。CMMI 的实施流程如下：

（1）CMMI 项目启动会，明确企业实施 CMMI 的商业目标，建立 CMMI 项目实施的沟通机制。

（2）CMMI 基础培训和过程改进小组（EPG）组建，进行 CMMI 基础概念讲解，指导企业建立核心的过程改进小组。

（3）诊断，充分了解企业研发过程现状，识别企业现有软件过程与企业现阶段理应达到的 CMMI 成熟度级别的差距，提交诊断报告，进行过程改进的策划。

（4）过程域培训和文件定义，结合企业过程现状进行 CMMI 过程域培训，通过举例、案例分析等方式，让企业的 EPG 掌握过程文件定义技巧，结合企业实际情况有针对性地定义组织的研发过程，并确定过程产出物（如需求报告）。

（5）项目试点，选择代表公司核心业务的项目或者典型项目进行试点，通过试点来完善过程文件，从而为企业全面推广过程文件打下基础。

（6）组织推广，全员参与全面导入与执行 CMMI。

（7）预评估，验证组织推广的结果，识别企业尚存缺陷并再次制定改善方案，准备充分，以便企业能够更好地进行正式 SCAMPI 评估。

（8）SCAMPI A 正式评估，由 SEI 授权的主任评估师领导，采用 SCAMPI（Standard CMMI Appraisal Method for Process Improvement）评估方法，对企业的能力成熟度进行正式的评估，颁发证书，通过 SEI 网站向全球发布企业信息。

6.5.7　CMMI 评估

CMMI 评估是用于评价组织过程改进的现状。由于 CMMI 采用了两种不同的表示法，所以产生了两种不同类型的评估：一是关于具体的过程能力等级的评估；二是组织整体成熟度水平的评估。通过评估分别产生能力等级剖面图或成熟度等级。目前，CMMI 的成熟度等级评估在业界应用最广泛（继承了 CMM 的成熟度等级评估概念）。

1．CMMI 评估要求

组织使用 CMMI 模型评估时，需要符合 CMMI 评估要求（Appraisal Requirements for CMMI，ARC）文件中的要求。评估关注识别过程改进机会，将组织过程与 CMMI 最佳实践对比。评估小组使用 CMMI 模型并遵循 ARC 评估方法来指导评估和报告结果。这些评估结果被用于策划组织过程改进，产生成熟度等级或能力等级，缓解产品采购、开发和监控的风险。

ARC 文件描述了几种类型评估的要求，分别是 A 类、B 类和 C 类，如表 6-8 所示。

表 6-8　ARC 文件几种类型的评估要求

要　　求	A　类	B　类	C　类
客观证据收集类型	文件审查和访谈	文件审查和访谈	文件审查和访谈
评级	必需	不必	不必
组织覆盖	必需	没有要求	没有要求
最小的评估组规模	4 人	2 人	1 人
评估组长的要求	主任评估师	经过培训和有经验的人	经过培训和有经验的人

2．CMMI 标准评估方法 SCAMPI

使用 CMMI 模型评估时，通常采用"标准 CMMI 评估方法"（Standard CMMI Appraisal Method for Process Improvement，SCAMPI）。SCAMPI 定义了一些规则，确保评估定级的一致性。对于与其他企业实现标杆性对比的评估，评估定级必须确保一致性。

SCAMPI 评估方法家族中包括了 A 级、B 级和 C 级的评估方法。SCAMPI-A 是最严格和唯一能评定等级的评估方法。SCAMPI-B 提供了可选部分，但实践描述是一个固定比例的范围和这些实践得到实施。SCAMPI-C 提供更广泛的选择范围，使用者可以预先定义好评估范围，在进行过程描述时也是采用一种非常接近的方式。

3．CMMI 评估考虑事项

影响 CMMI 评估的要素如下：

（1）选用 CMMI 哪个模型用于评估（CMMI 或 CMMI+IPPD）。

（2）确定组织涉及的评估范围和被评估的 CMMI 过程域，确定评价的是成熟度等级还是能力等级。

（3）选择一种评估方法。

（4）选择评估小组成员。

（5）选择被访谈者。

（6）建立评估的输出文件（例如，等级或特定实践的发现报告）。

（7）建立评估的约束条件（例如，时间和地点）。

SCAMPI 允许预先确定评估范围，这些评估选择可帮助组织对商业需求和目标与 CMMI 进行关联。

CMMI 评估计划和结果的文档中，通常包括评估选项描述、模型范围和实施评估的组织范围。CMMI 评估计划和结果的文档确定了是否满足标杆的要求。CMMI 的评估原则如下：

（1）高层领导作为评估发起人。

（2）关联组组织商业目标。

（3）为被访谈者保密。

（4）使用文件化的评估方法。

（5）采用一种参考模型。

（6）采用团队合作方式。

（7）关注过程实施的具体活动。

本章案例：

某银行信息系统工程项目，包含省级广域网工程、储蓄所终端安装工程、主机系统工程、存储系统工程、备份系统工程、银行业务软件开发工程等若干子项目。此工程项目通过公开招标方式确定承建单位，XS 信息技术有限公司经过激烈竞标争夺，赢得工程合同。合同约定，工程项目的开发周期预算为 36 周。

由于银行对于应用软件质量要求很高，XS 公司也非常重视工程质量，安排资深的高级工程师张工全面负责项目实施。在工程正式开工之前，张工对工程项目进行了分解，根据工程分析，张工认为此工程项目质量、进度的关键在于银行业务定制应用软件的开发。除工程整体的开发计划外，张工还针对应用软件开发制订了详细的开发计划，定制应用软件的开发周期为 36 周。网络工程、终端安装工程、主机系统工程、存储系统工程、备份系统工程等与应用软件开发并行实施。

张工对工程项目在需求分析、概要设计、详细设计、编码、单元测试、集成测试等各个环节要求均非常严格。根据张工安排，需求分析、概要设计均安排有多年工作经验的高级软件工程师担任，各个阶段的阶段成果均组织了严格的评审，以保证各个阶段成果的质量。

在软件编码及单元测试工作完成之后，张工安排软件测试组的工程师编制了详细的软件测试计划、测试用例，包括集成测试、功能测试、性能测试、安全性测试等。

张工在安排软件测试任务的时候，在动员软件开发小组时宣讲："软件测试环节是软件系统质量形成的主要环节，各开发小组，特别是测试小组，应重视软件系统测试工作"。因此，张工安排给测试组进行测试的时间非常充足，测试周期占整个软件系统开发周期的 40%，约 14.5 周。在软件系统测试的过程中，张工安排了详细的测试跟踪计划，统计每周所发现的软件系统故障数量，以及所解决的软件故障。根据每周测试的结果分析，软件系统故障随时间的推移呈明显的下降趋势，第 1 周发现约 100个故障，第 2 周发现约 90 个故障，第 3 周发现 50 个故障，……第 10 周发现 2 个故障，第 11 周发现 1 个故障，第 12 周发现 I 个故障。于是，张工断言软件系统可以在完成第 14 周测试之后顺利交付给用户，并进行项目验收。

【问题 1】张工的软件开发计划中是否存在问题？为什么？

【问题 2】张工根据对定制软件系统测试的跟踪统计分析结论，得出项目可于计划的测试期限结束后达到验收交付的要求，你认为可行吗，为什么？

【问题 3】若你是本项目的总工，将怎样改进工作，以提高软件系统开发的质量，保证工程项目按期验收？

参考答案：

【问题 1】张工安排测试计划的编制时机不对。测试计划和测试用例的编制应当与软件系统的概要设计、详细设计同步进行。

测试计划不够全面，还应当包含系统整体测试、运行测试。运行测试是对应用软件系统整体功能的全面检验，也是最能够说明软件系统质量的测试环节。

系统测试计划、确认测试计划应当在需求分析阶段制订，测试用例、测试说明应当在概要设计阶段制定。

集成测试计划应当在概要设计阶段制订，测试用例、测试说明应当在详细设计阶段制定。

单元测试计划应当在详细设计阶段制订，测试用例、测试说明应当在编码阶段制定。

【问题 2】在定制软件开发项目中，根据测试结果判定软件系统的质量是不够的，因为软件系统中的缺陷可能由于多种原因而未在测试中被发现，如测试环境与运行环境的区别、测试人员的能力问题、测试计划和测试用例的局限及缺陷。

由于软件系统质量、功能、性能具有很强隐蔽性的特点，用户往往不大可能根据项目开发小组的测试结论来进行项目的验收。最好让用户组织对项目进行试运行，以试运行的结论作为验收的依据之一是比较有说服力的。

【问题 3】

（1）在进行需求分析的时候，同步制订功能确认测试计划和测试用例，同步制订系统整体测试计划和测试用例。

（2）在进行软件系统概要设计时，制订集成测试计划和测试用例。

（3）在进行软件系统详细设计时，制订单元测试计划和测试用例。

（4）在项目计划验收日期前，提前与用户协商系统试运行计划，并给用户进行充分的培训，包括领导和一般操作人员，让系统接受实际运行的考验，在试运行过程中暴露出来的问题，及时进行解决。以软件系统实际运行所表现出来的功能、性能来说服用户对项目进行验收，这通常是更可行的方法。

小　结

本章主要讲述了软件质量的基本概念、质量模型、软件质量管理的过程（质量计划的制订、质量保证的实施和质量控制的实施），还介绍了软件质量管理的两个最常用的国际标准：ISO 9000:2000 和 CMMI 软件能力成熟度模型。

习　题

1. 什么是软件质量？
2. 简要说明 McCall 软件质量模型。
3. 什么是软件质量保证及软件质量保证的主要工作内容？
4. 软件项目质量控制活动有哪些？如何实施？
5. 简述 IOS 9000：2000 标准八项质量管理原则。
6. 获取 ISO 9000 认证的条件和程序是什么？
7. CMMI 的 22 个过程域分为哪 4 类？每一类包括哪些内容？
8. 简述 CMMI 的阶段式表示法的成熟度 5 个等级。

成本管理 ‹‹‹

第 7 章

引言

项目成本估算和项目收益是项目决策的重要依据，是高层领导最关心的问题，在批准的预算内完成项目是项目经理的主要职责之一，项目超出预算是 IT 领域中项目管理存在的主要问题之一。成本管理并不只是把项目的成本进行监控和记录，而是需要对成本数据进行分析，以发现项目的成本隐患和问题，在项目遭受可能的损失之前采取必要的行动。项目成本管理是项目管理的重要组成部分。

学习目标

通过本章学习，应达到以下要求：

- 理解成本和成本管理概念。
- 掌握成本估算的步骤以及常用的方法。
- 掌握成本预算的步骤以及成本预算的结果。
- 掌握成本控制的相关原则以及常用成本管理对策。

内容结构

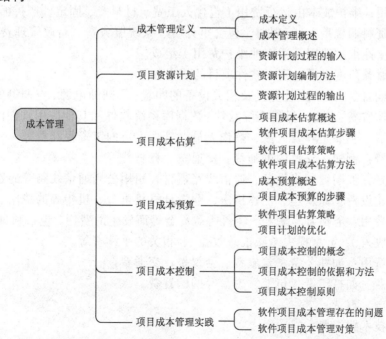

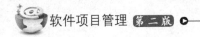

7.1 成本管理定义

争取项目的成功是项目管理的总体目标。其具体的目标是在限定的时间内，在限定的资源（如资金、劳动力、设备材料等）条件下，以尽可能快的进度、尽可能低的费用（成本或投资）圆满完成项目任务。所以，项目成本管理就是在保证满足工程质量、工期等合同要求的前提下，对项目实施过程中所发生的费用，通过计划、组织、控制和协调等活动实现预定的成本目标，并尽可能地降低成本费用的一种科学的管理活动，它主要通过技术（如施工方案的制定比选）、经济（如核算）和管理（如施工组织管理、各项规章制度等）活动达到预定目标，实现盈利的目的。

7.1.1 成本定义

成本是为达到某一目标而使用或放弃的资源。会计通常将成本定义为，为了达到某一特定的目标花费或用掉的资源。项目成本是指项目形成全过程所耗用的各种费用总和。软件项目成本是开发项目而发生的资源消耗的货币体现，包括项目生命周期各阶段的资源消耗。

软件项目的成本作为一个经济学范畴，反映了软件项目在其运行过程中所耗费的各项费用，包括原材料、燃料、动力、折旧、人工费、管理费用、财务费用等项开支的总和。具体内容如下：

（1）从软件生命周期构成的两阶段即开发阶段和维护阶段看，软件的成本由开发成本和维护成本构成。其中，开发成本由软件开发成本、硬件成本和其他成本组成，包括系统软件的分析/设计费用（包含系统调研、需求分析、系统设计）、实施费用（包含编程/测试、硬件购买与安装、系统软件购置、数据收集、人员培训）及系统切换等方面的费用；维护成本由运行费用（包含人工费、材料费、固定资产折旧费、专有技术及技术资料购置费）、管理费（包含审计费、系统服务费、行政管理费）及维护费（包含纠错性维护费用及适应性维护费用）组成。

（2）从财务角度来看，列入软件项目的成本如下：

- 硬件购置费：例如，计算机及相关设备的购置，不间断电源、空调等的购置费。
- 软件购置费：例如，操作系统软件、数据库系统软件和其他应用软件的购置费。
- 人工费：主要是开发人员、操作人员、管理人员的工资福利费等。
- 培训费：例如，支付的讲师费、交通费、耗材费等。
- 通信费：如购置网络设备、通信线路器材，租用公用通信线路等的费用。
- 基本建设费：如新建、扩建机房，购置计算机机台、机柜等的费用。
- 财务费用：企业为筹集生产经营所需资金等而发生的费用，包括利息支出（减利息收入）、汇总损失（减汇总收益）、相关的手续费等。
- 管理费用：如办公费、差旅费、会议费、交通费。
- 材料费：如打印纸、包带、磁盘等的购置费。
- 水、电、汽费。
- 专有技术购置费。

- 其他费用：例如，资料费、固定资产折旧费及咨询费。

不同项目其成本组成比例不一样，在软件开发项目中，人力成本占总成本的比例大，在项目成本管理时，要抓住主要成本费用的控制与管理。

IT 项目经理必须了解一些常用的财务术语：

（1）利润：经济学中的利润概念是指经济利润，等于总收入减去总成本的差额。而总成本既包括显性成本，也包括隐性成本。隐性成本是指稀缺资源投入任一种用途中所能得到的正常的收入，西方经济学中隐性成本又被称为正常利润。将会计利润再减去隐性成本，就是经济学中的利润概念，即经济利润。会计利润是指厂商的总收益减去所有的显性成本或者会计成本以后的余额，显性成本是指厂商为获得生产所需要的各种生产要素而发生的实际支出，主要包括支付给员工的工资，生产中购买的各种原材料、零部件和燃料等。企业所追求的利润就是最大的经济利润。经济利润相当于超额利润，即总收益超过机会成本的部分。利润率：一定时期的利润总额与收入总额的比率。它表明单位收入获得的利润，反映收入和利润的关系。

（2）生命周期成本：指产品在整个生命周期中所有支出费用的总和，包括原料的获取、产品的使用费用等，是指企业生产成本与用户使用成本之和。

（3）有形成本：指最终消费支出的货币形态或实物形态，它是很难用金钱衡量的成本。

（4）直接成本：与生产项目产品和服务直接相关的成本。例如，直接人工费、直接材料费等。

（5）间接成本：指不与生产项目产品和服务直接相关的成本，它是服务于生产过程的各项费用，例如管理人员费用支出、差旅费、固定资产和设备使用费、办公费、医疗保险费等。

（6）沉默成本：沉默成本又称沉没成本，是指由于过去的决策已经发生了的，而不能由现在或将来的任何决策改变的成本。人们在决定是否去做一件事情的时候，不仅是看这件事对自己有没有好处，而且也看过去是不是已经在这件事情上有过投入。把这些已经发生不可收回的支出，如时间、金钱、精力等称为"沉没成本"，沉没成本常用来和可变成本做比较，可变成本可以被改变，而沉没成本则不能被改变。

（7）学习曲线：表示单位产品生产时间与所生产的产品总数量之间关系的一条曲线，有时又称练习曲线。著名经济学家 Wright 在 1936 年根据飞机制造的实践提出了"学习曲线"理论。他通过研究发现：每当产量有一定程度的提升，每架飞机的成本就会有一定程度（如 20%）的下降；员工通过学习，可以实现上述效果，但不同工业部门的"学习效应"不同，具体的学习曲线也因此而千差万别。

（8）储备：包含在项目估算中为未来难以预测的情况留出的余地、减轻成本风险而设立的资金。应急储备是为未规划但可能发生的变更提供的补贴，考虑的是可以部分预测到的未来情况，有时也称为已知的未知，这些变更由风险登记册中所列的已知风险引起。应急储备是成本绩效基准的一部分，同时也属于项目预算。若无估算依据，应急储备可按总成本的一定比例（如 10%）计算。管理储备则是为未规划的范围变更与成本变更而预留的预算，考虑的是不确定的未来情况，有时也称为未知的未知。管理储备的多少取决于管理层对风险的判断，若无估算依据，管理储备可按总成本的一定比例（如 10%）计算。

7.1.2 成本管理概述

IT 项目成本管理包括确保在批准的预算范围内完成项目所需的各个过程。"批准的预算"和"项目"是项目成本管理的两个关键词语。项目经理必须明确项目范围、交付时间和成本估算，努力减少和控制成本满足项目需求。项目的成本管理主要过程如图 7-1 所示。

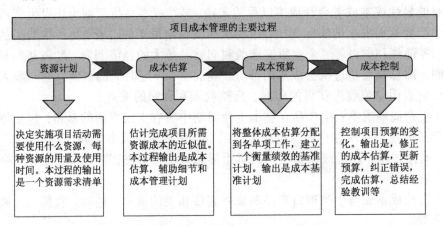

图 7-1 项目成本管理主要过程图

资源计划是要确定完成项目需要什么资源、资源的数量以及什么时候使用这些资源。资源计划是成本估计、成本预算和成本控制的前提，组织和项目的特征将影响资源计划。

成本估算是一个为完成项目各项活动所需要资源的成本的近似估算，主要是针对资源需求进行的。

成本预算是将项目成本估算分配给单个工作任务，制订一个成本基准计划以衡量项目绩效。

成本控制包括监控成本执行绩效，确保一个修改的成本基准计划中仅包括适当的项目变更，以及通知项目干系人那些经核准的、影响成本的项目变更。

以上 4 个过程相互影响、相互作用，有时也与外界的过程发生交互影响，根据项目的具体情况，每一过程由一人或数人或小组完成，在项目的每个阶段，上述过程至少出现一次。以上过程是分开陈述且有明确界线的，实际上这些过程可能是重叠的，相互作用的。

项目成本管理的最终目标是提高项目的经济效益，而不是不断降低成本。成本与收益是相对应的，只有在不影响项目收益的情况下，降低的项目成本才能为企业带来利润。否则，为降低成本而采取劣质的材料，最终将导致项目不能通过验收而无法收回投资，造成实际上的巨大损失。因此，在制订项目成本管理目标时还要考虑其对项目收益的影响，而不是单纯地降低成本。

7.2 项目资源计划

项目资源计划，是指通过分析和识别项目的资源需求，确定出项目需要投入的资源种类（包括人力、设备、材料、资金等）、项目资源投入的数量和项目资源投入的时间，从而制订出项目资源供应计划的项目成本管理活动。

资源计划编制，包括决定为实施项目活动需要使用什么资源（人员、设备和物资）以及每种资源的用量，从何处获取资源、何时需要资源以及如何使用资源等，其主要输出是一份资源需求清单，列出项目需要使用的资源类型、数量，以及 WBS 中各部分需求资源的种类和所需数量。项目资源计划主要涉及项目资源计划编制的输入、工具和方法及输出三方面，如图 7-2 所示。

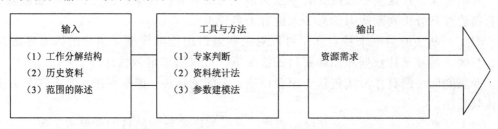

图 7-2 项目资源计划编制工作概述

7.2.1 资源计划过程的输入

项目资源计划的输入包括以下内容：

（1）工作分解结构：工作分解结构（WBS）确认了项目的各项工作（完成这些工作需要资源）。WBS 是资源计划过程的最基本的输入，为确保控制恰当，其他计划过程的相关结果应通过 WBS 作为输入。

（2）历史资料：此处的历史资料是指已完成同类项目在项目所需资源、项目资源计划和项目实际消耗资源等方面的历史信息。此类信息可以作为新项目资源计划的参考资料，借鉴其中的经验和教训。

（3）范围陈述：任何项目都有一个特定的范围，确定了项目的目标、边界及衡量标准。范围的陈述包括项目的合理性论述和项目的目标，这两者均应在资源计划中考虑。

（4）资源库描述：对任何项目资源的种类、特性和数量都是限定的，对资源计划而言，应知道什么资源（人、设备、材料）可供利用。资源库里资源的详尽程度前后不同，例如，在一个工程设计项目的早期，资源库也许是"许多初级与高级工程师"，然而，在同一工程的后期，资源库限定对这个项目有一定了解的工程师，这些工程师参加过早期的工作。

（5）组织结构：项目的组织结构也会影响项目资源计划的编制，包括项目组织的组织结构、项目组织的企业文化、项目组织获得资源的方式和手段以及项目资源管理方面的有关方针和政策。项目组织的管理政策也是制订项目资源计划的依据之一。

7.2.2 资源计划编制方法

制订资源计划有很多的方法，其中最主要的有：

1．专家判断法

专家判断法是以专家为索取信息的对象，运用专家的知识和经验，考虑预测对象的社会环境，直接分析研究和寻求其特征规律，并推测未来的一种预测方法。专家判断法对于资源计划的制订是最为常用的，专家可以是任何具有特殊知识或经过特别培训的组织和个人，既可以是项目组织本身或组织其他部门的专业技术人员，也可以是来自咨询顾问公司、职业或技术协会的专家、教授等。

专家判断法的一个突出特点就在于参加预测的人员必须是与预测问题有关的专家。所谓专家，在这里一般指具有专业知识、精通业务、在某些方面积累丰富经验、富有创造性和分析判断能力的人（无论有无名望）。

专家判断法的另一个特点在于可以对某些难以用数学模型定量化的因素考虑在内，在缺乏足够统计数据和原始资料的情况下，可以给出定量估计。

专家判断法的具体形式包括专家会议法、头脑风暴法、德尔菲法、个人判断法和集体判断法。

（1）专家会议法又称专家会议调查法，是根据市场预测的目的和要求，向一组经过挑选的有关专家提供一定的背景资料，通过会议的形式对预测对象及其前景进行评价，在综合专家分析判断的基础上，对市场趋势做出量的推断。

（2）头脑风暴法是组织各类专家相互交流意见，无拘无束地畅谈自己的想法，敞开思想发表自己的意见，在头脑中进行智力碰撞，产生新的思想火花，使预测观点不断集中和深化，从而提炼出符合实际的预测方案。

（3）德尔菲法实际上就是专家小组法，或专家意见征询法。这种方法是按一定的程序，采用背对背的反复函询的方式，征询专家小组成员的意见，经过几轮的征询与反馈，使各种不同的意见渐趋一致，经汇总和用数理统计方法进行收敛，得出一个比较合理的预测结果供决策者参考。

（4）个人判断法是用规定程序对专家个人进行调查的方法。这种方法是依靠个别专家的专业知识和特殊才能来进行判断预测的。

（5）集体判断法是在个人判断法的基础上，通过会议进行集体的分析判断，将专家个人的见解综合起来，寻求较为一致的结论的预测方法。这种方法参加的人数多，所拥有的信息量远远大于个人拥有的信息量，因而能凝集众多专家的智慧，避免个人判断法的不足，在一些重大问题的预测方面较为可行可信。但是，集体判断的参与人员也可能受到感情、个性、时间及利益等因素的影响，不能充分或真实地表明自己的判断。

2．资料统计法

资料统计法是指使用历史项目的统计数据资料，计算和确定项目资源计划的方法。这种方法中使用的历史统计资料必须有足够的样本量，而且有具体的数量指标以反映项目资源的规模、质量、消耗速度等。通常这些指标又可以分为实物量指标、劳动量指标和价值量指标。实物量指标多数用来表明物质资源的需求数量，这类指标一般表现为绝对数指标。劳动量指标主要用于表明人力的使用，这类指标可以是绝对量也可以相对量指标。价值量指标主要用于表示资源的货币价值，一般使用本国货币币值表示的活劳动或物化劳动的价值。利用资料统计法计算和确定项目资源计划能够得出比较准确合理和切实可行的项目资源计划。但是，这种方法要求有详细的历史数据，并且要求这些历史数据要具有可比性，所以这种方法的推广和使用有一定难度。

使用资料统计法对所采用的历史数据具有较高的要求，不仅要求有较高的可比性且要求数据足够详细。因此，这种方法只能作为资源计划编制的辅助手段，且不适于用于创新型的项目。

3．参数建模法

参数建模是把项目的这些特征作为参数，通过建立一个数学模型预测项目成本。模型可简单（如居民住房成本是以每平方尺的居住面积的成本作为参数），也可复杂（如软件研制的模型涉及 13 个独立参数因子，每个因子有 5～7 个子因子）。

参数建模的成本和可靠性各不相同，参数建模法在下列情况下是可靠的：

（1）用来建模的历史数据是精确的。

（2）用来建模的参数容易定量化。

（3）模型对大型项目适用，也对小型项目适用。

7.2.3　资源计划过程的输出

资源计划过程的输出结果包括一份资源需求清单。

在资源清单中列明各种资源的名称、资源可以利用时间的极限、资源标准及过时率、资源的收益方法和文本说明。

7.3　项目成本估算

成本估算是项目计划活动的基石，软件项目在确定范围后就要进行估算。估算的目的是为了制订一个预算，从而让项目在可控的状态下完成。项目经理只有认真估算项目成本，才有可能在预算内完成项目。

7.3.1　项目成本估算概述

项目成本估算是指根据项目的资源需求和计划，以及各种项目资源的价格信息，估算和确定项目各种活动的成本和整个项目总成本的一项项目成本管理工作。项目成本估算最主要的任务是确定用于项目所需人、机、料、费等成本和费用的概算。

项目成本估算根据估算精度的不同可分为多种类型，一般情况下有：初步项目成本估算、技术设计后的控制估算和详细设计后的最终估算等几种不同精度的项目成本估算。初步项目成本估算简称初步估算，是在项目初始阶段许多项目的细节尚未确定之时对项目成本进行的粗略估计，其估算误差一般是–25%～75%；控制估算是在项目完成了设计之后进行的更详细的项目成本估算，其估算误差一般是–10%～25%；而最终估算是等到项目各种细节已经确定之后进行的详细项目成本估算，其估算误差一般是–5%～25%。表 7-1 列出了 3 种估算的详细情况。

表 7-1　项目成本估算的种类及各自的特点

种　类	初　步　估　算	控　制　估　算	最　终　估　算
进行时期	可行性研究后期	项目计划阶段、伴随项目工作内容的精确确定而进行	项目实施阶段
主要依据	项目组的可行性研究和报告所做的估算	最新的市场价格	项目进程中一些重大工作的详细估算，及最新的估算和预测
特点	较为粗略	比较精确	精确
精度程度	−25%～75%	−10%～25%	−5%～10%
作用	为管理部门提供初步的经济情况，并为筹措资金提供依据	为筹措资金提供依据，也可用来明确责任和实施成本控制。宜与正式的风险分析同时进行	依据不同时期的项目情况为项目管理提供精确信息，是控制项目成本的工具
其他说法	棒球场估算、概念估算、可能性估算、SWAG（科学粗略解剖）估算、量级（顺序）估算	自上而下估算、分析估算、预算估算	详细估算、WBS估算、工程估算

　　一些大型项目的成本管理都是分阶段做出不同精度的成本估算，然后逐步细化和精确的。

7.3.2　软件项目成本估算步骤

　　软件项目成本估算的步骤包括：

1．估算项目规模

　　确定软件项目规模，就是确定目标软件的数据和控制、功能、性能、约束、接口以及可靠性。这项工作和需求分析是很类似的，如果之前已经达成需求分析规约，那么可以直接从《需求分析说明书》中把有用的部分拿来使用。对项目规模进行估算是为了将项目的范围进行量化，项目规模的估算是整个软件估算中最核心、最基础的环节，也是整个估算的第一步。软件项目的规模可以使用功能点估算法和代码行估算法两种方式，但是作为项目初期阶段，使用功能点法进行估算会比较合理。具体的估算方法见下面的介绍。

2．估算项目工作量

　　在项目规模的基础上，可以利用组织级生产率得到项目总的工作量。例如，一个公司组织每开发一个功能点需要花费 1.5 个人/天的工作量。假如该公司某项目有 200 个功能点，那么该项目的工作量就可以通过以下公式计算出来：

$$项目工作量 = 200 \times 1.5 = 300 人/天$$

3．估算工作所需资源

　　软件工作所需资源包括：工作环境（软硬件环境、办公室环境）、可复用软件资源（构件、中间件）、人力资源（包括不同各种角色的人员：分析师、设计师、测试师、程序员、项目经理……）。这 3 种资源的组成比例，可以看作一个金字塔的模式，最上面是人力资源，其次是可复用软件资源，最下面是工作环境。最上面的是组成比例最小的部分，最下面的是组成比例最大的部分。

4．估算项目成本

在成本估算过程中，对软件成本的估算是最困难和最关键的。在完成了工作量估算后，使用一定的方法就可估计项目的成本。

7.3.3 软件项目估算策略

软件项目的估算策略可分为以下几种类型：

1．自上而下估算法

自上而下估算法又称自顶向下估算法，是从项目的整体出发，进行类推，即估算人员根据以往完成类似项目所消耗的总成本或工作量，来推算将要开发的信息系统的总成本或工作量。然后，按比例将它分配到各个开发任务单元中，是一种自上而下的估算形式，通常在项目的初期或信息不足时进行，例如，在合同期和市场招标时等。不是非常精确的时候或在高层对任务进行总的评估时采用这种方法。该方法的特点是简单易行和花费少，但具有一定的局限性，准确性差，可能导致项目出现困难。

2．自下而上估算法

自下而上估算法是利用工作分解结构图，对各个具体工作包进行详细的成本估算，然后将结果累加起来得出项目总成本。用这种方法估算的准确度较好，通常是在项目开始以后，或者 WBS 已经确定的开发阶段等，需要进行准确估算时采用。其特点是这种方法最为准确，它的准确度来源于每个任务的估算情况，非常费时费力。估算本身也需要成本支持，而且可能发生虚报现象。

3．参数估算法

参数估算法是一种使用项目特性参数建立数据模型来估算成本的方法，是一种统计技术，如回归分析和学习曲线。数学模型可以简单也可以复杂，有的是简单的线性关系模型，有的模型则比较复杂。一般参考历史信息，重要参数必须量化处理，根据实际情况，对参数模型按适当比例调整。每个任务必须至少有一个统一的规模单位，例如，平方米（m^2）、米（m）、台、KLOC、FP、人天、人月、人年等。其中的参数如××元/m^2、××元/m、××元/台、××元/KLOC、××元/FP、××元/人·天。一般来说，存在成熟的项目估算模型和具有良好的数据库数据为基础时可以采用。其特点比较简单，而且也比较准确，是常用的估算方法。但是，如果模型选择不当或者数据不准，也会导致偏差。

通常有两类模型用于估算成本，即成本模型和约束模型。

成本模型是提供工作量或规模的直接估计方法，常常有一个主要的成本因素，例如规模，还有很多的次要调节因素或成本驱动因素。典型的成本模型是通过历史项目数据，进行回归分析得出的基于回归分析的模型。

约束模型显示出两个或多个工作量参数、持续时间参数或人员参数之间时间变化的关系，例如，PRICE-S 和 Putnam 模型。

4．专家估算法

专家估算法是由多位专家进行成本估算，一个专家可能会有偏见，最好由多位专家进行估算，取得多个估算值，最后得出综合的估算值。其中，最著名的是 Delphi

方法，该方法的基本步骤如下：

（1）组织者发给每位专家一份信息系统的规格说明和一张记录估算值的表格，请他们估算。

（2）专家详细研究软件规格说明后，对该信息系统提出 3 个规模的估算值。

- 最小值 a。
- 最可能值 m。
- 最大值 b。

（3）组织者对专家表格中的答复进行整理，计算每位专家的平均值 $E_i=(a+4m+b)/6$，然后计算出期望值：$E=(E_1+E_2+\cdots+E_n)/n$。

（4）综合结果后，再组织专家无记名填表格，比较估算偏差，并查找原因。

（5）上述过程重复多次，最终可以获得一个多数专家共识的软件规模。

5. 猜测法

猜测法是一种经验估算法，进行估算的人有专门的知识和丰富的经验，据此提出一个近似的数据，是一种原始的方法，只适用于要求很快拿出项目大概数字的情况，对于要求详细估算的项目是不适合的。

最后，介绍一下目前企业软件开发过程中常用的软件成本估算方式，它是一种自下而上和参数法的结合模型。步骤如下：

（1）对任务进行分解。

（2）估算每个任务的最大值 max，最小值 min，平均值 avg。

（3）计算每个任务的估算值 $E_i=(\text{max}+4\text{avg}+\text{min})/6$。

（4）计算直接成本 $=E_1+E_2+\cdots+E_i+\cdots+E_n$。

（5）计算估算成本＝直接成本＋间接成本。

（6）计算总成本＝估算成本＋风险基金＋税。

其中：

风险基金＝估算成本×a%（一般情况：a 为 10～20）

税＝估算成本×b%（一般情况 b 为 5 左右）

间接成本是指直接成本之外的成本，如安装、培训、预防性维护、备份与恢复的费用，以及与运行系统相关的劳务和材料费、管理费、相关补助费用及其他等。

7.3.4　软件项目成本估算方法

常用的软件项目成本估算方法包括：

1. 类推估算法

类推估算法包括下列步骤：

（1）整理出项目功能列表和实现每个功能的代码行。

（2）标识出每个功能列表与历史项目的相同点和不同点，特别要注意历史项目做得不够的地方。

（3）通过步骤（1）和（2）得出各个功能的估计值。

（4）产生规模估计。

软件项目中用类推法，往往还要解决可复用代码的估算问题。估计可复用代码量的最好办法就是由程序员或分析员详细地考查已存在的代码，估算出新项目可复用的代码中需重新设计的代码百分比、需重新编码或修改的代码百分比以及需重新测试的代码百分比。根据这 3 个百分比，可用下面的计算公式计算等价新代码行：

$$等价代码行 = \frac{重新设计\% + 重新编码\% + 重新测试\%}{3} \times 已有代码行$$

例如，有 10 000 行代码，假定 30%需要重新设计，50%需要重新编码，70%需要重新测试，那么其等价的代码行可以计算为：$\dfrac{30\% + 50\% + 70\%}{3} \times 10000 = 5000$。

2．功能点估计法

1979 年，IBM 公司首先开发了功能点（Function Point，FP）的方法，用于在尚未了解设计的时候评估项目的规模。功能点表示法是一种按照统一方式测定应用功能的方法，最后的结果是一个数。这个结果数可以用来估计代码行数、成本和项目周期。不过要正确、一致地应用这种方法还需要大量的实践。

功能点是用系统的功能数量来测量其规模，它以一个标准的单位来度量软件产品的功能，与实现产品所使用的语言和技术没有关系。该方法包括两个评估，即评估产品所需要的内部基本功能和外部功能。然后，根据技术复杂度因子（权）对它们进行量化，产生产品规模的最终结果。功能点计算由下列步骤组成：

（1）首先确定应用程序必须包含的功能（例如，"回溯""显示"）。国际功能点用户组（International Function Point Users Group，IFPUG）已经公布了相关标准，说明哪些部分组成应用的一个功能，但是他们是从用户的角度来说明。通常来说，一个功能等价于处理显示器上的一屏显示或者一个表单。

（2）对每一项功能，通过计算 4 类系统外部行为或事务的数目，以及一类内部逻辑文件的数目来估算由一组需求所表达的功能点数目。在计算未调整功能点计数时，应该先计算功能计数项，在计算功能计数项时，这 5 类功能计数项分别是：

- 外部输入：指用户可以根据需要通过增、删、改来维护内部文件。只有那些对功能的影响方式与其他外部输入不同的输入才计算在内。因此，如果应用的一个功能是两个数做减法，那么它的 EI（外部输入）=1 而不是 EI=2。另一方面，如果输入 A 表示要求计算加法而输入 S 表示减法，那么这时 EI 就是 2。
- 外部输出：指那些向用户提供的用来生成面向应用的数据的项。只有单独算法或者特殊功能的输出才计算在内。例如，用不同字体输出字符的过程算做 1；不包括错误信息。若数据的图表表示外部输出则是 2（其中 1 个代表数据，另外 1 个代表样式）。分别输送到特殊终端文件（例如，打印机和监视器）的数据也要分别计数。
- 外部查询：指用户可以通过系统选择特定的数据并显示结果。为了获得这项结果，用户要输入选择信息抓取符合条件的数据。此时没有对数据的处理，是直接从所在的文件抓取信息。每个外部独立的查询计为 1。
- 外部文件：这种文件是在另一系统中驻留由其他用户进行维护，该数据只供系统用户参考使用。这一项计算记录在应用程序外部文件中的单一数据组中。

- 内部文件：内部文件指客户可以使用他们负责维护的数据，每个单一的用户数据逻辑组计为 1。这种逻辑组的联合不计算在内；处理单独一个逻辑组的每个功能域都使此项数值加 1。

（3）在估算中对 5 类功能计数项中的每一类功能计数项按其复杂性的不同分为简单（低）、一般（中）和复杂（高）3 个级别。功能复杂性是由某一功能的数据分组和数据元素共同决定的。计算数据元素和无重复的数据分组后，将数值和复杂性矩阵对照，就可以确定该功能的复杂性属于高、中、低。表 7-2 是 5 类功能计数的复杂等级。产品中所有功能计数项加权的总和，就形成了该产品的未调整功能点计数（UFC）。

表 7-2　5 类功能计数的复杂等级

项 \ 权重	复杂度权重因素		
	简单	一般	复杂
外部输入	3	4	6
外部输出	4	5	7
外部查询	3	4	6
外部文件	5	7	10
内部文件	7	10	15

（4）这一步是要计算项目中 14 个技术复杂度因子（TCF）。表 7-3 是 14 个技术复杂度因子，每个因子的取值范围是 0～5。实际上给出的仅仅是一个范围，它反映出对当前项目的不确定程度。而且，这里同样要求用一致的经验来估计每个变量的值。同样复杂的外部输出产生的功能点计数要比外部查询、外部输入多出 20%～33%。由于一个外部输出意味着产生一个有意义的需要显示的结果，因此相应的权应该比外部查询、外部输入高一些。

表 7-3　技术复杂度因子

编 号	含 义	编 号	含 义
F_1	可靠的备份和恢复	F_2	数据通信
F_3	分布式函数	F_4	性能
F_5	大量使用的配置	F_6	联机数据输入
F_7	操作简单性	F_8	在线升级
F_9	复杂界面	F_{10}	复杂数据处理
F_{11}	重复使用性	F_{12}	安装简易性
F_{13}	多重站点	F_{14}	易于修改

（5）最后根据功能点计算公式 FP=UFC×TCF 计算出调整后的功能点总和。

其中：UFC 表示未调整功能点计数，TCF 表示技术复杂因子。功能点计算公式的含义：如果对应用程序完全没有特殊的功能要求（即综合特征总值=0），那么功能点数应该比未调整的（原有的）点数降低 35%。否则，除了降低 35% 之外，功能点数还应该比未调整的点数增加 1% 的综合特征总值。

表 7-4 所示为每个因子取值范围的情况。技术复杂度因子的计算公式为：

$$TCF=0.65+0.01（sum（F_i））$$

其中：i=1，2，…，14，F_i 的取值范围是 0~5，所以 TCF 的结果范围是 0.65~1.35。

表 7-4　显示每个因子取值范围

调 整 系 数	描　　　述
0	不存在或没有影响
1	不显著的影响
2	相当的影响
3	平均的影响
4	显著的影响
5	强大的影响

尽管功能点计算方法是结构化的，但是权重的确定是主观的，另外要求估算人员要仔细地将需求映射为外部和内部的行为，必须避免双重计算。所以，这个方法也存在一定的主观性。

功能点可以按照一定的条件转换为软件代码行（LOC）。表 7-5 是一个转换表，它是针对各种语言的转换率，根据业界的经验研究得出的。

表 7-5　功能点到代码行的转换表

语　　　言	代码行/FP
汇编语言	320
C	128
C++	64
VB	32
JAVA	30
SQL	12

3. 经验成本估算模型

（1）SLIM 模型：1979 年前后，Putnam 在美国计算机系统指挥中心资助下，对 50 个较大规模的软件系统花费估算进行研究，并提出 SLIM（Software Lifecycle Model）商业化的成本估算模型。SLIM 基本估算方程（又称为动态变量模型）式为

$$L=C_K K^{\frac{1}{3}} t_d^{\frac{4}{3}}$$

式中，L 和 t_d 分别表示可交付的源指令数和开发时间（单位为年）；K 是整个生命周期内人的工作量（单位为人年），可从总的开发工作量 ED=0.4K 求得；C_K 是根据经验数据而确定的常数，表示开发技术的先进性级别。如果软件开发环境较差（没有一定的开发方法，缺少文档，评审或批处理方式），取 C_K=6 500；正常的开发环境（有适当的开发方法，较好的文档和评审，以及交互式的执行方式），C_K=10 000；如果是一个较好的开发环境（自动工具和技术），则取 C_K=12 500。

变换上式，可得开发工作量方程为：

$$K = \frac{L^3}{C_K^3 t_d^4}$$

SLIM除了提供开发时间和成本估算外，还提供可行性及项目计划中其他有关信息。

（2）COCOMO模型：基本COCOMO模型是一个静态单变量模型，它用一个已估算出来的源代码行数（LOC）为自变量的函数来计算软件开发工作量。中级COCOMO模型则在用LOC为自变量的函数计算软件开发工作量的基础上，再用涉及产品、硬件、人员、项目等方面属性的影响因素来调整工作量的估算。高级COCOMO模型包括中级COCOMO模型的所有特性，但用上述各种影响因素调整工作量估算时，还要考虑对项目过程中分析、设计等各步骤的影响。

模型的核心是方程$ED=rSc$和$TD=a(ED)b$给定的幂定律关系定义。其中，ED为总的开发工作量（到交付为止），单位为人月；S为源指令数（不包括注释，但包括数据说明、公式或类似的语句），常数r和c为校正因子。S的单位为10^3，ED的单位为人·月。TD为开发时间，经验常数r、c、a和b取决于项目的总体类型（结构型、半独立型或嵌入型），如表7-6所示。

表7-6　工作量和进度的基本COCOMO方程

开 发 类 型	工 作 量	进 度
结构型	ED=2.4S1.05	TD=2.5(ED)0.38
半独立型	ED=3.0S1.12	TD=2.5(ED)0.35
嵌入型	ED=3.6S1.20	TD=2.5(ED)0.32

通过引入与15个成本因素有关的r作用系数将中级模型进一步细化，这15个成本因素如表7-7所示。

表7-7　影响r值的15个成本因素

类 型	成 本 因 素
产品属性	（1）要求的软件可靠性；（2）数据库规模；（3）产品复杂性
计算机属性	（1）执行时间约束；（2）主存限制；（3）虚拟机变动性；（4）计算机周转时间
人员属性	（1）分析人员能力；（2）应用经验；（3）程序设计人员能力；（4）虚拟机经验；（5）程序设计语言经验
工程属性	（1）最新程序设计实践；（2）软件开发工具的作用；（3）开发进度限制

根据各种成本因素将得到不同的系数，虽然中级COCOMO方程与基本COCOMO方程相同，但系数不同，由此得出中级COCOMO估算方程，如表7-8所示。

表7-8　中级COCOMO工作量估算方法

开 发 类 型	工作量方法
结构型	(ED)NOM=3.2S1.05
半独立型	(ED)NOM=3.0 S 1.12
嵌入型	(ED)NOM=2.8S1.20

高级 COCOMO 模型允许将项目分解为一系列的子系统或者子模型，这样可以在一组子模型的基础上更加精确地调整一个模型的属性。当成本和进度的估算过程转换到开发的详细阶段时，就可以使用这一机制。高级的 COCOMO 对于生命周期的各个阶段使用不同的工作量系数。

4．基于代码行的成本估算方法

这是一种自底向上的成本估算方法，既从模块开始进行估算，步骤如下：

（1）确定代码行：首先将功能反复分解，直到可以对为实现该功能所要求的源代码行数能做出可靠的估算为止，对各个子功能，根据经验数据或实践经验，可以给出极好、正常和较差 3 种情况下的源代码估算行数期望值，分别用 a、m、b 表示。

（2）求期望值 L_e 和偏差 L_d：

$$L_e = (a+4m+b)/6$$

式中，L_e 为源代码行数据的期望值，如果其概率遵从 β 分布，并假定实际的源代码行数处于 a、m、b 以外的概率极小，则估算的偏差 L_d 取标准形式：

$$L_d = \sqrt{\sum_{i=1}^{n}\left(\frac{b-a}{6}\right)^2}$$

式中，n 表示软件功能数量。

（3）根据经验数据，确定各个子功能的代码行成本。

（4）计算各个子功能的成本和工作量，并计算任务的总成本和总工作量。

（5）计算开发时间。

（6）对结果进行分析比较。

例如，下面是某个 CAD 软件包的开发成本估算。

这是一个与各种图形外围设备（如显示终端、数字化仪和绘图仪等）接口的微机系统，其主要功能如表 7-9 所示。

表 7-9　代码行的成本估算

功能	a	m	b	L_e	L_d	元/行	行/人月	成本/ （美元）	工作量/ （人月）
用户接口控制	1 800	2 400	2 650	2 340	140	14	315	32 760	7.4
二维几何图形分析	4 100	5 200	7 400	5 380	550	20	220	107 600	24.4
三维几何图形分析	4 600	6 900	8 600	6 800	670	20	220	13 600	30.9
数据结构管理	2 950	3 400	3 600	3 350	110	18	240	60 300	13.9
计算机图形显示	4 050	4 900	6 200	4 950	360	22	200	108 900	24.7
外围设备控制	2 000	2 100	2 450	2 140	75	28	140	59 920	15.2
设计分析	6 600	8 500	9 800	8 400	540	18	300	151 200	28.0
总计				33 360	1 100			656 680	144.5

第一步：列出开发成本表。表中的源代码行数是开发前的估算数据。观察表的前3 列数据可以看出：外围设备控制功能所要求的极好与较差的估算值仅相差 450 行，而三维几何图形分析功能相差达 4 000 行，这说明前者的估算把握性比较大。

第二步：求期望值和偏差值，计算结果列于表的第 4 列和第 5 列。整个 CAD 系统的源代码行数的期望值为 33 360 行，偏差为 1 100。假设把极好与较差的两种估算结果作为各软件功能源代码行数的上、下限，其概率为 0.99，根据标准方差的含义，可以假设 CAD 软件需要 32 000～34 500 行源代码的概率为 0.63，需要 26 000～41 000 行源代码的概率为 0.99。可以应用这些数据得到成本和工作量的变化范围，或者表明估算的冒险程度。

第三步：对各个功能使用不同的生产率数据，既美元/行、行/（人月），也可以使用平均值或经调整的平均值。这样就可以求得各个功能的成本和工作量。表中的最后两项数据是根据源代码行数的期望值求出的结果。计算得到总的任务成本估算值为 657 000 美元，总工作量为 145 人月。

第四步：使用表中的有关数据求出开发时间。假设此软件处于"正常"开发环境，既 $C_K=10000$，并将 $L\approx33000$，$K=145$ 个月≈12 人年，代入方程：

$$t_d=(L^3/C_K^3K)^{1/4}$$

则开发时间为

$$t_d=(33000^3/10000^3\times12)^{1/4}\approx1.3\ 年$$

第五步：分析 CAD 软件的估算结果。这里要强调存在标准方差 1 100 行，根据表中的源代码行估算数据，可以得到成本和开发时间偏差，它表示由于期望值之间的偏差所带来的风险。由表 7-10 可知：源代码行数在 26 000～41 000 之间变化（准确性概率保持在 0.99 之内），成本在 512 200～807 700 美元之间变化。同时如果工作量为常数，则开发时间为 1.1～1.5。这些数值的变化范围表明了与项目有关的风险等级。由此，软件管理人员能够在早期了解风险情况，并建立对付偶然事件的计划。最后，还必须通过其他方法来交叉检验这种估算方法的正确性。

表 7-10　成本和开发时间偏差

准确率	源代码/行	成本/（美元）	开发时间/年
$-3\times L_d$	26 000	512 200	1.1
期望值	33 000	650 100	1.3
$3\times L_d$	41 000	807 700	1.5

7.4　项目成本预算

项目成本预算是一项制订项目成本控制标准的项目管理工作，它涉及根据项目的成本估算为项目各项具体工作分配和确定预算、成本定额，以及确定整个项目总预算的管理工作。

7.4.1　成本预算概述

成本预算是将项目的总成本分配到各工作项和各阶段上。

项目预算具有计划性、约束性、控制性三大特征。

计划性指在项目计划中，根据工作分解结构项目被分解为多个工作包，形成一种系统结构。项目成本预算就是将成本估算总费用尽量精确地分配到 WBS 的每一个组成部分，从而形成与 WBS 相同的系统结构。因此，预算是另一种形式的项目计划。

约束性是因为项目高级管理人员在制订预算的时候均希望能够尽可能"正确"地为相关活动确定预算，既不过分慷慨，以避免浪费和管理松散，也不过于吝啬，以免项目任务无法完成或者质量低下，故项目成本预算是一种分配资源的计划。预算分配的结果可能并不能满足所涉及的管理人员的利益要求，而表现为一种约束，所涉及人员只能在这种约束的范围内行动。

控制性是指项目预算的实质就是一种控制机制。

为了使成本预算能够发挥它的积极作用，在编制成本预算时应掌握以下一些原则：

（1）项目成本预算要与项目目标相联系，包括项目质量目标、进度目标。成本与质量、进度之间关系密切，三者之间既统一又对立，所以，在进行成本预算确定成本控制目标时，必须同时考虑到项目质量目标和进度目标。项目质量目标要求越高，成本预算也越高；项目进度越快，项目成本越高。

（2）项目成本预算要以项目需求为基础。项目成本预算同项目需求直接相关，项目需求是项目成本预算的基石。如果以非常模糊的项目需求为基础进行预算，则成本预算不具有现实性，容易发生成本的超支。

（3）项目成本预算要切实可行。编制成本预算过低，经过努力也难达到，实际费用很低，预算过高，便失去作为成本控制基准的意义。故编制项目成本预算，要根据有关的财经法律、方针政策，从项目的实际情况出发，充分挖掘项目组织的内部潜力，使成本指标既积极可靠，又切实可行。

项目成本预算应当有一定的弹性。

7.4.2　项目成本预算的步骤

1．分摊总预算成本

项目预算的第一步是要把总预算成本分摊到项目的各项具体活动和各个具体项目阶段。图 7-3 所示为一个分摊总成本的例子。

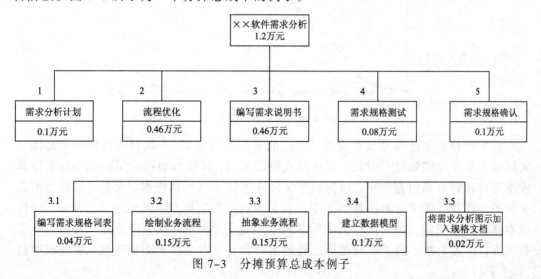

图 7-3　分摊预算总成本例子

2. 制订累计预算成本

对于某软件需求分析项目，该项目部分预算成本表如表 7-11 所示。该项目总预算是 1.2 万元人民币，预计为 20 天。为了监控成本，需要把每项活动的费用按天分摊。预算累计量就是从项目启动到报告期之间所有预算成本的求和。从表 7-11 可以看出，本项目到 12 天的累计量是 7 500 元人民币。

表 7-11　项目每天分摊预算与预算累计表　　　　　　　单位：千元

活动	天												活动小计
	1	2	3	4	5	6	7	8	9	10	11	12	
需求分析计划	0.3	0.3	0.4										1
流程优化				0.8	0.8	0.9	0.7	0.7	0.7				4.6
需求词汇表										0.4			0.4
绘制业务流程											0.8	0.7	1.5
…													
预算累计	0.3	0.6	1	1.8	2.6	3.5	4.2	4.9	5.6	6	6.8	7.5	7.5

7.4.3　项目成本预算的结果

1. 基准预算

项目基准预算又称费用基准，它以时段估算成本进一步精确、细化编制而成，通常以时间-成本累计曲线（S 曲线）的形式表示，是按时间分段的项目成本预算，是项目管理计划的重要组成部分，用来度量项目的绩效。例如，根据表 7-11 中的数据，可以给出时间-成本累计曲线，如图 7-4 所示。

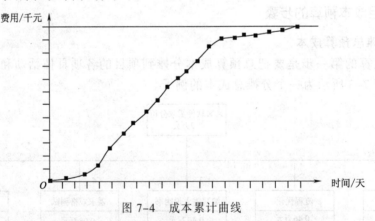

图 7-4　成本累计曲线

整个项目的累计预算成本或每一阶段的累计预算成本，在项目的任何时期都能与实际成本和工作绩效进行对比。对项目或阶段来说，仅仅将消耗的实际成本与总预算成本进行比较容易引起误解，因为只要实际成本低于总预算成本，成本绩效看起来总是好的。在软件需求分析项目例子中，我们认为只要实际总成本低于 1.2 万元，项目成本就得到了控制。但当某一天实际总成本超过了总预算成本 1.2 万元，而项目还没有完成，该怎么办？到了项目预算已经超出而仍有剩余工作要做的时候，要完成项目就必须增加费用，此时再打算进行成本控制就太晚了。为了避免这样的事情发生，就要利用累计预算成本而不是总预算成本作为标准来与实际成本进行比较。如果实际成本超过累计预算成本时，就可以在不算太晚的情况下及时采取改正措施。

2．实际成本累计

例如，假设现在项目进行到第 11 天，将前 11 天的成本填入表 7-12 中，可以看出到第 11 天为止，实际成本累计 6 100 元人民币。

表 7-12　项目每天实际成本累计表　　　　　　　　单位：千元

活动	天									活动小计
	4	5	6	7	8	9	10	11	12	
需求分析计划	1.0									1.0
流程优化	0.6	0.6	0.5	0.7	05	0.6	0.7			4.2
需求规格词汇表							0.3			0.3
绘制业务流程							0.6			0.6
…										
每天实际成本小计	1.6	0.6	0.5	0.7	0.5	0.6	0.7	0.9		
从项目开始累计成本	1.6	2.2	2.7	3.4	3.9	4.5	5.2	6.1		

将报告期的实际成本累计与预算累计相比，可以知道经费开支是否超出预算。若实际成本累计小于预算累计，则说明没有超支。但这仅仅是就时间进程而言的，没有与项目的工作进程直接比较。虽然，经费开支没有超出预算，但是，如果没有完成相应的工作量，也不能说明成本计划执行得好。监控成本计划，还要引入盈余累计指标。

3．盈余累计

把一项活动从开工到报告期实际完成的百分比称为完工率。一项活动总的分摊预算与该项活动的完工率的乘积称为盈余量。例如，活动"流程优化"分摊预算是 4 600 元，在前 3 天完成任务的 45%，前 4 天完成任务的 60%，前 5 天完成任务的 75%，则活动在前 3、4、5 天的盈余分别是 2 070 元（4 600×45%=2 070）、2 760 元、3 450 元。盈余累计就是从项目启动到报告期之间各项活动盈余量之和。表 7-13 是某软件需求分析项目的前 8 天的盈余累计。

表 7-13　项目累计盈余表　　　　　　　　单位：千元

活　动	天									活动小计
	4	5	6	7	8	9	10	11	12	…
需求分析计划	1.0	1.0	1.0	1.0	1.0					1.0
流程优化	0.46	1.15	2.07	2.76	3.45.					2.76
需求规格词汇表										
…										
累计盈余	1.46	2.15	3.07	3.76	4.45					

将分摊预算累计、实际成本累计和盈余累计 3 个指标一一计算后，可以绘制比较

表，如表7-14所示。

表7-14　项目3个累计量比较表　　　　　　　单位：千元

项　　目	天									
	1	2	3	4	5	6	7	8	…	20
分摊预算累计	0.3	0.6	1.0	1.8	2.6	3.5	4.2	4.9		
实际成本累计	0.3	0.6	1.0	1.6	2.2	2.7	3.4	3.9		
盈余累计	0.3	0.6	1.0	1.46	2.15	3.07	3.76	4.45		

4．成本绩效分析

进行成本绩效分析时，通常选用4个指标：总预算成本（TBC）、累计预算成本（CBC）、累计实际成本（CAC）和累计盈余量（CEV）。一般是将CBC、CAC、CEV曲线画在同一个坐标轴上，以此来分析项目成本的绩效，如图7-5所示。

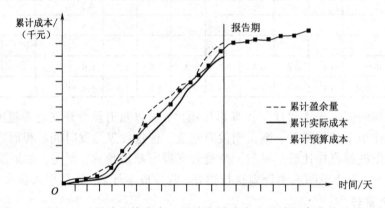

图7-5　累计预算成本、累计实际成本和累计盈余曲线

衡量成本绩效的指标是成本绩效指数（Cost Performance Index，CPI），它是衡量正进行项目的成本效率。确定CPI的公式为：

成本绩效指数（CPI）=累计盈余量（CEV）/累计实际成本（CAC）

例如，软件需求分析项目中，第8天的CPI=4 450元/3 900元=1.14。

在报告期若实际成本累计小于分摊预算累计，而且盈余累计大于成本累计，说明成本计划和进度计划都得到较好的控制。而如果盈余累计小于实际成本累计，说明没完成进度计划。若某报告期实际成本累计大于分摊预算累计，即实际发生成本超出预算，说明成本计划没有得到很好执行。在这种情况下，若盈余累计也大于分摊预算累计，说明虽然开支超出了预算，但实际完成的工作量也超过了计划工作量，估计问题不大。

另一个衡量成本绩效的指标是成本差异（Cost Variance，CV），它是累计盈余与累计实际成本之差。确定CV的公式为

成本绩效指数（CV）=累计盈余量（CEV）－累计实际成本（CAC）

对于软件需求分析项目在第8天的CV=4450元–3900元=550元。这一结果表明，第8天工效值比已花费的实际成本多550元，它是工程绩效超前实际成本的另一个指

标。

7.4.4 项目计划的优化

1. 工期优化

工期优化是指在不改变项目范围的前提下，压缩计算工期，以满足规定工期的要求，或在一定约束条件下，使工期最短的过程。

（1）网络计划调整的内容：

* 调整关键线路的长度。
* 调整非关键工作时差。
* 增、减工作项目。
* 调整逻辑关系。
* 重新估计某些工作的持续时间。
* 对资源的投入做相应调整。

（2）网络计划调整的方法：

* 调整关键线路的方法。
* 非关键工作时差的调整方法。
* 增、减工作项目时的调整方法。
* 调整逻辑关系。
* 调整工作的持续时间。
* 调整资源的投入。

进行工期优化的步骤如下：

（1）计算网络计划中的时间参数，并找出关键线路和关键活动。

（2）按规定工期要求确定应压缩的时间。

（3）分析各关键活动可能的压缩时间。

（4）确定将压缩的关键活动，调整其持续时间，并重新计算网络计划的计算工期。

（5）当计算工期仍大于规定工期时，则重复上述步骤，直到满足工期要求或工期不能再压缩为止。

（6）当所有关键活动的持续时间均压缩到极限，仍不满足工期要求时，应对计划的原技术、组织方案进行调整，或对规定工期重新进行审定。

例如，假设每个活动存在一个"正常"的进度和"压缩"进度，一个"正常"的成本和"压缩"后的成本。如果活动在可压缩的进度内，压缩与成本的增长成正比，缩短工期的单位时间成本可用如下公式计算：

$$（压缩成本-正常成本）/（正常时间-压缩时间）$$

图 7-6 所示为一个有 A、B、C、D 四项活动的网络图。其中，A→B 的工期为 16 周，费用是 130 000 元；C→D 的工期为 18 周，费用是 70 000 元。关键路径为 C→D，项目工期为 18 周，总费用为 200 000 元。

如果将项目的工期分别压缩到 17 周、16 周、15 周，并且保证每个任务在可压缩的范围内，必须满足两个前提：首先必须找出关键路径；保证压缩之后的成本最小。

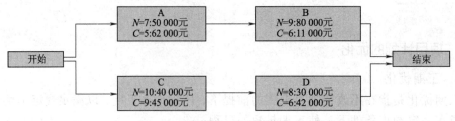

N—正常估计；C—压缩估计

图7-6 网络图

根据上述两个条件，首先看可以压缩的活动，然后根据压缩后的情况计算总成本最小的情况。各活动的压缩时间成本为：

- A活动：（62 000–5 000）/（7–5）=6 000元/周。
- B活动：（110 000–80 000）/（9–6）=10 000元/周。
- C活动：（45 000–40 000）/（10–9）=5 000元/周。
- D活动：（42 000–3 000）/（8–6）=6 000元/周。

如果工期压缩到17周，可以压缩的任务有C和D，但C的成本最小，故选择压缩活动C。所以，压缩到17周后的总成本是205 000元。

同理，如果将工期压缩到16周，关键路径仍为C→D，可以压缩的任务有C和D，虽然活动C比活动D每周压缩成本低，但活动C已达到它的应急时间9周。因此，仅有的选择是压缩活动D的进程。所以，压缩到16周后的总成本是211 000元。

如果将工期压缩到15周，关键路径为C→D与A→B，可以压缩的任务有A、B和D，为了压缩到15周，必须在两条关键路径中都压缩1周，因此，选择A和D活动。所以，压缩到15周后的总成本是223 000元。

2．费用优化

费用优化又称时间成本优化，目的是寻求最低成本的进度安排。进度计划所涉及的费用包括直接费用和间接费用。直接费用是指在实施过程中耗费的、构成工程实体和有助于工程形成的各项费用；而间接费用是由公司管理费、财务费等构成。一般而言，直接费用随工期的缩短而增加，间接费用随工期的缩短而减少，如图7-7所示。

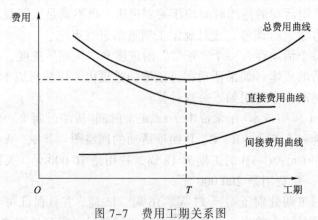

图7-7 费用工期关系图

直接费和间接费之和为总费用。在图7-7的总费用曲线中，存在一个总费用最少的工期，这就是费用优化所寻求的目标。寻求最低费用和最优工期的基本思路是从网络计划的各活动持续时间和费用的关系中，依次找出能使计划工期缩短，而又能使直接费用增加最少的活动，不断地缩短其持续时间，同时考虑其间接费用叠加，即可求出工程费用最低时的最优工期和工期确定时相应的最低费用。

3．资源优化

资源是为完成工程项目所需的人力、设备和资金的总称。资源供应状况对工程进度有直接的影响。资源优化包括："资源有限—工期最短"和"工期固定—资源均衡"两种。

（1）资源有限—工期最短：通过调整计划安排以满足资源限制条件，并使工期延长最少。其优化步骤如下：

- 计算网络计划每天资源的需用量。
- 从计划开始日期起，逐日检查每天资源需用量是否超过资源的限量，如果在整个工期内每天均能满足资源限量的要求，可行优化方案就编制完成，否则必须进行计划调整。
- 调整网络计划，对资源有冲突的活动做新的顺序安排。顺序安排的选择标准是工期延长的时间最短。

重复上述步骤，直至出现优化方案为止。

（2）工期固定—资源均衡：通过调整计划安排，在工期保持不变的条件下，使资源尽可能均衡的过程。可用方差 σ^2 或标准差 σ 来衡量资源的均衡性。方差越小越均衡。利用方差最小原理进行资源均衡的基本思路：用初始网络计划得到的自由时差改善进度计划的安排，使资源动态曲线的方差值减到最小，从而达到均衡的目的。设规定工期为 T_s，$R(t)$ 为 t 时刻所需的资源量，R_m 为日资源需要量的平均值，则可得方差和标准差的计算公式：

$$\sigma^2 = \frac{1}{T_s}\sum_{i=1}^{T_s}\left(R(t)-R_m\right)^2$$

即有
$$\sigma^2 = \frac{1}{T_s}\sum_{i=1}^{T_s}R^2(t)-R_m^2$$

$$\sigma = \sqrt{\frac{1}{T_s}\sum_{i=1}^{T_s}R^2(t)-R_m^2}$$

由于上式中规定工期 T_s 与日资源需要量平均值均为常数，故要使方差最小，只需使 $\sum_{i=1}^{T_s}R^2(t)$ 最小。因工期是固定的，所以求方差 σ^2 或标准差 σ 最小的问题只能在各活动的总时差范围内进行。

在进度控制计划中，要确定应该监督哪些工作、何时进行监督、监督负责人是谁，用什么样的方法收集和处理项目进度信息，怎样按时检查工作进展和采取什么调整措施，并把这些控制工作所需的时间和人员、技术、物资资源等列入项目总计划中。

7.5 项目成本控制

项目成本控制是项目成本管理的一个重要内容，通过监控费用支出，采取有效措施将项目的各种耗费控制在预算范围内，是项目成功的一个重要指标。

7.5.1 项目成本控制的概念

项目的成本控制是控制项目预算的变更并做及时调整以达到控制目的的过程。具体来讲，就是指采用一定方法对项目形成全过程所耗费的各种费用的使用情况进行管理的过程。项目的成本控制主要包括监视成本执行以寻找与计划的偏差；确保所有有关变更被准确地记录在费用预算计划中；防止不正确、不适宜或未核准的变更纳入费用预算计划中；将核准的变更通知有关项目干系人，等等。

项目成本控制涉及对那些可能引起项目成本变化的影响因素的控制（事前控制），项目实施过程的成本控制（事中控制）和项目实际成本变动的控制（事后控制）三方面。

项目成本控制工作包括：监视项目的成本变动，确保实际发生的项目变动都能够有据可查；防止不正确的、不合适的或未授权的项目变动所产生的费用被列入项目成本预算；采取相应的成本变动管理措施等。

有效控制项目成本的关键是要经常及时地分析项目成本的实际状况，尽早发现项目成本出现的偏差和问题，以使在情况变坏之前能够及时采取纠正措施。一旦项目成本失控是很难挽回的，所以只要发现项目成本的偏差和问题就应该积极着手解决。项目成本控制问题越早发现和处理，对项目范围和项目进度的冲击会越小，项目越能达到整体的目标要求。

7.5.2 项目成本控制的依据和方法

项目成本控制的依据，体现在以下几个方面：

1. 项目成本绩效报告

项目成本绩效报告是记载项目预算的实际执行情况的资料，主要内容包括项目各个阶段或各项工作的完成情况，是否超出了预算分配的预算，存在哪些问题等。这种绩效报告通常给出项目成本预算额、实际执行额和差异数额。其中，"差异数额"是评价、考核项目成本管理绩效好坏的重要标志，是项目成本控制的主要依据之一。

2. 项目的变更请求

所谓项目变更请求是指项目在执行过程中，对项目计划提出的各种改动要求，比如范围变化、项目预算变更或者进度估算变化等，都需要提出变更申请。变更请求用于追踪所有的涉众请求（包括新特性、扩展请求、缺陷、已变更的需求等）以及整个项目生命周期中的相关状态信息。

项目的变更会造成项目成本的变动，所以在项目实施过程中提出的任何变更都必须经过业主/客户同意。这也是项目成本控制的重要依据之一。

3．项目成本管理计划

这是关于如何管理项目成本的计划文件，是项目成本控制工作的十分重要的依据文件。特别值得注意的是，这一文件给出的内容很多是项目成本事前控制的计划和安排，这对于项目成本控制工作很有指导意义。

项目成本控制方法包括两类：一类是分析和预测项目影响要素的变动与项目成本发展变化趋势的项目成本控制方法；另一类是控制各种要素变动而实现项目成本管理目标的方法。这方面的方法主要有：

（1）项目成本分析表法：是利用项目中的各种表格进行成本分析和成本控制的一种方法。应用成本分析表法可以很清晰地进行成本比较研究。常见的成本分析表有月成本分析表、成本日报或周报表、月成本计算及最终预测报告表等。

（2）工程成本分析法：是针对工程成本控制而采用的一种方法。即在成本控制中，对已发生的项目成本进行分析，发现成本节约或超支的原因，从而达到改进管理工作，提高经济效益的目的。工程成本分析包括综合分析和具体分析两种。

（3）成本累计曲线法：成本累计曲线又称时间–累计成本图，它是反映整个项目或项目中某个相对独立部分开支状况的图示。它可以从成本预算计划中直接导出，也可利用网络图、线条图等图示单独建立。

（4）挣值分析法：又称为赢得值法或偏差分析法，挣值分析法是在工程项目实施中使用较多的一种方法，是对项目进度和成本进行综合控制的一种有效方法。1967年，美国国防部开发了挣值分析法并成功地将其应用于国防工程中，并逐步获得广泛应用。

挣值分析法的核心是将项目在任一时间的计划指标、完成状况和资源耗费进行综合度量。将进度转化为货币，或人工时，工程量。挣值分析法的价值在于将项目的进度和成本进行综合度量，从而能准确描述项目的进展状态。挣值分析法的另一个重要优点是可以预测项目可能发生的工期滞后量和成本超支量，从而及时采取纠正措施，为项目管理和控制提供有效手段。

有3种项目成本：确定性成本、风险性成本和完全不确定性成本。项目成本控制的关键是项目不确定性成本的控制。项目不确定性成本的成因有三方面：

（1）项目具体活动本身的不确定性（可发生或不发生）。

（2）活动规模及其所耗资源数量的不确定性。

（3）项目活动所耗资源价格的不确定性（价格可高可低）。

项目不确定性成本控制的根本任务是识别和消除不确定性事件，从而避免不确定性成本发生。

7.5.3 项目成本控制原则

1．成本最低化原则

项目成本控制的根本目的在于通过成本管理的各种手段，不断降低施工项目成本，以达到实现最低的目标成本要求。在实行成本最低化原则时应注意降低成本的可能性和合理的成本最低化。通过主观努力，挖掘各种降低成本的能力，使可能性变为

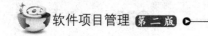

现实，以达到合理降低成本的目标。

2．全面成本控制原则

全面成本管理亦称"三全"管理，指全企业、全员和全过程的管理。项目成本的全员控制有一个系统的实质性内容，包括各部门、各单位的责任网络和班组经济核算等，应防止成本控制人人有责、人人不管的现象发生。项目成本的全过程控制要求成本控制工作要随着项目施工进展的各个阶段连续进行，既不能疏漏，又不能时紧时松，应使施工项目成本自始至终置于有效的控制之下。

3．动态控制原则

由于工程项目是一次性的，成本控制应强调项目的中间控制，即动态控制，因为工程准备阶段的成本控制只是根据施工组织设计的具体内容确定成本目标、编制成本计划、制订成本控制的方案，为今后的成本控制做好准备；而工程竣工阶段的成本控制，由于成本盈亏已基本定局，即使发生了纠差，也已来不及纠正。

4．目标管理原则

目标管理的内容包括：目标的设定和分解，目标的责任到位和执行，检查目标的执行结果，评价目标和修正目标，形成目标管理的计划、实施、检查、处理循环。

5．责、权、利相结合的原则

在项目施工过程中，项目经理部各部门、各班组在肩负成本控制责任的同时，享有成本控制的权力，同时项目经理要对各部门、各班组在成本控制中的业绩进行定期的检查和考评，实行有奖有罚。只有真正做好责、权、利相结合的成本控制，才能收到预期的效果。

7.6 项目成本管理实践

7.6.1 软件项目成本管理存在的问题

就目前发展来看，成本管理是软件项目管理中一个比较薄弱的方面。不少企业已经建立了一些具体的成本管理方面的机制，如对项目费用要求进行预算，对项目所产生的费用进行限额控制等。但总的来说，还没有一家企业具备一套完整的成本管理体系，或使用成熟的项目管理软件来进行成本管理。软件成本管理意识普遍薄弱，成本管理能力比较低下。具体归纳为以下原因：

1．成本意识淡薄

在软件项目成本管理中，人是核心，制度和工具都是为人所用的。但是，在实际的软件项目中大多数参与者基本上都是以技术为主，有财务专业背景的很少，即使是项目管理者或者是部门经理也大多是技术出身，都是从技术人员被一步步提拔至项目经理、部门经理岗位的，他们所具备的成本管理思想大多来自书本，更确切地说来自于软件类的项目管理丛书，对于项目成本管理基本上是只知其然，不知其所以然。所以，在具体的软件项目成本管理中，大多数都局限于进度、范围、人员工资和差旅费用等上面，对于项目的成本预算、成本的控制、成本相关指标阅读等就显得能力不够，所以很难涉及成本管理的关键之处。没有现代会计基础知识，缺乏系统的软件成本管理意识，没有成熟的软件成本管理理论和方法，缺乏理论支撑。

2．制度不完善

组织机构不合理，各部门人员权责不明确，项目成本管理的工作范围不清晰。一般企业根据不同行业成立不同的部门，如证券行业、金融行业、基金事业部、国际业务部、交通事业部、系统集成事业部、医疗信息部等不同部门。有些企业由总公司统一核算，有些企业各个部门独立核算，每个部门再根据需要设置内部的组织结构如研究发展部、市场部、规划与售前支持部、工程维护部、财务部等。一般都是部门经理总体负责部门的项目，具体项目中项目经理具体负责，而往往项目管理人员对如何进行项目成本管理、成本管理的利害等都不清晰。大多数软件企业缺乏专门的项目管理部门来进行软件项目管理、软件项目成本管理，即使有个别公司建立，也是刚刚成立，各部门、人员权责不明确。对项目成本管理的工作范围不清晰，软件项目成本管理往往关注项目的开发过程，而实际上，成本更多地来自于变更和维护。大多数软件企业只针对软件开发过程或者实施过程的成本进行分析和控制，忽视项目初始阶段（前期的投入）、项目关闭阶段（项目验收）以及项目维护（后期的推广和维护）等阶段所发生的费用，对于新项目的衍生成本则更少会有人考虑。这主要是由于项目管理人员缺乏对于项目生命周期的全局把握，断章取义，缩小了软件项目成本管理的范围。

3．执行不力

大多数软件企业对于项目成本管理的控制没有很好的绩效考评机制，奖罚不明：项目做好或做坏，成本节约或透支和个人关系不大。另一方面，项目成本管理的培训很少，项目成本管理的观念少入人心，财务人员的参与不够充分，各方面的配合不能形成有机的联系。可以看到一个比较有趣的现象就是软件企业为他人开发了不少信息系统，但是却很少有为自己建立合适的成本管理系统和绩效考评系统的。

7.6.2 软件项目成本管理对策

1．加强成本意识

加强对参与项目的各个层次人员的财务会计知识的学习培训，运用符合市场经济条件的理论和方法进行成本管理，加强人们的成本意识，让成本观念贯彻于整个项目过程中。

2．进一步完善制度

为了更好地进行软件项目的成本管理，须建立专门的项目管理部，对各项目进行管理，并结合本企业的实际情况，把加强软件项目成本管理包含在其中。

设置了合理的组织结构后，要明确各部门、各人员在软件项目成本管理中担当什么角色、什么权利、什么责任。一个项目组由技术部的相关人员组成，技术部负责技术支持，负责项目成本管理过程中的资源计划、成本估算、成本预算制订工作。项目管理部负责项目的立项、管理、控制等，由项目管理部负责资源计划、成本估算、成本预算的审核工作和成本控制的控制工作。

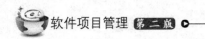

3. 加强执行力度

要做好软件项目的成本管理，首先需要领导层的全力支持和推行。让财务先行，要把软件项目的成本管理作为软件项目管理的头等重要的地位，在软件项目管理过程中将更多的精力放在成本管理上，建立以成本管理为核心的项目管理机制，从而反向推动软件项目的进度和质量，从而保证项目成功实施。

在整个项目管理阶段中，做好项目成本管理过程中的资源计划、成本估算、成本预算、成本控制等工作，明确每个过程中成本对象，并进行各项成本计算。选择适合本企业的实用的管理工具；在资源计划中，进行资源分解，画出软件项目工作进度计划表等；运用一般常用估算方法进行成本估算；并将整个成本估算配置到各单项工作进行成本预算；在控制成本时，要将控制贯彻于整个项目全过程。

在一般软件项目中，人员成本占的比重最大，因此控制人员成本非常关键。把原先的按主营方向划分的几个部门（如交通、信息集成、政务）进行合并，组成技术部和项目管理部等不同职能部门，这样可实现资源统一调配，一个项目组可根据项目的需要随时组成，本来不同部门的技术人员可共享，项目组高效组合，人员合理分工，从而大大节约了成本。

要进行合理的绩效考核，制定出绩效考核的指标，尽量以量化的数字，用制度来进行考核。将成本降低与奖酬挂钩，对于节约成本的员工予以奖励，将成本降低后的收益反馈给员工。实施项目奖金制度，制定具体的奖励处罚措施，并要具有可操作性和实用性，使得实施起来有章可循。比如，超出预计的利润，可按一定比例作为项目奖金发放。这样，一个项目做得好坏和每个员工的利益直接挂钩。例如，具体设置薪酬时，员工的收入中，较小比例（如 20%）作为工资，每月按时发放。较大比例（如 80%）作为绩效（有单位叫浮动工资），根据考核评价发放。这种采用低工资+高绩效的方式，更好地创造了企业的高利润。此外，硬件和软件费用可采用总公司统一采购，日常开支（电话、公车、差旅费、办公费）、会议成本等都要进行合理有效的控制，制定具体管理细则，认真贯彻执行。

总之，软件项目管理是为了使软件项目能够按照预定的成本、进度、质量顺利完成。进度、成本和质量是软件项目管理的三大要素，任何一个成功的项目都离不开这3 个条件的平衡。它们之间互相依靠、互相牵制。改变对其中任何一项的要求，必将对其他两项产生相反的影响。除非其他的两项也做调整，否则，将失去三角形的平衡，项目的成功必将付之东流。所以，要建立以成本管理为核心的项目管理机制，推动软件项目的进度和质量，进而做好软件的项目管理工作。

本章案例一：

XS 信息技术有限公司主要致力于为国内教育提供信息化服务。张工是 XS 公司的项目经理，1 个月前刚接手某高校学生管理系统研发项目。完成项目需求调研后，张工开始制订详细的进度和成本计划，如表 7-15 和表 7-16 所示。分别是张工用两种方法做的项目成本估算，估算货币单位为元。

表 7-15　项目成本估算表（方法一）

WBS	名　　称	估　算　值	合　计　值	总　计　值
1	学生管理系统			A
1.1	招生管理		40 000	
1.1.1	招生录入	16 000		
1.1.2	招生审核	12 000		
1.1.3	招生查询	12 000		
1.2	分班管理		81 000	
1.2.1	自动分班	30 000		
1.2.2	手工分班	21 000		
1.3	学生档案管理	30 000		
1.4	学生成绩管理		81 000	
1.4.1	考试信息管理	23 000		
1.4.2	考试成绩输入	30 000		
1.4.3	考试信息统计	28 000		

表 7-16　项目成本估算表（方法二）

成 本 参 数	单位成员工时数	参 与 人 数
项目经理（30/小时）	500	1
分析人员（20/小时）	500	2
编程人员（13 元/小时）	500	3
一般管理费	21 350	
额外费用（25%）	16 470	
交通费（1 000 元/次，4 次）	4 000	
微型计算机费（2 台，3 500 元/台）	7 000	
打印与复印费	2 000	
总项目费用开支	B	

【问题 1】请用信息系统项目管理过程说明成本估算的基本方法。

【问题 2】表 7-15 和表 7-16 分别采用了什么估算方法，表中估算成本 A、B 各为多少？

【问题 3】请结合本人的实际项目经验，用 300 字以内的文字分析信息系统项目成本估算过程中的主要困难和应该避免的常见错误。

参考答案：

【问题 1】信息系统项目进行成本估算的基术方法包括：

（1）自顶向下估算法或类比估算法。

（2）自下而上估算法。

（3）参数估算法。

（4）专家估算法。

（5）猜测估算法。

【问题 2】表 7-15 采用了自下而上的成本估算方法，表 7-16 采用了参数法成本估算方法。经过计算，两表中估算值 A 为 202 000 元，B 为 98 820 元。

【问题 3】综合起来，信息系统项目成本估算的困难主要包括以下几方面：

（1）需求信息的复杂性。

（2）开发技术与工具的不断变化。

（3）缺乏类似的项目估算数据可参考。

（4）缺乏专业和富有经验的人才。

（5）信息系统研发人员技术能力的差异。

（6）管理层的压力与误解。

在对项目进行成本估算时，应避免以下常见错误：

（1）草率地估算成本。

（2）在项目范围尚未确定时就进行成本估算。

（3）过于乐观或者保守的估算。

本章案例二：

某项目经理对所进行的项目工作进行分解，得到共 24 个系统功能模块，分别编号为 M01、M02、…、M24，并分别为每个功能模块制定了工期和成本预算。如表 7-17 所示。

表 7-17　工期和成本预算表

模块	单价（万元）	工期（周）	模块	单价（万元）	工期（周）
M01	30	4	M13	20	4
M02	20	2	M14	20	3
M03	15	2	M15	15	3
M04	25	4	M16	35	5
M05	45	5	M17	35	5
M06	50	6	M18	40	5
M07	6	2	M19	4	1
M08	20	3	M20	25	3
M09	35	3	M21	20	3
M10	12	3	M23	18	2
M11	30	4	M23	20	4
M12	35	5	M24	25	5

在项目开发的过程中，项目经理随时跟踪统计项目的开支情况，他要求每位软件工程师每周报告一次工作进度，如某某模块完成工作量 30%，据此来估算项目的进度和成本绩效，如表 7-18 所示。

经理根据表 7-18 的统计数据计算累积完工的工程价值,计算公式为:

$$累积完工工程价值 = \sum_{i=1}^{24} 模块单价i \times 完成率i$$

表 7-18　模块完成百分率

模块	延续时间(周)	完成率	模块	延续时间(周)	完成率
M01	4.5	100%	M13	0	0%
M02	2	90%	M14	0	0%
M03	1	60%	M15	0	0%
M04	3	75%	M16	2	30%
M05	2	40%	M17	0	0%
M06	5	80%	M18	0	0%
M07	3	100%	M19	0	0%
M08	3	90%	M20	0	0%
M09	1	30%	M21	0	0%
M10	1	30%	M23	0	0%
M11	2	60%	M23	0	0%
M12	3	60%	M24	0	0%

【问题 1】请问案例成本预算存在哪些问题?所采取的成本跟踪管理的方法是什么方法?应用软件系统开发项目中,使用此方法应注意什么特点?

【问题 2】衡量软件开发实际累积人力资源成本的计算公式是什么?怎样改进上述方法才能控制好人力资源成本?怎样得到软件企业实际消耗的人力资源成本?

【问题 3】本案例采用此方法的具体措施是否存在不足之处?如存在,请指出不足并说明理由,请给出你的改进意见。

参考答案:

【问题 1】应当先估算各模块的工程量,再以工程量来估算所需要的人力资源,如总工程量"××人周"或"××人月"或"××人年"等。项目小组的建设应分阶段进行人力资源投入,如设计阶段所用人力应较少,而详细设计完成后,编码阶段进入,则人力投入是高峰期。

人力资源成本的预算也应当核算一定比例的浮动成本。本案例所采用的是挣值管理方法。此方法应用到软件工程项目中,应注意软件开发挣值与投入的非线性比例关系特点。

【问题 2】软件开发人力资源成本挣值统计是能够做到比较准确的,衡量软件开发人力资源成本的计算公式:

$$累积人力资源成本 = \sum_{i=1}^{24} 模块工作量i \times 完成率i \times 平均人力周成本$$

本案例所采取的方法应增加各模块工程量的估算,就能够进行人力资源成本控制。实际消耗的人力资源成本可通过财务发放的工资统计得到。

【问题3】本案例项目经理根据各工程师的进度报告（进度百分比）来计算挣值，在软件开发中是不可行的。

在软件开发中，各模块的进度百分比通常很难测量准确，而各工程师的汇报往往是很粗略的估计，这种估计只能提供给项目经理控制进度时做参考，但不能作为成本核算或申请工程进度款支付的依据。建议李工以各模块全面完工来进行计算，即各模块要么计算 0%，要么计算 100%完工，但在进行工作分解的时候，分解的深度和各模块的粒度要合适，便于进行控制。

另外，在核算的时候，要扣除一定的比例，如 20%～30%作为各模块集成所需要的工程量，待工程全面完工后进行核算

小　结

本章首先介绍成本以及成本管理的概念，介绍项目资源计划的内容，接着讨论了成本估算的策略和常用的方法、成本预算的步骤和结果以及成本控制的相关原则，最后介绍了项目成本管理中存在的问题及其对策。

习　题

1. 简述项目成本管理的主要过程。
2. 软件项目有哪些成本？
3. 简述资源计划的编制方法。
4. 项目成本估算步骤有哪些？
5. 列举项目成本的估算方法。
6. 描述项目成本的预算步骤。

第 8 章

风险管理 ‹‹‹

引言

由于软件项目开发和管理中的种种不确定性，使软件业成为高风险的产业。如果在项目刚开始时就关注于识别或解决项目中的高风险因素，就会很大程度地减少甚至避免这种失败。项目管理中最重要的任务之一就是对项目不确定性和风险性的管理。

学习目标

通过本章学习，应达到以下要求：

- 理解风险和风险管理概念。
- 掌握风险识别的方法和工具。
- 掌握风险分析的流程和风险评价的方法。

内容结构

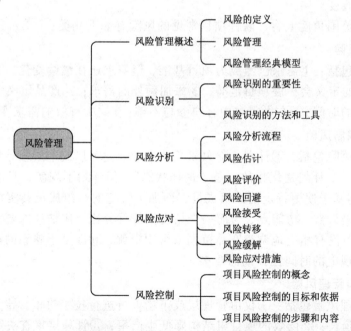

8.1 风险管理概述

项目风险管理实际上就是贯穿在项目开发过程中的一系列管理步骤，其中包括风险识别、风险估计、风险管理策略、风险解决和风险监控。它是让风险管理者主动"攻击"风险，进行有效的风险管理。

8.1.1　风险的定义

IEEE 给出了风险的定义：一种事件、状态发生的可能性，这种可能性会带来严重的后果或者潜在的问题。所谓"风险"，归纳起来主要有两种说法：主观学认为，风险是损失的不确定性；客观学认为，风险是给定情况下一定时期可能发生的各种结果间的差异。它的两个基本特征是不确定性和损失。风险是客观存在的，与效益同存，只有正视风险才能有效地规避风险。要学会在风险带来的负面影响和潜在的收益中找到平衡点。

从风险可预测的程度来看，可将风险分为以下 3 种类型：

（1）已知风险：通过评估项目计划、项目的商业和技术环境以及其他可靠的信息来源之后可以发现的那些风险。

（2）可预测风险：能够从过去的项目经验中推测出的风险。

（3）不可预测风险：事先很难识别出来的风险。

软件开发中的风险是指软件开发过程中及软件产品本身可能造成的伤害或损失。风险关注未来的事情，这意味着，风险涉及选择及选择本身包含的不确定性，软件开发过程及软件产品都要面临各种决策的选择。风险是介于确定性和不确定性之间的状态，是处于无知和完整知识之间的状态。另一方面，风险将涉及思想、观念、行为、地点等因素的改变。

从风险的范围角度上看，软件项目常见的风险有如下几类：

1．需求风险

需求风险包括：①需求已经成为项目基准，但需求还在继续变化；②需求定义欠佳，而进一步的定义会扩展项目范畴；③添加额外的需求；④产品定义含混的部分比预期需要更多的时间；⑤在做需求中客户参与不够；⑥缺少有效的需求变化管理过程。

2．计划编制风险

计划编制风险包括：①计划、资源和产品定义全凭客户或上层领导口头指令，并且不完全一致；②计划是优化的，是"最佳状态"，但计划不现实，只能算是"期望状态"；③计划基于使用特定的小组成员，而那个特定的小组成员其实指望不上；④产品规模（代码行数、功能点、与前一产品规模的百分比）比估计的要大；⑤完成目标日期提前，但没有相应地调整产品范围或可用资源；⑥涉足不熟悉的产品领域，花费在设计和实现上的时间比预期的要多。

3．组织和管理风险

组织和管理风险包括：①仅由管理层或市场人员进行技术决策，导致计划进度缓慢，计划时间延长；②低效的项目组结构降低生产率；③管理层审查决策的周期比预期的时间长；④预算削减，打乱项目计划；⑤管理层做出了打击项目组织积极性的决定；⑥缺乏必要的规范，导致工作失误与重复工作；⑦非技术的第三方的工作（预算批准、设备采购批准、法律方面的审查、安全保证等）时间比预期的延长。

4．人员风险

人员风险包括：①作为先决条件的任务（如培训及其他项目）不能按时完成；②开发人员和管理层之间关系不佳，导致决策缓慢，影响全局；③缺乏激励措施，士气低下，降低了生产能力；④某些人员需要更多的时间适应还不熟悉的软件工具和环境；⑤项目后期加入新的开发人员，需进行培训并逐渐与现有成员沟通，从而使现有成员的工作效率降低；⑥由于项目组成员之间发生冲突，导致沟通不畅、设计欠佳、接口出现错误和额外的重复工作；⑦不适应工作的成员没有调离项目组，影响了项目组其他成员的积极性；⑧没有找到项目急需的具有特定技能的人。

5．开发环境风险

开发环境风险包括：①设施未及时到位；②设施虽到位，但不配套，如没有电话、网线、办公用品等；③设施拥挤、杂乱或者破损；④开发工具未及时到位；⑤开发工具不如期望的那样有效，开发人员需要时间创建工作环境或者切换新的工具；⑥新的开发工具的学习期比预期的长，内容繁多。

6．客户风险

客户风险包括：①客户对于最后交付的产品不满意，要求重新设计和重做；②客户的意见未被采纳，造成产品最终无法满足用户要求，因而必须重做；③客户对规划、原型和规格的审核决策周期比预期的要长；④客户没有或不能参与规划、原型和规格阶段的审核，导致需求不稳定和产品生产周期的变更；⑤客户答复的时间（如回答或澄清与需求相关问题的时间）比预期长；⑥客户提供的组件质量欠佳，导致额外的测试、设计和集成工作，以及额外的客户关系管理工作。

7．产品风险

产品风险包括：①矫正质量低下的不可接受的产品，需要比预期做更多的测试、设计和实现工作；②开发额外的不需要的功能延长了计划进度；③严格要求与现有系统兼容，需要进行比预期更多的测试、设计和实现工作；④要求与其他系统或不受本项目组控制的系统相连，导致无法预料的设计、实现和测试工作；⑤在不熟悉或未经检验的软件和硬件环境中运行所产生的未预料到的问题；⑥开发一种全新的模块将比预期花费更长的时间；⑦依赖正在开发中的技术将延长计划进度。

8．设计和实现风险

设计和实现风险包括：①设计质量低下，导致重复设计；②一些必要的功能无法使用现有的代码和库实现，开发人员必须使用新的库或者自行开发新的功能；③代码和库质量低下，导致需要进行额外的测试，修正错误，或重新制作；④过高估计了增强型工具对计划进度的节省量；⑤分别开发的模块无法有效集成，需要重新设计或制作。

9．过程风险

过程风险包括：①大量的纸面工作导致进程比预期的慢；②前期的质量保证行为不真实，导致后期的重复工作；③太不正规（缺乏对软件开发策略和标准的遵循），导致沟通不足，质量欠佳，甚至需重新开发；④过于正规（教条地坚持软件开发策略和标准），导致过多耗时于无用的工作；⑤向管理层撰写进程报告占用开发人员的时间比预期的多；⑥风险管理粗心，导致未能发现重大的项目风险。

8.1.2 风险管理

风险管理是指在项目进行过程中不断对风险进行识别、评估和监控的过程，其目的是减小风险对项目的不利影响。

风险管理在项目管理中占有非常重要的地位。首先，有效的风险管理可以提高项目的成功率；其次，风险管理可以增加团队的健壮性。与团队成员一起进行风险分析可以让大家对困难有充分的估计，对各种意外有心理准备，大大提高组员的信心，从而稳定队伍。第三，有效的风险管理可以帮助项目经理抓住工作重点，将主要精力集中于重大风险，将工作方式从被动救火转变为主动防范。

风险管理有两种策略：被动风险策略和主动风险策略。被动风险策略是针对可能发生的风险来监督项目，直到它们变成真正的问题时，才会拨出资源来处理它们。更有甚者，软件项目组对风险不闻不问，直到发生了错误才赶紧采取行动，试图迅速地纠正错误。这种管理模式常常被称为"救火模式"。当补救的努力失败后，项目就处在真正的危机之中。对于风险管理的一个更聪明的策略是主动式的。主动风险策略早在技术工作开始之前就已经启动了。标识出潜在的风险，评估它们出现的概率及产生的影响，对风险按重要性进行排序，然后，软件项目组建立一个计划来管理风险。主动策略中的风险管理，其主要目标是预防风险。但是，因为不是所有的风险都能够预防，所以，项目组必须建立一个应付意外事件的计划，使其在必要时能够以可控的及有效的方式做出反应。任何一个系统开发项目都应将风险管理作为软件项目管理的重要内容。

风险管理目标的实现包含 3 个要素：首先，必须在项目计划书中写下如何进行风险管理；第二，项目预算必须包含解决风险所需的经费，如果没有经费，就无法达到风险管理的目标；第三，评估风险时，风险的影响也必须纳入项目规划中。

风险管理涉及的主要过程包括：风险识别，风险分析，风险应对和风险控制。

（1）风险识别：包括确定风险的来源、风险产生的条件，描述其风险特征和确定哪些风险事件有可能影响本项目。风险识别不是一次就可以完成的，应当在项目的自始至终定期进行。

（2）风险分析：涉及对风险及风险的相互作用的评估，是衡量风险概率和风险对项目目标影响程度的过程。风险分析的基本内容是确定哪些事件需要制定应对措施。

（3）风险应对：针对风险量化的结果，为降低项目风险的负面效应制定风险应对策略和技术手段的过程。风险应对依据风险管理计划、风险排序、风险认知等依据，得出风险应对计划、剩余风险、次要风险并为其他过程提供依据。

（4）风险控制：涉及对整个项目管理过程中的风险进行应对。该过程的输出包括应对风险的纠正措施以及风险管理计划的更新。

8.1.3 风险管理经典模型

1. Barry Boehm 理论

20 世纪 80 年代，软件风险管理之父 Boehm 将风险管理的概念引入软件界。Boehm 认为：软件风险管理这门学科的出现就是试图将影响项目成功的风险形式化为一组易用的原则和实践的集合，目标是在风险成为软件项目返工的主要因素并由此威胁到项目的成功运作前，识别、描述并消除这些风险项。他将风险管理过程归纳成两个基本步骤：风险评估和风险控制。其中，风险评估包括风险识别、风险分析、风险排序；风险控制包括制订风险管理计划、解决风险、监控风险。

Boehm 用公式：RE=P(UO)*L(UO) 对风险进行度量，其中 RE 表示风险的影响，P(UO)表示令人不满意结果发生的概率；L(UO)表示令人不满的结果带来的损失。

Boehm 风险管理理论的核心是维护和更新十大风险列表。他通过对一些大型项目进行调查总结出了软件项目十大风险列表，其中包括不现实的时间和费用预算、功能和属性错误、人员匮乏等等。在软件项目开始时归纳出现在项目的十大风险列表，在项目的生命周期中定期召开会议去对列表进行更新、评比。十大风险列表是让高层经理的注意力集中在项目关键成功因素上的有效途径，可以有效地管理风险并由此减少高层的时间和精力。

2. SEI 的 CRM 模型

SEI（Software Engineering Institute）是软件工程研究与应用的权威机构，旨在领导、改进软件工程实践，以提高以软件为主导的系统的质量。SEI 的软件风险管理原则：①全局观点；②积极的策略；③开放的沟通环境；④综合管理；⑤持续的过程；⑥共同的目标；⑦协调工作。

SEI 提出的 CRM 模型要求在项目生命周期的所有阶段都关注风险识别和管理，它将风险管理划分为 5 个步骤，如图 8-1 所示。

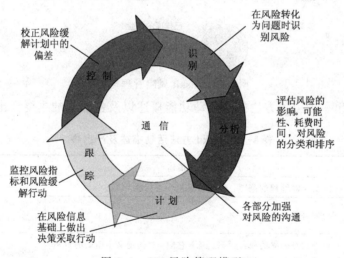

图 8-1　SEI 风险管理模型

3. Riskit 方法

Riskit 方法提供系统化的风险管理过程和技术，让组织在项目早期采用系统化的风险管理过程和技术避免风险。Riskit 方法是由 MarryLand 大学提出的，旨在对风险的起因、触发事件及其影响等进行完整的体现和管理，并使用合理的步骤评估风险。对于风险管理中的每个活动，Riskit 都提供了详细的活动执行模板，包括活动描述、进入标准、输入、输出、采用的方法和工具、责任、资源、退出标准。

Riskit 方法的特点：

（1）提供风险的明确定义：损失的定义建立在期望的基础上，即项目的实际结果没有达到项目相关者对项目的期望程度。

（2）明确定义目标、限制和其他影响项目成功的因素。

（3）采用图形化的工具 Riskit 分析图对风险建模，定性地记录风险。

（4）使用应用性损失的概念排列风险的损失。

（5）不同相关者的观点被明确建模。

Riskit 风险管理过程如图 8-2 所示，在项目生命期内，这些活动可以重复多次。

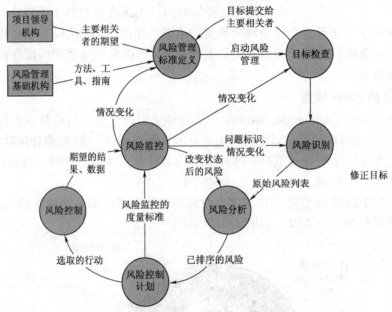

图 8-2　Riskit 风险管理模型

表 8-1 列出了 Riskit 方法的各活动功能概述以及各活动的主要产出物。

表 8-1　Riskit 方法活动描述及产出物

活动名称	活动功能描述	活动产出物
风险管理	定义风险管理的范围、频率，风险管理标准	为什么、何时、谁、如何、用什么进行风险管理
标准定义	识别所有的项目相关者	
目标检查	审查已经确立的项目目标，完善它们，重新定义不明确的目标和限制；找出和目标相关的人员	明确的目标定义
风险识别	使用多种方法识别出对项目潜在的威胁	原始风险列表
风险分析	分类和合并风险；对主要风险构造出风险分析图，估计风险出现的可能性和由此造成的损失	风险分析图和风险排序
风险控制措施	将重要的风险列入风险控制计划，选择合适的风险控制措施	选定的风险控制措施
风险控制	实施风险控制措施	控制的风险
风险监控	监控风险状态	风险的状态信息

Riskit 方法将近乎完美的理论融入可靠的过程和技术。根据在一些组织中的研究调查显示，Riskit 方法在实践中被认为是可行的，它可导致更详细的风险分析和描述，也可以改善风险管理过程的结果。

4．SoftRisk 风险管理模型

SoftRisk 模型是由 Keshlaf 和 Hashim 提出的，它认为记录并将注意力集中在高可能性和高破坏性的风险上是进行风险管理的有效途径。这样可以节省软件开发过程中的时间成本和人力成本，并可以有效地减轻风险的破坏性。此模型确保在软件项目进行中持续地进行风险管理，如图 8-3 所示。

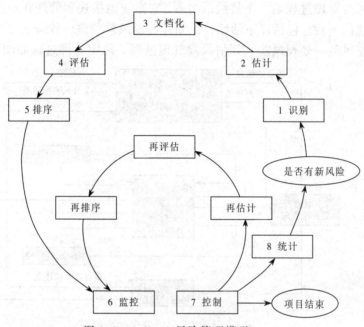

图 8-3　SoftRisk 风险管理模型

风险管理步骤如下：

（1）仅发生在特定项目的特定风险。

（2）损失估计：对第一步中识别出的每一种风险都要确定它发生的概率及其影响。

（3）文档化识别的风险，Softrisk 将所有一般的和特别的风险数据文档化。

（4）风险评估：Ayad Ali Keshlaf, Khairuddin Hashim 定义了风险暴露（RE）公式：
RE=风险发生的概率×风险造成的影响。

（5）风险排序：按照上述公式对风险排序，找出十大风险。

（6）风险监控：把一图形分成红、黄、蓝 3 个区域来表示 RE 值，利用图形表示风险的级别、状态。

（7）控制阶段：根据风险严重程度来选择一个合适的风险减少技术。这项技术可以是缓解偶然性或危机计划。在应用了这种技术后，再估计、再评估、再排序是必须的。

（8）统计操作，如果有新的风险，则再转到步骤（1）。

该模型在项目开始时采用 8 个步骤来完成一次风险管理流程，一旦发现新的风险则再次启动这 8 个步骤进行循环。在采取相应措施缓解风险后，启动内部的循环：再估计、再评估、再排序，然后再监控、控制，直到风险缓解或消除。由此可见，该模型的核心是持续地发现和控制风险，并通过更新、维护基于 Boehm 理论的十大风险列表来管理风险。

5. IEEE 风险管理标准

IEEE 风险管理标准定义了软件开发生命周期中的风险管理过程。这个过程适合于软件企业的软件开发项目。也可应用于个人软件开发。虽然这个标准是用来管理软件项目的风险，但也同样适用于管理各种系统级和组织级的风险。

这个风险管理过程是一个持续的过程，它系统地描述和管理在产品或服务的生命周期中出现的风险。包括以下活动：计划并实施风险管理、管理项目风险列表、分析风险、监控风险、处理风险、评估风险管理过程。风险管理过程如图 8-4 所示。

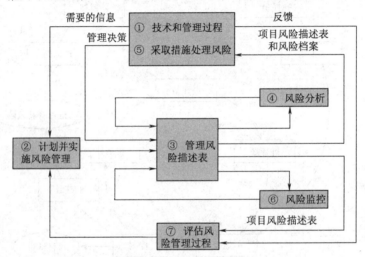

图 8-4　IEEE 风险管理过程模型

6. CMMI 的风险管理过程域

CMMI（软件能力成熟度模型集成）是由 SEI 在 CMM 基础上发展而来，并在全世界推广实施的一种软件能力成熟度评估标准，主要用于指导软件开发过程的改进和进行软件开发能力的评估。风险管理过程域是在 CMMI 第三级——已定义级中的一个关键过程域。CMMI 认为风险管理是一种连续的前瞻性的过程。它要识别潜在的可能危及关键目标的因素，以便策划应对风险的活动和在必要时实施这些活动，缓解不利的影响最终实现组织的目标。

CMMI 的风险管理被清晰地描述为实现 3 个目标，每个目标的实现又通过一系列的活动来完成，如图 8-5 所示。

该模型的核心是风险库，实现各个目标的每个活动都会更新这个风险库。其中，活动"制订并维护风险管理策略"与风险库的联系是一个双向的交互过程，即通过采集风险库中相应的数据并结合前一活动的输入来制定风险管理策略。

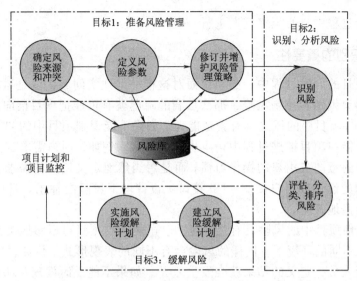

图 8-5　CMMI 风险管理模型

7. Microsoft 的 MSF 风险管理模型

MSF（Microsoft Solutions Framework）的风险管理认为：风险管理必须是主动的，它是正式的系统的过程，风险应被持续评估、监控、管理，直到被解决或问题被处理。

风险管理模型如图 8-6 所示，该模型最大的特点是将学习活动溶入风险管理，强调了学习以前项目经验的重要性。

其风险管理原则如下：

（1）持续的评估。

（2）培养开放的沟通环境：所有组成员应参与风险识别与分析；领导者应鼓励建立没有责备的文化。

（3）从经验中学习：学习可以大大降低不确定性；强调组织级或企业级的从项目结果中学习的重要性。

（4）责任分担：组中任何成员都有义务进行风险管理。

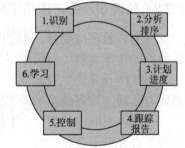

图 8-6　MSF 风险管理模型

以上介绍的是自风险管理概念引入软件业以来国际上一些经典的软件项目风险管理模型。不论风险管理理论多么成熟，过程多么完美，工具多么先进，如果不能与实际的项目相结合并加以有效地利用，一切都是枉然。风险管理对于软件企业来说关系到企业的生存发展，应该上升到组织的高度。

8.2　风险识别

风险识别是风险管理的第一步活动，也是项目风险管理中一项经常性的工作。风险识别的主要工作是确定可能对项目造成影响的风险，系统地识别风险是这个过程的关键，识别风险不仅要确定风险来源，还要确定何时发生、风险产生的条件，并描述其风险特征和确定哪些风险事件有可能影响本项目。风险识别不是一次性的活动，应

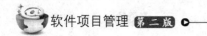

当在项目执行过程中自始至终定期进行。

8.2.1　风险识别的重要性

在软件项目的开发过程中，必须要面对这样一个现实问题，就是风险无处不在。如果不能正确地识别和控制风险，那么点滴的疏漏就有可能把项目推向崩溃的边缘。

首先，软件项目中的风险具有繁殖能力。如果不能识别项目中的初级风险，那么这个风险很可能在项目推进过程中衍生出其他风险。例如，用户需求定义过程，没有充分理解用户的意图或用户的操作习惯，而是想当然地定义用户的需求，那么就会给系统框架结构的设计或用户接口（UI 接口）设计埋下风险的种子。日后只要条件成熟，它们就会遍地开花。

其次，软件项目中的风险具有变异能力。虽然同类项目可以参照类比，但是，不能生搬硬套。不同的环境下，同样的风险会有不同的表现形式。例如，用户需求的定义，不同设计人员，定义的结果就会发生差异。如果不能及时发现和纠正这些差异，日后就有可能把项目推向一个进退两难的境地。

最后，软件项目中的风险具有依赖性。项目中任何风险都不是独立的，它们本质上是互相依赖，互为因果的。它们就像一张无形的网，如果能找到正确的结点，那么很多风险都会被破解在无形之中；如果找不到正确的结点，那么它们会越搅越乱，最后让你难以自拔。

8.2.2　风险识别的方法和工具

从项目管理角度讲，风险识别的依据有：合同、项目计划、工作任务分解（WBS）、各种历史参考资料（类似项目的资料）、项目的各种假设前提条件和约束条件。

从软件开发的生命周期看，每个阶段的输出（各种文档）都是下一阶段进行风险识别的依据，许多技术风险都可据此来分析。

风险识别的方法很多，不同的方法适用于不同的场合。软件项目风险识别通常采用的方法有以下几种：

1. 风险核对清单

将可能出现的问题列出清单，然后对照检查潜在的风险。风险核对清单列出了项目中常见的风险。项目相关人员通过核对风险核对清单，判断哪些风险会出现在项目中。可根据项目经验对风险核对清单进行修订和补充。该方法可以使管理者集中识别常见类型的风险。

风险核对清单中的风险条目通常与以下几方面相关：项目规模、商业影响、项目范围、客户特性、过程定义、技术要求、开发环境、人员数目及其经验。其中，每一项都包含很多风险条目。

使用风险核对清单法进行风险识别的优点是快速而简单，可以用来对照项目的实际情况，逐项排查，从而帮助识别风险。但由于每个项目都有其特殊性，检查表法很难做到全面周到。表 8-2 所示为一个风险核对清单的样例。

表 8-2 风险核对清单样例

编号	等级	描述	类型	根本原因	触发器	可能的应对	风险责任人	概率	影响	状态

（1）编号：给每个风险的唯一的标识符号。

（2）等级：往往是一个数字，1 表示最高级的风险。

（3）描述：对风险的详细描述。

（4）类型：风险事件所属的类型，例如服务器故障可以归入技术或硬件技术类。

（5）根本原因：风险产生的根本原因，比如服务器故障的根本原因可能是电源供电不足。

（6）触发器：风险事件实际发生的迹象或征兆。比如，早期活动的成本溢出可能是成本估计不善的征兆。

（7）可能的应对：一个可能的应对这个风险的办法。

（8）风险责任人：对风险及其相关风险应对战略和任务负责的人。

（9）概率：风险发生的概率。

（10）影响：如果风险发生了，对项目的影响程度（大、中、小）。

（11）状态：这个风险发没发生以及当前的处理情况。

2．头脑风暴法

头脑风暴（Brain Storm）法简单来说就是团队的全体成员自由地提出自己的主张和想法，它是解决问题时常用的一种方法。利用头脑风暴法识别项目风险时，要将项目主要参与人员代表召集到一起，然后他们利用自己对项目不同部分的认识，识别项目可能出现的问题。一个有益的做法是询问不同人员所担心的内容。头脑风暴法的优点是可对项目风险进行全面的识别。

3．专家访谈

向该领域的专家或有经验的人员了解项目中会遇到哪些困难。专家访谈法又称德尔菲方法，本质上是一种匿名反馈的函询法。它起源于 20 世纪 40 年代末，最初由美国兰德公司应用于技术预测。

把需要做风险识别的软件项目的情况分别匿名征求若干专家的意见，然后把这些意见进行综合、归纳和统计，再反馈给各位专家，再次征求意见。这样反复经过四至五轮，逐步使专家意见趋向一致，作为最后预测和识别风险的依据。

4．情景分析法

情景分析法是根据项目发展趋势的多样性，通过对系统内外相关问题的系统分析，设计出多种可能的未来前景，然后用类似于撰写电影剧本的手法，对系统发展态势做出自始至终的情景和画面的描述。

情景分析法是一种适用于对可变因素较多的项目进行风险预测和识别的技术，它在假定关键影响因素有可能发生的基础上，构造多重情景，提出多种未来的可能结果，以便采取适当措施防患于未然。

5. 风险数据库

一个已知风险和相关的信息的仓库，它将风险输入计算机，并分配一个连续的号码给这个风险，同时维持所有已经识别的风险历史记录，它在整个风险管理过程中都起着很重要的作用。

在实际应用中，风险核对清单是一种最常用的工具，它是建立在以前的项目中曾遇到风险的基础上。该工具的优点是简单快捷，缺点是容易限制使用者的思路。

识别风险，从思想意识方面，要注重以下方面：

（1）三思而后行，做一件事情之前，一定要想清楚前因后果，不但要有工作热情，更要有谨慎而科学的思考习惯。

（2）要有团队意识，任何个人的思维都是有局限性的，软件作为一种知识密集型产品，需要能力强、素质高的个人，他们是团队的核心，但绝不排斥任何人对项目有益的思考和建议。

（3）要有良好的沟通交流意识，这种沟通交流不仅是项目组内部的，同时也要涵盖到项目的客户。作为开发人员，大多是专业技术人员，对项目的应用领域的知识知之甚少，因此与客户的沟通交流尤为重要。

人员管理方面，要注意以下问题：

（1）人员构成是否与项目的复杂度匹配，项目组不一定都是强人，对于简单项目使用强人是浪费；对于复杂项目，没有强人是灾难。

（2）项目组成员是否稳定，稳定的团队、人员之间容易形成默契，有助于形成开发合力，提高开发效率和项目品质；

（3）项目组成员的角色分工是否合理，每个人是否能够各尽所长，避己之短。

风险是不可回避的，必须时刻关注项目进展过程中的缺陷和不足，时刻保持警惕。

8.3 风险分析

软件项目开发是一项可能有损失的活动，不管开发过程如何进行都有可能超出预算或时间延迟。项目开发的方式很少能保证开发工作一定成功，都要冒一定的风险，所以需要进行项目风险分析。

风险分析是在风险识别的基础上估计风险的可能性和后果，并在所有已识别的风险中评估这些风险的价值。这个过程的目的就是将风险按优先级别进行等级划分，以便制订风险管理计划，因为不同级别的风险要区别对待，以使风险管理的效益最大化。

在进行项目风险分析时，重要的是要量化不确定的程度和每个风险相当的损失程度，为实现这一点就必须要考虑以下问题：要考虑未来，什么样的风险会导致软件项目失败？要考虑变化，在用户需求、开发技术、目标、机制及其他与项目有关的因素的改变将会对按时交付和系统成功产生什么影响？必须解决选择问题，应采用什么方法和工具，应配备多少人力，在质量上强调到什么程度才满足要求？要考虑风险类型，是属于项目风险、技术风险、商业风险、管理风险还是预算风险等。这些潜在的问题可能会对软件项目的计划、成本、技术、产品的质量及团队的士气都有负面的影响。风险管理就是在这些潜在的问题对项目造成破坏之前识别、处理和排除。

8.3.1 风险分析流程

根据风险分析的内容,可将风险分析过程细分为 2 个活动:风险估计和风险评价。通常项目计划人员与管理人员、技术人员一起,进行风险分析,该过程是一个不断重复的过程,在整个生命周期都要有计划、有规律地进行风险分析,分析流程如图 8-7 所示。

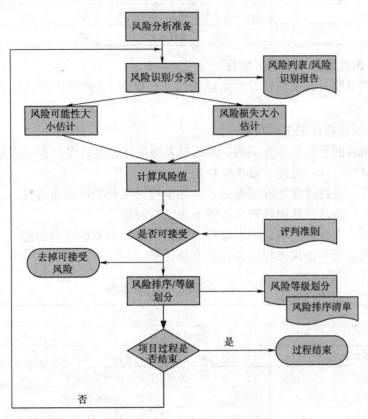

图 8-7 风险分析流程

8.3.2 风险估计

风险估计是估计已识别的风险发生的可能性和风险出现后将会产生的后果,并描述风险对项目的潜在影响和整个项目的综合风险。

风险估计有以下 4 个环节:

1. 定义风险评估准则

评估准则是事先确定的一个基准,作为风险估计的参照依据。准则有定性和定量两种,定性估计将风险分成等级,如很大、大、中、小、极小 5 个等级,一般以不超过 9 级为宜。定量估计则是给出一个具体的数值,如 0.7 表示风险发生的可能性为70%。当然,定量估计还有其他方法,用模糊数表示风险的可能性就是一种常用的方法。表 8-3 所示为一个评估准则的例子。

表 8-3 风险可能性评估准则

可　能　性	说　　明	等　　级
大于80%	非常有可能性,几乎肯定	很大
60%~80%	很有可能性,比较确信	大
40%~60%	有时发生	中
20%~40%	不易发生,但有理由可预期能发生	小
1%~20%	几乎不可能,但有可能发生	很小

2．估计风险事件发生的可能性

根据评估准则对每个风险发生的可能性进行预测,预测的值应该是多人预测的综合结果。

3．估计风险事件发生的损失

风险对项目的影响是多方面的,因此损失的估计也应从多方面分别进行估计,通常对三方面进行估计:进度、成本、性能。

（1）进度:项目进度能够被维持且产品能按时交付的不确定程度。

（2）成本:项目预算能够被维持的不确定的程度。

（3）性能:产品能够满足需求且符合其使用目的的不确定的程度。

表 8-4 所示为一个风险损失的评估准则例子。

表 8-4 风险损失的评估准则

损　　失	说　　　　明			等　　级
	成　　本	进　　度	性　　能	
>0.8	成本增加>20%	项目延迟>20%	性能不能满足用户要求	很大
0.4~0.8	成本增加10%~20%	项目延迟10%~20%	性能有较严重的缺陷	大
0.2~0.4	成本增加5%~10%	项目延迟5%~10%	主要方面的性能不足	中
0.1~0.2	成本增加1%~5%	项目延迟1%~5%	性能有缺陷,但基本满足用户的要求	小
<0.1	成本增加<1%	项目延迟<1%	性能有不明显的缺陷	很小

4．计算风险值

根据估计出来的风险的可能性和损失,计算风险值 R

$$R=f(p,c)$$

式中, p 是风险事件发生的可能性, c 是风险事件发生的损失。

评估者可根据自身的情况选择相应的风险计算方法计算风险值。表 8-5 所示为一个风险评估的例子。

影响值=可能性×（对进度的影响+对成本的影响+对性能的影响）

对项目风险进行分析是处置风险的前提,是制订和实施风险计划的科学根据,因此,一定要对风险发生的可能性及其后果做出尽量准确的估计。但在软件项目中,要准确地估计却不是件易事,主要有以下几个原因:

表 8-5　风险评估例子

风　　　　险	可能性	对进度的影响	对成本的影响	对性能的影响	影响值
需求不明确	0.5	0.3	0.3	0.4	0.5
需求变动	0.9	0.5	0.4	0.2	0.99
关键人员的离职	0.2	0.4	0.2	0.3	0.18
公司资源对项目产生了限制	0.6	0.4	0.2	0.3	0.54
缺少严格的变更控制和版本的控制	0.2	0.5	0.3	0.3	0.22

（1）依赖主观估计。由于软件项目的历史资料通常不完整，因此，都是根据经验进行估计，而且主观估计常常存在相互矛盾的问题。例如，某专家对一个特定风险发生的概率估计为 0.6，然而，当问及不发生的概率时，回答可能性是 0.5。因此，许多学者将模糊数学理论引入到风险预测中，以解决预测的可能性和准确性问题。

（2）人们认知的局限。由于人类自身认知客观事物的能力有限，所以不能准确地预知未来事物的发展变化，这也是导致风险估计主观性的主要原因。

（3）项目环境多变。项目的一次性特征使其不确定性比其他经济活动大，因此，其预测的难度也较其他经济活动大。也正是这个原因，风险管理应该贯穿整个项目周期。

8.3.3　风险评价

风险评价是根据给定的风险评判标准（也称风险评价基准），判断项目是继续执行还是终止。对于继续执行的项目，要进一步给出各个风险的优先排序，确定哪些是必须控制的风险。

那么，要判断风险的高低，就需要一个标准，只有统一标准，才具有可比性，所以在做风险评价时，评价标准的设定应依据前面所确定的风险的可能性和损失的评估准则，不能自成一体。表 8-6 所示为依据上面几个表格得到的风险评价标准。

表 8-6　风险评价标准

风　险　值	等　　级	对　应　策　略
≥0.9	很高	重点控制
[0.5，0.9]	高	应对
[0.2,0.5]	中	应对
[0.1,0.2]	低	视成本、损失严重程度等因素，决定是否应对
<0.1	很低	接受

表 8-7 所示为对常见的风险进行的风险评价结果。从表 8-7 中可以看出，用户需求变动的风险很高，用户需求变动和规模估算过低 2 个风险属于高风险，人员流动属于中等风险，前 3 个风险必须采取措施应对，最后 1 个可以根据项目具体情况而定。

有时候也直接根据损失的大小来进行评价，但因为软件项目的评价具有多目标性，成本、进度、性能、可靠性和维护性都是典型的评判目标，所以风险评判标准就是这些单一目标的组合，不同的组合就构成了一个参照区域，而某个组合就是其中的一个参照点。

表 8-7　常见风险评价结果

风　险	类　别	概　率	影　响	排　序
用户变更需求	产品规模	80%	5	1
规模估算过低	产品规模	60%	5	2
人员流动	人员数目及经验	60%	4	3
最终用户抵制该计划	商业影响	50%	4	4
交付期限被紧缩	商业影响	50%	3	5
技术达不到预期效果	技术情况	30%	2	7
缺少对工具的培训	开发环境	40%	1	8

风险评判标准与风险承受能力有关，例如有人认为成本超出 10%属于中等风险，可以承受，而有的人认为是高风险，不能承受。个人的风险偏好是风险承受能力的主要影响因素。

8.4　风险应对

在识别和分析风险之后，就必须对风险做出适当的应对，包括形成选择方案和确定战略。风险应对策略包括风险回避、风险接受、风险转移和风险缓解等。

8.4.1　风险回避

回避风险是对可能发生的风险尽可能地规避，采取主动放弃或者拒绝使用导致风险的方案。例如，放弃采用新技术。

回避风险消除了风险的起因，将风险发生概率降为零，具有简单和彻底的优点。回避风险要求对风险有足够的认识，当其他风险策略不理想的时候，可以考虑采用。但回避一种风险可能产生另外的风险，而且不是所有的情况都适用，有些风险无法回避，如用户需求变更等。

对于一个风险回避的例子，假如频繁的人员流动被标注为一个项目风险，基于以往的历史和管理经验，人员流动的概率为 70%，被预测为对于项目成本及进度有严重的影响。为了缓解这个风险，项目管理者必须建立一个策略来降低人员流动。可能采取的策略如下：

（1）与现有人员一起探讨一下人员流动的原因（如恶劣的工作条件、低报酬、竞争激烈）。

（2）在项目开始之前，采取行动以缓解那些在管理控制之下的原因。

（3）一旦项目启动，假设会发生人员流动并采取一些技术措施以保证当人员离开时的工作连续性。

（4）对项目进行良好组织，使得每一个开发活动的信息能被广泛传播和交流。

（5）定义文档的标准，并建立相应的机制，以确保文档能被及时建立。

（6）对所有工作进行详细复审，使得不止一个人熟悉该项工作。

（7）对于每一个关键的技术人员都指定一个后备人员。

8.4.2 风险接受

风险接受是一旦风险发生，承担其产生的后果或者项目团队有意识地选择由自己来承担风险后果。

当风险很难避免，或采取其他风险应对方案的成本超过风险发生后所造成的损失时，可采取接受风险的策略。

风险接受分为主动接受和被动接受两种。

（1）主动接受：在风险识别、分析阶段已对风险有了充分准备，通过做出各种资金安排以确保损失出现后能及时获得资金以补偿损失。当风险发生时马上执行应急计划，一般来说主动接受风险主要通过建立风险预留基金的方式来实现。

（2）被动接受：风险发生时再去应对。一般采用的方法是风险损失发生后从收入中支付，即不是在损失前做出资金安排。当经济主体没有意识到风险并认为损失不会发生时，或将意识到的与风险有关的最大可能损失显著低估时，就会采用无计划保留方式承担风险。一般来说，无资金保留应当谨慎使用，因为如果实际总损失远远大于预计损失，将引起资金周转困难。例如，由于各方面原因，项目延期了，必须向用户支付违约金，或不得不接受用户对需求的变更等，这些都会造成项目成本增加，利润下降甚至亏本，但为了市场的需要，不得不接受这个现实。

8.4.3 风险转移

转移风险是为了避免承担风险损失，有意识地将损失或与损失有关的财务后果转嫁出去的方法。风险转移常用来应对金融风暴的爆发。

风险转移的方式可分为非保险转移和保险转移两种。

（1）非保险转移：指通过订立经济合同，将风险及风险有关的财务结果转移给别人。常见的非保险转移有租赁、采购、分包、免责合同等。

（2）保险转移：指通过订立保险合同，将风险转移给保险公司。可以在面临风险的时候向保险公司缴纳一定的保险费，将风险转移。例如，项目团队可以为一个项目所需的硬件购买特定的保险或担保。如果硬件出故障，保险公司必须在约定的时间内更换，这就是一种风险转移。

值得注意的是，有些风险是无法转移的，如组织的信誉度、政治方面的影响等。

8.4.4 风险缓解

风险缓解是指把不利的风险事件的概率或后果降低到一个可以接受的水平，即通过降低风险事件发生的概率，从而降低风险事件的影响。在风险发生之前采取一些措施降低风险发生的可能性或减少风险可能造成的损失。

提前采取行动减少风险的发生概率或者减轻其对项目造成的影响，比在风险发生后亡羊补牢有效得多。例如，实施更多的测试，或者选择比较可靠的卖方等，都可缓

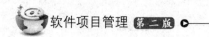

解风险。

风险缓解方案包括风险前缓解和风险后缓解两种方式。风险前缓解风险是在风险发生之前采取相应的措施，通过减少风险发生的概率或减少风险发生造成的影响程度而缓解风险。例如，为了防止人员流失，提高人员待遇，改善工作环境；为防止程序或数据丢失而进行备份等。风险后缓解风险是在风险发生之前并不采取措施，而是事先做好计划，让团队知道一旦风险发生应该如何去做，从而缓解风险发生造成的影响。

一般来说，采取预防措施阻止或缓和风险比发生风险后再弥补其造成的损失费用要低，效果要好。

8.4.5 风险应对措施

制订项目风险应对措施的另一个依据是一种具体项目风险所存在的选择应对措施的可能性。对于一个具体项目风险而言，只有一种选择和有很多个选择情况是不同的，总之要通过选择最有效的措施制定出项目风险的应对措施。

制订项目风险应对措施的主要依据：

1．项目风险的特性

通常项目风险应对措施主要是根据风险的特性制定的。例如，对于有预警信息的项目风险和没有预警信息的项目风险就必须采用不同的风险应对措施，对于项目工期风险、项目成本风险和项目质量风险也必须采用完全不同的风险应对措施。

2．项目组织抗风险的能力

项目组织抗风险能力决定了一个项目组织能够承受多大的项目风险，也决定了项目组织对于项目风险应对措施的选择。项目组织抗风险能力包括许多要素，既包括项目经理承受风险的心理能力，也包括项目组织具有的资源和资金能力。

一般的项目风险应对措施主要有如下几种：

1．风险规避措施

这是从根本上放弃使用有风险的项目资源、项目技术、项目设计方案等，从而避开项目风险的一类风险应对措施。例如，对于存在不成熟的技术坚决不在项目实施中采用就是一种项目风险规避的措施。

2．风险遏制措施

这是从遏制项目风险事件引发原因的角度出发，控制和应对项目风险的一种措施。例如，对可能出现的因项目财务状况恶化而造成的项目风险，通过采取注入新资金的措施就是一种典型的项目风险遏制措施。

3．风险转移措施

这类项目风险应对措施多数是用来对付那些概率小，但是损失大，或者项目组织很难控制的项目风险。例如，通过合同或购买保险等方法将项目风险转移给分包商或保险商的办法就属于风险转移措施。

4．风险化解措施

这类措施从化解项目风险产生的原因出发，去控制和应对项目的具体风险。例如，对于可能出现的项目团队内部冲突风险，可以通过采取双向沟通、消除矛盾的方法去

196

解决问题，这就是一种风险化解措施。

5．风险消减措施

这类措施是对付无预警信息项目风险的主要应对措施之一。例如，当出现雨天而无法进行室外施工时，采用尽可能安排各种项目团队成员与设备从事室内作业就是一种项目风险消减的措施。

6．风险应急措施

这类项目风险应对措施也是对付无预警信息风险事件的一种主要的措施。例如，准备各种灭火器材以对付可能出现的火灾，购买救护车以应对人身事故的救治等就都属于风险应急措施。

7．风险容忍措施

风险容忍措施多数是对那些发生概率小，而且项目风险所能造成的后果较轻的风险事件所采取的一种风险应对措施。这是一种经常使用的项目风险应对措施。

8．风险分担措施

这是指根据项目风险的大小和项目团队成员以及项目相关利益者不同的承担风险能力，由他们合理分担项目风险的一种应对措施。这也是一种经常使用的项目风险应对措施。

另外，还有许多项目风险的应对措施，但是在项目风险管理中上述项目风险应对措施是最常使用的几种项目风险应对措施。

8.5 风 险 控 制

风险控制就是使风险降低到企业可以接受的程度，当风险发生时，不至于影响企业的正常业务运作。

8.5.1 项目风险控制的概念

项目风险控制是指在整个项目过程中根据项目风险管理计划和项目实际发生的风险与变化所开展的各种项目风险控制活动。项目风险控制是建立在项目风险的阶段性、渐进性和可控性基础之上的一种项目风险管理工作。

对于一切事物来说，当人们认识了事物的存在、发生和发展的根本原因，以及风险发展的全部进程以后，这一事物就基本上是可控的；而当人们认识了事物的主要原因及其发展进程的主要特性以后，那么它就是相对可控的；只有当人们对事物一无所知时，人们对事物才会是无能为力的。对于项目的风险而言，通过项目风险的识别与分析，人们已识别出项目的绝大多数风险，这些风险多数是相对可控的。这些项目风险的可控程度取决于人们在项目风险识别和分析阶段给出的有关项目风险信息的多少。所以，只要人们能够通过项目风险识别和度量得到足够有关项目风险的信息就可以采取正确的项目风险应对措施，从而实现对于项目风险的有效控制。

项目的风险是发展和变化的，在人们对其进行控制的过程中，这种发展与变化会随着人们的控制活动而改变。因为对于项目风险的控制过程实际是一种人们发挥其主观能动性去改造客观世界（事物）的过程，而与此同时在这一过程中所产生的信息也会进一步改变人们对于项目风险的认识和把握程度，使人们对项目风险的认识更为深入，对项目风险的控制更加符合客观规律。实际上人们对项目风险的控制过程也是一个不断认识项目风险的特性，不断修订项目风险控制决策与行为的过程。这一过程是一个通过人们的活动使项目风险逐步从相对可控向绝对可控转化的过程。

项目风险控制的内容主要包括：持续开展项目风险的识别与度量、监控项目潜在风险的发展、追踪项目风险发生的征兆、采取各种风险防范措施、应对和处理发生的风险事件、消除和缩小项目风险事件的后果、管理和使用项目不可预见费用、实施项目风险管理计划等。

8.5.2 项目风险控制的目标和依据

1. 项目风险控制的目标

项目风险控制的目标主要有如下几种：

（1）努力及早识别项目的风险。项目风险控制的首要目标是通过开展持续的项目风险识别和度量工作及早地发现项目所存在的各种风险以及项目风险的各方面的特性，这是开展项目风险控制的前提。

（2）努力避免项目风险事件的发生。项目风险控制的第二个目标是在识别出项目风险后，通过采取各种风险应对措施，积极避免项目风险的实际发生，从而确保不给项目造成不必要的损失。

（3）积极消除项目风险事件的消极后果。项目的风险并不是都可以避免的，有许多项目风险会由于各种原因而最终发生，对于这种情况，项目风险控制的目标是要积极采取行动，努力消减这些风险事件的消极后果。

（4）充分吸取项目风险管理中的经验与教训。项目风险控制的第四个目标是对于各种已经发生并形成最终结果的项目风险，一定要从中吸取经验和教训，从而避免同样风险事件的发生。

2. 项目风险控制的依据

项目风险控制的依据主要有如下几方面：

（1）项目风险管理计划。这是项目风险控制最根本的依据，通常项目风险控制活动都是依据这一计划开展的，只有新发现或识别的项目风险控制例外。但是，在识别出新的项目风险以后就需要立即更新项目风险管理计划，因此可以说所有的项目风险控制工作都是依据项目风险管理计划开展的。项目风险管理计划根据项目的大小和需求，可以是正式计划，也可以是非正式的计划，可以是有具体细节的详细计划与安排，也可以是粗略的大体框架式的计划与安排。项目风险管理计划是整个项目计划的一个组成部分。项目风险应急计划是在事先假定项目风险事件发生的前提下，所确定出的在项目风险事件发生时所应实施的行动计划。项目风险应急计划通常是项目风险管理计划的一部分，但是它也可以是融入项目的其他计划。例如，它可以是项目范围管理计划或者项目质量管理计划的一个组成部分。

（2）实际项目风险发展变化情况。一些项目风险最终是要发生的，而其他一些项目风险最终不会发生。这些发生或不发生的项目风险的发展变化情况也是项目风险控制工作的依据之一。

（3）项目预备金。项目预备金是一笔事先准备好的资金，这笔资金也被称为项目不可预见费，它是用于补偿差错、疏漏及其他不确定性事件的发生对项目费用估算精确性的影响而准备的，它在项目实施中可以用来消减项目成本、进度、范围、质量和资源等方面的风险。项目预备金在预算中要单独列出，不能分散到项目具体费用中。否则，项目管理者就会失去这种资金的支出控制，失去了运用这笔资金抵御项目风险的能力。当然，盲目地预留项目不可预见费也是不可取的，因为这样会增加项目成本和分流项目资金。

为了使这项资金能够提供更加明确的消减风险的作用，通常它备分成几部分。例如，可以分为项目管理预备金、项目风险应急预备金、项目进度、成本预备金等。另外，项目预备金还可以分为项目实施预备金和项目经济性预备金，前者用于补偿项目实施中的风险和不确定性费用，后者用于对付通货膨胀和价格波动所需的费用。

3．项目的技术后备措施

项目的技术后备措施是专门用于应付项目技术风险的，它是一系列预先准备好的项目技术措施方案，这些技术措施方案是针对不同项目风险而预想的技术应急方案，只有当项目风险情况出现，并需要采取补救行动时才需要使用这些技术后备措施。

8.5.3 项目风险控制的步骤和内容

项目风险控制方法的步骤和内容如图 8-8 所示。

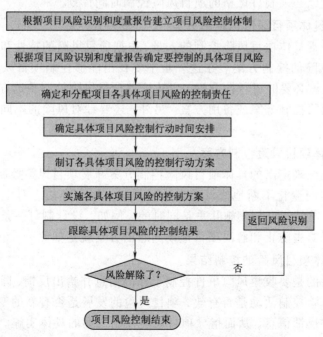

图 8-8 项目风险控制方法流程图

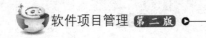

项目风险事件控制中各具体步骤的内容与做法分别说明如下：

1．建立项目风险事件控制体制

这是指在项目开始之前要根据项目风险识别和度量报告所给出的项目风险信息，制订出整个项目风险控制的大政方针、项目风险控制的程序以及项目风险控制的管理体制。这包括项目风险责任制、项目风险信息报告制、项目风险控制决策制、项目风险控制的沟通程序等。

2．确定要控制的具体项目风险

这一步是根据项目风险识别与度量报告所列出的各种具体项目风险确定出对哪些项目风险进行控制，而对哪些风险进行容忍并放弃对它们的控制。通常这要按照项目具体风险后果的严重程度、风险发生的概率以及项目组织的风险控制资源等情况确定。

3．确定项目风险的控制责任

这是分配和落实项目具体风险控制责任的工作。所有需要控制的项目风险都必须落实具体负责控制的人员，同时要规定他们所负的具体责任。对于项目风险控制工作必须要由专人去负责，不能分担，也不能由不合适的人去担负风险事件控制的责任，因为这些都会造成大量的时间与资金的浪费。

4．确定项目风险控制的行动时间

这是指对项目风险的控制要制订相应的时间计划和安排，计划和规定出解决项目风险问题的时间表与时间限制。因为没有时间安排与限制，多数项目风险问题是不能有效地加以控制的。许多由于项目风险失控所造成的损失都是因为错过了风险控制的时机造成的，所以必须制订严格的项目风险控制时间计划。

5．制订各具体项目风险的控制方案

这一步由负责具体项目风险控制的人员，根据项目风险的特性和时间计划去制订出各具体项目风险的控制方案。在这一步中要找出能够控制项目风险的各种备选方案，然后对方案做必要的可行性分析，以验证各项目风险控制备选方案的效果，最终选定要采用的风险控制方案或备用方案。另外，还要针对风险的不同阶段制订不同的风险控制方案。

6．实施具体项目风险控制方案

这一步要按照确定出的具体项目风险控制方案开展项目风险控制活动，必须根据项目风险的发展与变化不断地修订项目风险控制方案与办法。对于某些项目风险而言，风险控制方案的制订与实施几乎是同时的。例如，设计制订一条新的关键路径并计划安排各种资源去防止和解决项目拖期问题的方案就是如此。

7．跟踪具体项目风险的控制结果

这一步的目的是要收集风险事件控制工作的信息并给出反馈，即利用跟踪去确认所采取的项目风险控制活动是否有效，项目风险的发展是否有新的变化等。这样，就可以不断地提供反馈信息，从而指导项目风险控制方案的具体实施。这一步是与实施具体项目风险控制方案同步进行的，通过跟踪而给出项目风险控制工作信息，再根

据这些信息去改进具体项目风险控制方案及其实施工作,直到对风险事件的控制完结为止。

8.判断项目风险是否已经解除

如果认定某个项目风险已经解除,则该具体项目风险的控制作业就已经完成。若判断该项目风险仍未解除,就需要重新进行项目风险识别。这需要重新使用项目风险识别的方法对项目具体活动的风险进行新一轮的识别,然后重新按本方法的全过程开展下一步的项目风险控制作业。

本章案例一:

某公司召开会议,商量是否实施 ERP 项目,3 个部门主要负责人就此问题发表自己的看法。

甲:我们公司不应该实施这个项目。现在我们刚把办公自动化系统搞好,还没有适应,工作效率也没提高多少,再上 ERP 有些不适应,而且这个 ERP 项目花费太大。ERP 在国内很多企业都搞失败了,成功的几率不会有多大。如果我们也失败了,会给公司带来灾难性的后果。利用搞 ERP 的这些钱我们可以做一些短、平、快的项目,多招一些开发高手,提高公司的收益,而不是搞这些无端的风险投资。

乙:不应该一棒子打死 ERP。ERP 是一种新兴事务,它不是万能的,但是不上 ERP 又是万万不行的。企业规模到了一定程度,管理和决策就是一个重要的问题。ERP 是知识经济时代的管理方案,是面向供应链和"流程制"的智能决策支持系统,其先进的管理思想可以帮助企业最大限度地利用已有资源,解决管理和决策问题。但是,实施 ERP 风险很大,很多企业都失败了,主要原因在于项目实施的管理问题,没有及时识别项目中的风险并及时处理,项目监控机制不好,高层支持不够,老员工的适应性差等,最终导致"ERP 夭折"。我们公司以后想获得更大发展,应该实施 ERP。现在有些条件不够,整体上 ERP 不太可行,我们可以分步实施。我们可以借鉴其他企业实施 ERP 的经验,先进行小范围 ERP 试验、积累经验,等以后时机成熟了,再就整体实施 ERP。

丙:ERP 应该上,而且要迅速上,不应该等。如果其他企业都上了 ERP,那么我们公司再依靠 ERP 获得收益就没有什么希望了。ERP 本身就是一把双刃剑,虽然有风险,但是收益也大,现在我们的目标是收益,对于风险要想法化解。项目实施中要注意借鉴其他企业的经验,摸着石头过河,形成自己的特色,提高自己公司的管理和决策水平,争取把公司做大做强。小的、可以自己解决的风险自己处理;难以处理的、不确定的风险进行外包,实施风险转移;如果管理有问题,可以从专业咨询公司招聘顾问来担当项目经理职务。总之,尽一切可能实施 ERP,实现收益最大化。

【问题 1】如图 8-9 所示,横轴表示项目投资的大小,纵轴表示项目成功的概率,A、B、C 代表 3 种不同应对风险的人。请写出 A、B、C 的名字和特征,并且指出上述案例中甲、乙、丙分别属于哪一种对象。

【问题 2】如果公司有以下 3 种职位,你认为甲、乙、

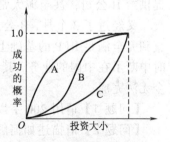

图 8-9 投资与成功概率

丙分别适合做什么：项目经理、程序员、产品销售人员。

参考答案：

【问题 1】A 为风险规避者：属于保守派。他们自始至终都不愿意接受较大的风险，希望利用少量投资就可以得到较高的成功概率；随着投资的增加，他们希望成功概率越来越大，最后达到百分之百。

B 为风险中立者：属于中庸派。当投入少时，他们可以接受较大的风险；当投入逐渐增加时，他们就开始变得谨慎起来，希望获得成功的概率也随之提高，最后达到百分之百。

C 为风险冒险者：属于冒险派。他们自始至终都愿意接受较大的风险，当投入少时，他们可以接受较大的风险；随着投入的增加，他们也会变得谨慎一些，希望成功的概率有所增加，最后达到百分之百。

上述案例中，甲、乙、丙分别对应 A、B、C。

【问题 2】甲属于风险规避者，做事小心谨慎，不愿意冒大风险，比较适合做程序员。

乙属于风险中立者，做事深思熟虑、讲究章法，制订计划切实可行、可进可退，比较适合做项目经理。

丙属于风险冒险者，做事大胆，敢于冒风险，一切以效益为先，积极追求成功，具有强烈的成功欲望，比较适合做产品销售人员。

本章案例二：

H 公司打算上某项目，经过发布 RFP（需求建议书），以及谈判和评估，最终选定 C 公司为其提供 IP 电话设备。B 公司作为 C 的代理商，成为了该项目的系统集成商。王先生是该项目的项目经理。

该项目的施工周期是三个月。由 C 负责提供主要设备，B 公司负责全面的项目管理和系统集成工作，包括提供一些主机的附属设备和支持设备，并且负责项目的整个运作和管理。C 和 B 公司之间的关系是一次性付账。这就意味着 C 不承担任何风险，而 B 公司虽然有很大的利润，但是也承担了全部的风险。

3 个月后，整套系统安装完成。但自系统试运行之日起，不断有问题暴露出来。H 公司要求 B 公司负责解决，可其中很多问题涉及 C 的设备问题。因而，B 公司要求 C 予以配合。但由于开发周期的原因，C 无法马上达到新的技术指标并满足新的功能。于是，项目持续延期。为完成此项目，B 只好不断将 C 的最新升级系统（软件升级）提供给 H 公司，甚至派人常驻在 H 公司（外地）。

又经过了 3 个月，H 公司终于通过了最初验收。在 B 公司同意承担系统升级工作直到完全满足 RFP 的基础上，H 公司支付了 10%的验收款。然而，C 由于内部原因暂时中断了在中国的业务，其产品的支持力度大幅下降，结果致使该项目的收尾工作至今无法完成。

【问题 1】请用 200 字以内文字描述该项目存在的主要问题和原因。

【问题 2】请描述如何解决案例中所述问题的办法。

【问题 3】如果你是王经理，你觉得应如何制定有效的项目风险管理方案？

参考答案：

【问题 1】该项目最终失败的原因主要在于风险控制和风险处理机制。在很多 IT 项目中，由于竞争和其他原因造成了风险过度集中在某一个相对弱势的角色身上。在本案例中，B 公司就处于这样的境地：一方面它需要依赖代理 C 的产品生存，另一方面要它还必须要满足用户的具体需求。

【问题 2】一般情况下，如果项目经理在项目合同签订以前加入项目，可以充分利用项目采购管理一章的知识，了解自己公司在项目中的位置，对买方提出的 RFP 认真回答，规避潜在的风险，这是非常重要的。对于 RFP 中过高的要求不能完全满足时，应充分说明。在项目的进行过程中，项目经理和项目的拥有人要将风险管理纳入日常工作的重要步骤。要明确成本与风险、成本与时间的关系。制定完善的风险管理计划，建立管理风险预警机制。

【问题 3】在全面分析评估风险因素的基础上，制定有效的管理方案是风险管理工作的成败之关键，它直接决定管理的效率和效果。因此，详实、全面、有效成为方案的基本要求，其内容应包括：风险管理方案的制定原则和框架、风险管理的措施、风险管理的工作程序等。

小　结

本章首先介绍风险以及风险管理的概念，接着讨论了风险识别的重要性及其常用的方法和工具、风险分析的流程以及对风险进行估计和评价的方法，介绍了风险应对的几种措施，最后讲述了项目风险控制的概念、目标和步骤。

习　题

1. 软件项目常见的风险有哪些？
2. 列举几种风险管理经典模型。
3. 风险识别的方法有哪些？
4. 描述风险估计的 4 个环节。
5. 怎样应对风险？

第 9 章

团队与沟通管理 〈〈〈

引言

软件项目团队管理（Team Management）是根据软件项目目标、项目进展情况和外部环境变化，采用科学的方法，对项目团队成员的思想、心理和行为进行有效的管理，充分发挥他们的主观能动性，实现项目的目标。项目团队是软件项目中最重要的因素，成功的团队管理是软件项目顺利实施的保证。项目沟通管理是以项目经理为中心，纵向对高层管理者、项目发起人、团队成员，横向对职能部门、客户、供应商等进行项目信息的交换。

学习目标

通过本章学习，应达到以下要求：

- 提高小组的工作效率。
- 分析小组合作需求。
- 有效的团队建设。
- 编制组织计划。
- 选择最好的沟通风格以支持项目合作。
- 编写沟通计划。
- 提高软件开发团队的稳定性

内容结构

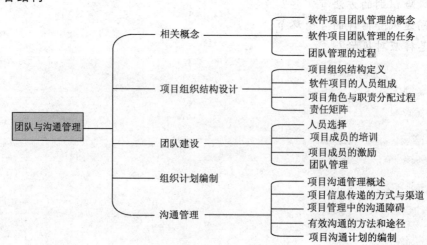

9.1 相 关 概 念

9.1.1 软件项目团队管理的概念

美国项目管理协会（Project Management Institute，PMI）的《项目管理知识体系指南》（*Project Management Body of Knowledge，PMBOK*）对项目人力资源管理的定义为：最有效地使用参与项目人员所需的各项过程，包括针对项目的各个利益相关方展开的有效规划、合理配置、积极开发、准确评估和适当激励等方面的管理工作。

软件项目团队管理就是运用现代化的科学方法，对项目组织结构和项目全体参与人员进行管理，在项目团队中开展一系列科学规划、开发培训、合理调配、适当激励等方面的管理工作，使项目组织各方面人员的主观能动性得到充分发挥，以实现项目团队的目标。

9.1.2 软件项目团队管理的任务

软件项目团队管理的过程是一项复杂的工作，其主要包括：团队组织计划、团队人员获取和团队建设，如图 9-1 所示。团队组织计划指确定、记录与分派项目角色、职责，并对请示汇报关系进行识别、分配和归档。团队人员获取是指获得项目所需的并被指派到项目中的人力资源（个人或集体）。团队建设是指提高项目干系人作为个人为项目所做出贡献的能力和提高项目团队作为集体发挥作用的能力。团队的建设是项目实现其目标的关键，个人的管理能力与技术水平的培养是团队建设的基础。

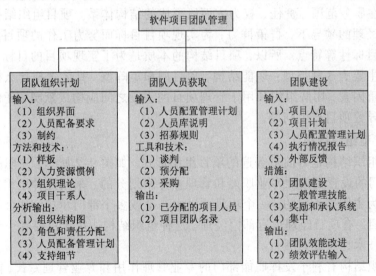

图 9-1　软件项目团队管理的任务

9.1.3 团队管理的过程

团队管理是对项目组织全体成员的管理和项目组织自身的管理，是项目管理中最根本的一项管理，是对项目组织所储备的人力资源开展的一系列科学规划、开发培训、合理调配、适当激励等方面的管理工作，使项目组织各方面人员的主观能动性得到充分发挥，做到人尽其才、事得其人、人事相宜，同时保持项目组织高度的团结性和战斗力，从而成功地实现项目组织的既定目标。团队管理的内容基本包括：

（1）项目经理的确定。

（2）项目组织形式的确定。

（3）项目成员的确定。

（4）项目团队的建设。

（5）沟通管理。

进行团队管理首先要明确项目干系人，软件项目中的项目干系人包括：项目发起人、资助者、供应商、项目组成员、协助人员、客户、使用者、项目的反对人等。项目管理工作组必须识别哪些个体和组织是项目干系人，确定他们的需求和期望，然后设法满足和影响这些需求、期望以确保项目能够成功。

9.2 项目组织结构设计

组建团队时首先要明确项目的组织形式，项目团队的组织结构应该能够增加团队的工作效率，避免摩擦。因此，一个理想的团队结构应当适应人员的不断变化，利于成员之间的信息交流和项目中各项任务的协调。

9.2.1 项目组织结构定义

项目的组织结构是承担某一项目的全体职工为实现项目目标，在管理工作中进行分工协作，在职务范围、责任、权力方面所形成的结构体系。项目组织结构的根本使命是在项目经理的领导下，群策群力，为实现项目目标而努力工作的项目组织，它具有临时性和目标性等特点。所以，项目结构的本质是为了实现项目的目标。软件项目组织结构体主要为3种类型：职能结构、项目型和矩阵型。具体选择什么样的组织结构要考虑多重因素，团队组织和用于管理项目的手段之间应构成默契，任何方法上的失谐都可能导致项目产生问题。

1. 职能型组织结构

职能型组织结构是目前最普遍的项目组织形式，如图9-2所示。在职能组织结构中，工作部门的设置是按照专业职能和管理业务来划分的。采用这种组织结构时，项目是以部门为主体来承担的，一个项目可以由一个或多个部门承担，一个部门也可以承担多个项目，有项目经理也有部门经理。这种组织结构适用于主要有一个部门完成的项目或者技术比较成熟项目。

职能组织结构有利于发挥职能部门的专业管理作用和专业管理专长，能适应生产技术发展和间接管理复杂化的特点。但如果多维指令产生冲突，则将使得下级部门无所适从，容易造成管理混乱。

职能型组织结构的优点：

（1）以职能部门作为承担项目任务的主体，可以充分发挥职能部门的资源集中优势，有利于保障项目需要资源的供给和项目可交付成果的质量。

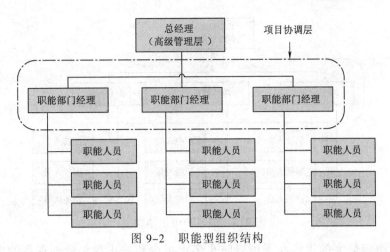

图 9-2 职能型组织结构

（2）职能部门内部的技术专家可以同时被该部门承担的不同项目同时使用，节约人力，减少了资源的浪费。

（3）同一职能部门内部的专业人员便于相互交流、相互支援，对创造性地解决技术问题很有帮助。

（4）当有项目成员调离项目或者离开公司时，所属职能部门可以增派人员，保持项目的技术连续性。

（5）项目成员可以将完成项目和完成本部门的职能工作融为一体，可以减少因项目的临时性而给项目成员带来的不确定性。

职能型组织结构的缺点：

（1）客户利益和职能部门的利益常常发生冲突，职能部门会为本部门的利益而忽视客户的需求。

（2）当项目需要多个职能部门共同完成，或者一个职能部门内部有多个项目需要完成时，资源的平衡就会出现问题。

（3）当项目需要由多个部门共同完成时，权力分割不利于各职能部门之间的沟通交流、团结协作。

（4）项目成员在行政上仍隶属于各职能部门的领导，项目经理对项目成员没有完全的权利，项目经理需要不断地同职能部门经理进行有效的沟通以消除项目成员的顾虑。当小组成员对部门经理和项目经理都要负责时，项目团队的发展常常是复杂的。对这种双重报告关系的有效管理常常是项目最重要的成功因素，而且通常是项目经理的责任。

2．项目型组织结构

与职能型组织结构相对应的另一种极端组织结构是项目型组织结构。项目型组织结构中的部门完全是按照项目进行设置的，是一种单目标的垂直组织方式，每个项目以项目经理为首，项目工作会运用到大部分的组织资源，而项目经理也有高度独立性，享有高度的权力。完成每个项目目标所需的全部资源完全划分给该项目单元，完全为该项目服务，如图 9-3 所示。

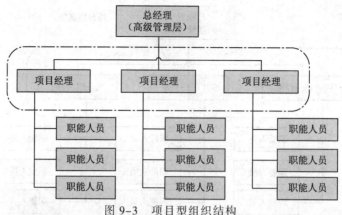

图 9-3 项目型组织结构

直线性组织最大的优点在于可以防止多重指令和防止双头管理现象的出现，对于一个部门来说可以避免出现接收多个相互矛盾指令的情况。

项目型组织结构的优点：

（1）项目经理对项目可以全权负责，可以根据项目需要随意调动项目组织的内部资源或者外部资源。

（2）项目型组织的目标单一，完全以项目为中心安排工作，能够对客户的要求做出及时响应，有利于项目的顺利完成。

（3）项目经理对项目成员有全部权利，项目成员只对项目经理负责，避免了职能型项目组织结构下项目成员处于多重领导、无所适从的局面，项目经理是项目的真正、唯一领导者。

（4）组织结构简单，项目成员直接属于同一个部门，彼此之间的沟通交流简洁、快速，提高了沟通效率，同时也加快了决策速度。

项目型组织结构的缺点：

（1）每一个项目型组织，资源不能共享，即使某个项目的专用资源闲置，也无法应用于另外一个同时进行的类似项目，人员、设施、设备重复配置，会造成一定程度的资源浪费。

（2）公司里各个独立的项目型组织处于相对封闭的环境之中，公司的宏观政策、方针很难做到完全、真正的贯彻实施，可能会影响公司的长远发展。

（3）在项目完成以后，项目型组织中的项目成员要么被派到另一个项目中，要么被解雇，对项目成员来说，缺乏一种事业上的连续性和完全感。

（4）公司承担的项目之间处于一种条块分割状态，项目之间缺乏信息交流。

3．矩阵型组织结构

矩阵型组织结构是职能型组织结构和项目型组织结构的混合体，既具有职能型组织结构的特征，又具有项目型组织结构的特征。它是根据项目的需要，从不同的部门中选择合适的人员组成一个临时项目组，项目结束之后，这个项目组也就解体，然后，各个成员再回到各自原来的部门。矩阵型组织结构如图 9-4 所示。

很多组织结构不同程度地具有以上各种组织结构的特点，而且会根据项目具体情况执行一套特定的工作程序。项目的暂时性特征意味着个人之间和组织之间的关系总

体而言是既短又新的。项目管理者必须仔细选择适应这种短暂关系的管理技巧。组织
结构说明了一个项目的组织环境，在实施一个项目时应该明确本项目的具体形式，包
括项目中各个层次的接口关系、报告关系、责任关系等。例如，图9-5便是一个网站
项目组织结构案例。

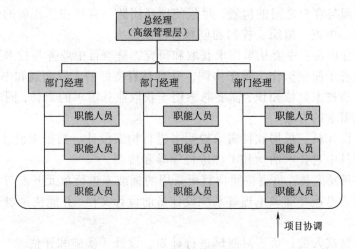

图 9-4 矩阵型组织结构

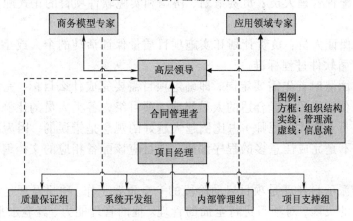

图 9-5 软件项目组织结构

9.2.2 软件项目的人员组成

项目组织结构确定后，需要做的是如何在合适的时间获得团队人员，创建一个既
实际又具有凝聚力的团队。优秀的项目领导者、高效工作的团队、有利的组织结构，
是一切项目成功的关键。

项目团队人员的选择一般是根据项目的需要，参考项目计划进行人员编制，必要
时招聘相应岗位的人员，对他们进行相应的培训，然后将他们放到合理的岗位，对他
们在各自的岗位上的工作进行业绩考评，并将考评的结果与他们的报酬和升迁联系在
一起。软件项目是由不同角色的人共同协作完成的，每种角色都必须有明确的职责定
义，因此选拔和培养适合角色职责的人才是首要的因素。可以通过合适的渠道选择合
适的人员，而且要根据项目的需要进行，高、中、低不同层次的人员都需要进行合理

的安排，明确项目需要的人员技能并验证需要的技能。有效的软件项目团队由担当各种角色的人员组成。常见的一些项目角色包括：

（1）软件项目经理：可能一个人专门负责项目管理，而另一些人积极地参与系统的设计与实现。常见的项目角色包括软件企业最基层的管理人员，负责分配资源、确定优先级、协调与客户之间的沟通，尽量使项目团队一直集中于正确的目标。项目经理需要有领导、决策、组织、控制和创新方面的能力。

（2）系统分析员：主要从事需求获取和研究，是项目中业务与技术间的桥梁。系统分析员应该善于简化工作、善于协调，并且具有良好的人际沟通和书面沟通技巧，必须具备业务和技术领域知识，需要熟悉用于获取业务需求的工具，同时还要掌握引导客户描述出需求的方法。

（3）系统设计员：根据软件需求说明书进行构架设计、数据库设计和详细设计，负责在整个项目中对技术活动和工件进行领导和协调。

（4）软件开发人员：负责按照项目所采用的标准来进行单元开发与测试。软件开发人员需要能够迅速并准确地理解系统设计员的设计文档，并能快速地进行代码开发和单元测试。

（5）系统测试人员：负责对测试进行计划、设计、实施和评估。

（6）软件配置管理人员：负责策划、协调和实施软件项目的正式配置管理活动的个人或小组。

（7）质量保证人员：负责计划和实施项目质量保证活动的个人或小组，以确保软件开发活动遵循软件过程标准。

组建项目团队时首先需要定岗，即确定项目需要完成什么目标，完成这些目标需要哪些职能岗位，然后选择合适的人员组成。项目组内各类人员的比例应当协调，那种认为编码人员（软件工程师）占比例越大越好的观念是错误的，因为我们的目的是完成项目，而不是完成任意多的程序编码。项目应该配备相应的文档编制人员、质量保证人员等。

确定与指派项目经理是项目启动阶段的一个重要工作。项目经理是项目组织的核心和项目团队的灵魂，对项目进行全面的管理。他的管理能力、经验水平、知识结构、个人魅力都对项目的成败起着关键作用。项目经理的工作目标是负责项目保质保量按期交付。在项目决策过程中，项目经理不仅要面对项目班子中有着各种知识背景和经历的项目管理人员，又要面对各利益相关方以及客户。项目经理在本行业某一技术领域中应具有权威，技术过硬；任务分解能力强；注重对项目成员的激励和团队建设，能良好地协调项目小组成员的关系；具备较强的客户人际关系能力；具有很强的工作责任心，能够接受经常加班的要求；应更注重管理方面的贡献，胜过作为技术人员的贡献。

在项目经理确定之后，项目经理就要与公司相关人员一起商讨如何通过招聘流程获取项目所需的人力资源，这种招聘过程可以面向内部员工，也可以面向社会人力资源。对软件项目团队中的成员应该具备特定岗位所需的不同技能，这可能是设计、编码、测试、沟通等能力；适应需求和任务的变动；能够建立良好的人际关系，与小组中其他成员协作；能够接受加班的要求；认真负责、勤奋好学，积极主动，富于创新。

9.2.3 项目角色与职责分配过程

定义和分配工作的过程是在项目启动阶段开始运作，并且在软件项目开发过程中重复进行。一旦项目组决定了采用的技术方法，他们将建立一个工作分解结构图（WBS）来定义可管理的工作要素。然后，指定活动定义，进一步确定 WBS 中各个活动所包含的工作，最后指派工作给项目中的人员。

定义和分配工作的过程包括 4 部分：确定项目要求、定义工作如何完成、把工作分解为可管理的部分、制定工作职责，如图 9-6 所示。

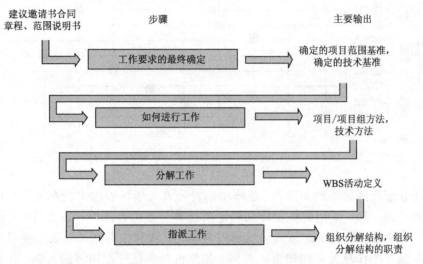

图 9-6　定义和分配工作的一个框架

9.2.4 责任矩阵

项目角色和职责在项目管理中必须明确，否则容易造成同一项工作多个人参与但没有人负责，最终影响项目的目标实现。为了使每项工作能够顺利完成，必须将每项工作分配到具体的个人或小组，明确不同的个人在这项工作中的职责，而且每项工作职能有唯一的负责人。项目经理通常使用 OBS 来分配工作任务，用责任分配矩阵表示角色与任务之间的层次关系。

组织分解结构（Organizational Breakdown Structure，OBS）是一种特殊的组织结构图，它建立在一般组织结构图的基础上，负责每个项目活动的具体组织单元。它是将工作包与相关部门或单位分层次、有条理地联系起来的一种项目组织安排图形。

责任分配矩阵（Responsibility Assignment Matrix，RAM）是将工作分解结构图（WBS）中的每一项工作指派给 OBS 中的执行人而形成的一个矩阵。具体来说是以表格形式表示完成工作分解结构中工作细目的个人责任方法。强调每一项工作细目由谁负责，并表明每个人的角色在整个项目中的地位。制订责任矩阵的主要作用是将工作分配给每一个成员后，通过责任矩阵可以清楚地看出每一个成员在项目执行过程中所承担的责任。

项目经理完成 WBS 分解之后，可以开始考虑如何将各个独立的工作单元分配给相应的组织单元，从而形成责任分配矩阵。它们之间的对应关系如图 9-7 所示。

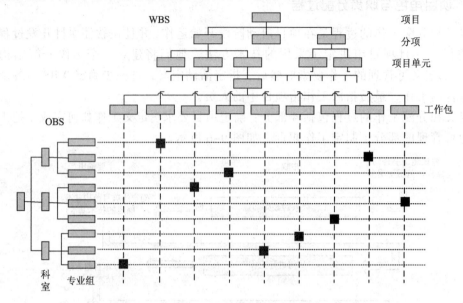

图 9-7　责任分配矩阵

责任分配矩阵是一种矩阵图，矩阵中的符号表示项目工作人员在每个工作单元中的参与角色或责任。采用责任矩阵来确定项目参与方的责任和利益关系。责任矩阵中纵向为工作单元，横向为组织成员或部门名称，纵向和横向交叉处表示项目组织成员或部门在某个工作单元中的职责。表 9-1 是角色与责任分配矩阵的示例，在责任矩阵中，可以用多个符号来表示参与工作任务的程度，如 P 表示参与者，A 表示负责人，R 表示复查者。当然，也可以用更多的符号表示角色与责任。

表 9-1　角色与责任分配

项目阶段　　　人员	A	B	C	D	E	F	…
分析阶段	A	P				P	
系统设计	P	A	P	P	P	P	
软件开发			P	P	A	P	
系统测试		R	R	A	R		

9.3　团队建设

软件项目因其技术含量高、影响因素多、参与人员具有不同的知识背景和专业技术，这就要求项目的团队具有能够解决错综复杂问题，具有共享信息、观点和创意，协调工作的能力。因此，需要项目的团队建设，提高项目相关人员作为个体做出贡献的能力，提高项目小组作为团队尽其职责的能力。软件项目团队的团队建设工作涉及：

项目成员的选择、项目成员的培训、项目成员的激励、团队建设等诸多方面,下面分别加以描述。

9.3.1 人员选择

项目成员的选择一般是通过人员招聘和现有人员配备。软件项目团队规划主要考虑人数、员工的专业技术能力、业务能力、各类人员的比例。需要强调的是必须明确技术能力和业务能力的要求,以及各类人员是否需要通过培训以达到技术能力或业务能力的要求。理想的项目成员应该完全献身于项目,有素养和理解力,充分理解自己的任务目标,认真执行指令,发生未料到的事情时,勇于处理,懂得事情的分寸,不该问的事情决不去问。技术上很强,在自己的专业领域是一位行家里手,当项目经理给他一项任务时,他能够保证有效地、高质量地完成任务。图 9-8 所示为两个软件项目的人员配备情况。

⚙ Windows 2000 Team		⚙ Web Matrix Team	
≫ 内部IT	50	≫ 程序经理	2
≫ 市场人员	100	≫ 开发组长/架构师	1
≫ 文档人员	100	≫ 开发人员	7
≫ 本地化人员	110	≫ 测试组长	1
≫ 培训人员	110	≫ 测试人员	13
≫ 程序经理	450	≫ 合计	24
≫ 技术支持人员	600		
≫ 技术传播人员	1 120		
≫ 开发人员	900		
≫ 测试人员	1800		
≫ 合计	5 345		

图 9-8 两个软件项目的人员配备

选择合适的项目人员对于项目成败起着至关重要的作用。心理专家和管理专家进行一系列的实验,帮助我们理解人们的行为。这些实验可以使项目经理搞清楚矛盾根源、人们的动机、生产效率等问题。有的是测试发生冲突时人们的表现,比如好胜、合作、容纳、回避等,有的是测试人们关注任务和关注人的程度等。其中,最受欢迎的是 Myers-Briggs 心理测试方法,或称为 Myers-Briggs 类型指标(Myers-Briggs Type Indicator,MBTI),它采用一系列的心理测试来决定一个人的心理类型。MBTI 将人格分为 4 个维度,每个维度有两种偏向,分别是:外向-内向(Extravert-Introversion)、感觉-直觉(Sensing-iNtuitive),思考-情感(Thinking-Feeling)、判断-感知(Judging - Perceiving)。共组成 16 种人格类型,以各个维度的字母表示类型,如表 9-2 所示。

这 16 种人格类型各自具有不同的性格表现,这些表现也适应于不同的工作或团队。一般来说,进行常规工程的人员可以选择 ESTJ(外向、感觉、思考、判断);进行设计的人员可以选择 ENTJ(外向、直觉、思考、判断)或 INTJ(内向、直觉、思考、判断);市场人员可以选择 ESFJ(外向、感觉、情感、判断),等等。每个项目经理都希望获得理想的项目人员，理想的人员是完全献身于项目，有素养和理解力，充分理解自己的任务目标，认真执行指令，发生未料到的事情时勇于处理；同时，也懂得事情的分寸，不该问的事情决不去问，技术上很强，在自己的专业领域是一位行家；当项目经理给他一项任务时，他能够保证有效地、高质量地完成。

表 9-2　MBTI 的 16 种人格类型

ESFP	ISFP	ENFJ	ENFP
ESTP	ISTP	INFJ	INFP
ESFJ	ISFJ	ENTP	INTP
ESTJ	ISTJ	ENTJ	INTJ

项目人力资源管理的一项重要任务是根据每个人的专长、特点、爱好来安排任务，充分做到人尽其才。在对项目成员配备工作时，应该依据以下原则：

（1）人员的配备必须要为项目目标服务。

（2）以岗定员，保证人员配备的效率，充分利用人力资源，不能以人定岗。

（3）项目处于不同的实施阶段，所需人力资源的种类、数量、质量是不同的，要安排一定比例的临时工作人员，根据项目的需要加入或者退出，节约人力资源成本。

在项目的实施过程中，要根据项目随时可能发生的变化，评价项目组织目前的人力资源状况，并做好未来项目组织对人力资源的需求预测以及未来人力资源的供给预测，保证项目随时都能够及时获得需要的人力资源。

在项目生存期中一个阶段中非常有效的管理技巧到了另一个阶段就会失去效果，这是因为项目相关人员的数量和特点经常会随着项目从一个阶段进入另一个阶段而有所改变。虽然人力资源的行政管理工作一般不是项目管理小组的直接工作，但是，为了深化管理力度，项目管理小组必须对行政管理的必要性有足够的重视。

9.3.2　项目成员的培训

团队建设是实现项目目标的重要内容，而项目成员的培训是项目团队建设的基础，项目组织必须重视对员工的培训工作。通过对项目成员的培训，可以提高项目团队的综合素质、工作技能和专业技术水平。同时，也可以通过培训提高项目成员自身的技术和素质，提高项目成员的工作满意度和认可度，预防项目人员的流动，降低人力资源管理成本。

针对项目的一次性和制约性（主要是时间的制约和成本的制约）特点，对于项目成员的培训，主要采取短期性的、片断式的、针对性强、见效快的培训。培训形式主要有两种：一是岗前培训，主要对项目成员进行一些常识性的岗位培训和项目管理方式等培训；二是岗上培训，主要根据开发人员的工作特点，针对操作中可能出现的实际问题，进行特别的培训，多偏重于专门技术和特殊技能的培训。

9.3.3　项目成员的激励

在管理学中，激励是指管理者促进、诱导组织成员形成动机，并引导其行为指向特定目标的活动过程。通俗地讲，激励就是调动人的积极性。激励对于不同的人具有不同的含义，对一些人来讲，激励是一种发展的动力，对另一些人来讲，激励则是一种心理上的支持。激励的过程包括4部分：需要、动机、行为、绩效。

对项目成员的激励是调动成员工作热情非常重要的手段。目前，出现很多的激励理论，比如马斯洛的需求层次理论、赫茨伯格的激励理论、麦克格勒的 X-理论与 Y-理论、期望理论等。这些理论各自有不同的侧重点。

1．马斯洛的需求层次理论

马斯洛的需求层次理论（Maslow's Hicrarchy of Nccds）认为人类的需要是以层次形式出现的，共有5个层次（见图9-9）：生理、安全、社会归属、自尊和自我实现。其中，自我实现是最高的层次，低层次的需求必须在高层次需求满足之前得到满足，满足高层次需求的途径比满足低层次需求的途径更为广泛，激励来自为没有满足的需求而努力奋斗。例如，新员工有群体归属感的需要（社会归属层次的需要），为满足这方面的需要，可以为其开个热情的欢迎会，新老员工相互介绍与沟通，另外要对其生活方面的困难给予帮助。又如，青年人通常希望多学点新知识和技能，这是寻求自我发展与成长的需要（自我实现层次的需要），项目经理要运用任务分配权，在可能的范围内尽量满足这种愿望，特别是对于进取心强的骨干，应分配给他们具有挑战性的任务，这是一种激励的手段，同时也是培训人员的一种方法。阿尔德佛进一步发展了马斯洛的需要层次理论，他认为：有的需要（如自我实现）是后天通过学习而产生的，人的需要不一定严格地按从低到高的顺序发展，并提出了有名的"挫折下倒退"假设，管理者应努力把握和控制好工作结果，通过工作结果来满足人们的各种需要，从而激发人们的工作动机。其中，最后一点强调了工作结果对各种需要的满足，因此在软件项目的阶段点或最终产品达成时

图 9-9　马斯洛的需求层次

要非常慎重地予以宣布，并通过多种途径（如表扬、奖励等）肯定该成果，全方位地满足组员的需要，从而激发下一阶段的工作热情。

2．赫茨伯格的激励理论

赫茨伯格的激励理论（Herzberg's Motivational and Hygicne Factors）认为企业中存在着两组因素：一组导致不满；另一组产生激励。不满因素是工作环境或组织方面的外在因素，满足了这些因素的要求就能避免员工的不满情绪。故称为"保健因素"，它主要包括公司的方针与管理、安全感、工资及其他报酬、人际关系等。而提高员工的工作情绪源于内在因素，通常称为"激励因素"，它包括了成就感、责任感、进步与成长、被认可等。因此，要从这两个因素的角度来协调管理。从"保健因素"的角

度，项目经理要密切注意员工的情绪波动，多与员工沟通，消除与缓解员工的不满情绪；对制度和方针多做解释工作，以消除误解；向上级反映员工的合理要求与建议，以便及时完善有关方针和制度；在项目组内协调好人际关系，对出现的紧张关系要及时地调解；改善工作流程，以便组员间更好地协助工作；公正地评价员工的表现并安排晋级。从"激励因素"的角度，项目经理要鼓励和帮助员工制订个人成长计划（如多长时间学会哪门技术）；为员工的进步与成长提供机会，包括分配适当的任务和培训；要对骨干进行适当地授权，放权给员工，对成绩及时地肯定，提高员工的成就感和责任感。

3. 麦克格勒的 X-理论

麦克格勒的 X-理论（McGregor's Theory X）认为人天生是懒惰的，不喜欢他们的工作并努力逃避工作，缺乏进取心，没有解决问题与创造的能力，更喜欢经常地被指导，避免承担责任，缺乏主动性，以自我为中心，对组织需求反应淡漠，反对变革，需要用马斯洛的底层需求（生理和安全）进行激励。这个理论不适合软件项目人员的激励。

4. 麦克勒格的 Y-理论

麦克勒格的 Y-理论（McGregor's Theory Y）认为人天生是喜欢挑战的，如果给予适当的激励和支持性的工作氛围，会达到很高的绩效预期，具有创造力、想象力、雄心和信心来实现组织目标，能够自我约束、自我导向与控制，渴望承担责任，需要用马斯洛的高层需求（自尊和自我实现）进行激励。

5. 期望理论

期望理论认为人们在下列情况下能够受到激励并且能够做出大量成果：

（1）相信他们的努力很可能会产生成功的结果。

（2）相信自己会因为成功得到相应的回报。

项目经理应把激励理论应用于项目管理的实践过程中，帮助员工发挥潜能，把项目做好。一般来说，进行激励至少包括以下几个方面的工作：

（1）授权：就是为了实现项目目标而赋予项目成员一定的权利，使他们能够在自己的职权范围内完成既定的任务。要根据项目成员的特点、岗位和任务，分配给他们一定的责任，明确任务完成的可交付成果。

（2）制定绩效考评：对每一位项目成员进行绩效考评，是对项目成员施以激励的依据。项目组织的绩效考评是采用一套科学可行的评估办法，检查和评定项目成员的工作完成质量，对员工的工作行为进行衡量和评价，以确定其工作业绩，这是项目人力资源管理的一项重要内容。制订员工的培训计划、合理确定员工的奖励与报酬等方面的工作都要以项目成员的绩效考评成绩为基础。做好项目成员的绩效考评工作，对于加强项目成员的管理，从而成功实现项目目标具有积极的意义。

（3）给予适当的奖励与激励。管理者通过采取各种措施，给予项目成员一定的物质刺激、精神激励，可以激发项目成员的工作动机，调动员工的工作积极性、主动性，并鼓励他们的创造精神，从而以最高的效率完成项目，实现项目目标。当然，激励一定要因人而异，可以适当参照下面做法：

- 薪酬激励：对于软件人员，如果获得的薪酬与其贡献出现较大偏差，便会产生不满情绪，降低工作积极性，因此，必须让薪酬与绩效挂钩。
- 机会激励：在运用机会激励时，要讲究公平原则，即每位员工都有平等的机会参加学习、培训和获得具有挑战性的工作，这样才不会挫伤软件人员的积极性。
- 环境激励：企业内部良好的技术创新氛围，企业全体人员对技术创新的重视和理解，尤其是管理层对软件人员工作的关注与支持，都是对软件人员有效的激励。
- 情感激励：知识型员工大都受过良好的教育，受尊重的需求相对较高，尤其对于软件人员，他们自认为对企业的贡献较大，更加渴望被尊重。
- 其他激励：如弹性工作制，由于软件人员的工作自主性特点，宽松、灵活的弹性工作时间和工作环境对于保持创新思维很重要。

9.3.4 团队管理

软件项目团队是一个跨职能的临时性团队，在软件项目不同阶段中团队成员具有不稳定性和流动性，属于高度集中的知识型团队，具有年轻化程度高、自我意识强、员工业绩难以考核等特点。组建团队的基本方法：创建有确实存在感的项目队伍；建立奖励机制；建立良好人际关系等。

（1）创建有实际存在感的项目团队。项目团队要定期召开会议，会议一方面传达信息，另一方面强调队伍的整体性，坐在一个会议室里，彼此相见，互相认识，感到一个实际存在的团队。例如，很重要的项目启动会议要宣布项目章程，明确责任、目标，确定成员，明确进度、里程碑以及成员的联系方式。另外一个重要会议是项目评审会，它是检查项目进展的周期性会议。创造有实际存在感的最好办法是营造一个队伍空间，让所有开发人员在一起工作，一起讨论问题，在这个空间里可以看到组织机构图表、项目进展图表、项目报告，如果可以还可以创建队伍标志，让大家随时可以看到只属于他们自己的标志。这样，大家进入到这里就宛如进入到一个战壕一样。

（2）建立奖励机制。虽然项目经理的权力是有限的，但项目经理可以利用有限的权力为团队成员建立一个最佳的奖励机制。例如，为表现优秀的成员写推荐信；利用分配工作的控制权，保证优秀的员工有选择的工作安排；利用进度的控制权，调整工作进度照顾模范的员工；可以为超时工作的员工提供假期；可以推荐给某位员工发公司的奖金；添置设备时，可以先提供给优秀员工使用；可以邀请员工共进晚餐；可以对某个员工能享受优待提出意见；可以通过允许项目成员向更高层汇报工作来开阔他们的视野，激励团队的人员尽自己的最大努力工作。

（3）建立良好人际关系。对员工的表现要有积极的反馈，确保交流的畅通，在公共的场合要肯定优秀的工作表现，对项目成员要关心，做一个"挽起袖子"式的管理者，要平易近人，清楚地说明你的期望以及工作要求，坚持原则，授以项目成员决策权。关键的里程碑结点完成以后，举办里程碑聚会来庆祝。至少记住两条不能做的事情：不要当众批评项目成员，不要在产生麻烦时责备队伍。如果项目出现了麻烦，那么主要责任者是项目经理，而不是项目成员。

　　高效的软件开发团队是建立在合理的开发流程及团队成员密切合作的基础之上，团队成员需共同迎接挑战，有效地计划、协调和管理各自的工作直至成功完成项目目标。提高团队工作效率的管理方法如下：

　　（1）给出明确、有挑战性的目标。

　　（2）保持和增强团队的凝聚力。

　　（3）创建融洽的沟通交流的环境，促进团队成员之间的了解、信任、依赖。

　　（4）建立共同的工作规范和制度。

　　（5）采用合理的开发过程和方法。

　　（6）提高项目团队的士气，增加团队战斗力。

　　（7）培养团队以团队目标为自己的奋斗目标的理念。

　　（8）培养内部的团结合作和与其他组织的合作精神。

　　（9）注意团队个人能力的培养和个人的发展。

9.4　组织计划编制

　　项目组织计划是指根据项目的目标和任务，确定相应的组织结构，以及如何划分和确定这些部门，这些部门又如何有机地相互联系和相互协调，共同为实现项目目标而各司其职又相互协作。项目的组织计划编制包括确定书面计划并分配项目任务、职责及报告关系。任务、职责和报告关系可以分配到个人或团队。这些个人和团队可能是执行项目组织的组成部分，也可能是项目组织外部的人员。内部团队通常和专职部门有联系，例如系统设计组、软件开发组或质量控制组。在大多数项目中，组织计划是在最早的项目阶段编制的。但是，这一程序的结果应当在项目全过程中经常性地复查，以保证它的持续适用性。如果初始的组织编制不再有效，应及时修正。

　　在进行组织计划编制时，需要参考资源计划编制中的人力资源需求子项，还需要参考项目中各种汇报关系（又称为项目界面），例如组织界面、技术界面、人际关系界面等。组织计划编制的主要内容包括：组织结构图、角色和责任分配、人员配置管理计划和支持细节等。一般采用的方法包括：参考类似项目的模板、人力资源管理的惯例、分析项目干系人的需求等。

9.5　沟 通 管 理

　　对于软件项目来讲，好的信息沟通对项目的发起和人际关系的改善都有着促进作用，好的沟通可以为软件项目的决策和计划提供依据，为组织和控制管理过程提供依据和手段（如清晰的需求分析、及时的变更等），并能有利于改善人际关系，提高项目的团队意识，增进团队效率。沟通的成败决定整个项目的成败，沟通的效率影响整个项目的成本、进度，沟通不畅的风险是软件项目的最大风险之一。

9.5.1　项目沟通管理概述

　　项目沟通管理是以项目经理为中心，纵向对高层管理者、项目发起人、团队成员，横向对职能部门、客户、供应商等进行项目信息的交换。项目经理作为项目信息的发言人，应确保沟通信息的准确、及时、有效和完整沟通管理的原则。*PMBOK* 中也建议项目经理要花 75%以上时间在沟通上，可见沟通在项目中的重要性。

项目沟通管理通常具有复杂和系统两个特征。软件项目通常建立在公司、企业或政府机构等相关的业务需求上，有专门为该业务需求建立的项目团队进行实施。项目实施过程中涉及社会政治、经济、文化等诸多方面，因此，项目沟通管理必须协调客户、上级管理者以及与其他部门之间的关系，运用系统的沟通管理思想和方法，从整体利益出发，全过程、全方位地进行有效的沟通管理以确保项目的顺利实施。

沟通是使用共同的符号、标志、行为系统在人与人之间交换信息的过程。沟通的基本模型如图 9-10 所示，表明接收方和发送方信息的发送和接收。

图 9-10　沟通双方信息的发送与接收

9.5.2　项目信息传递方式与渠道

项目中的沟通方式是多种多样的，一般有以下几种不同的分类方法。

1．正式沟通与非正式沟通

正式沟通是通过项目组织明文规定的渠道进行信息传递和交流的方式。其优点是沟通效果好，有较强的约束力。缺点是沟通速度慢。非正式沟通指在正式沟通渠道之外进行的信息传递和交流。这种沟通的优点是沟通灵活方便，沟通速度快，且能提供一些正式沟通中难以获得的信息，缺点是容易失真。

2．上行沟通、下行沟通和平行沟通

上行沟通是指下级的意见向上级反映，即自下而上的沟通。下行沟通是指领导者对员工进行的自上而下的信息沟通。平行沟通是指组织中各平行部门之间的信息交流。在项目实施过程中，经常可以看到各部门之间发生矛盾和冲突，除其他因素外，部门之间互不通气是重要原因之一。保证平行部门之间沟通渠道畅通，是减少部门之间冲突的一项重要措施。

3．单向沟通与双向沟通

单向沟通是指发送者和接收者两者之间的地位不变（单向传递），一方只发送信息，另一方只接收信息方式。这种方式信息传递速度快，但准确性较差，有时还容易使接收者产生抗拒心理。双向沟通是指发送者和接收者两者之间的位置不断交换，且发送者是以协商和讨论的姿态面对接收者，信息发出以后还需要及时听取反馈意见，必要时双方可进行多次重复商谈，直到双方共同明确和满意为止，如交谈、协商等。其优点是沟通信息准确性较高，接收者有反馈意见的机会，产生平等感和参与感，增

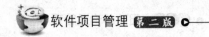

加自信心和责任心，有助于建立双方的感情。

其他的沟通方式还有书面沟通和口头沟通、语言沟通和体语沟通。

9.5.3 项目管理中的沟通障碍

沟通贯彻于软件项目的整个生命周期，应保证信息的准确性、完整性、有效性。但在实际工作中，由于多方面的因素，信息往往被曲解、丢失或者失效等，造成了沟通的障碍。主要表现在以下几方面：

1．不善沟通

有些 IT 开发人员善于使用开发语言来进行开发工作，面对着的是"哑终端"，但却不善于与客户沟通，不善于和同事交流，沟通、交流不到位、不及时，就只能一味迁就客户，全盘接受客户恰当或不恰当、合理或不合理的需求。结果是只能通过额外的工作加班加点来解决。实际上，有些问题只需通过沟通就能解决，沟通到位了，便会事半功倍，根本不需要投入额外的工作量。

2．害怕沟通

当项目进展不理想，实施中存在问题或矛盾时，项目成员往往因为担心受到批评和埋怨，不敢或不愿意汇报给上级，把问题和困难隐瞒，却失去解决问题或困难的最佳时机。然而，隐瞒并不能解决问题，只能拖延，最后的结果可能是矛盾越积越大，问题越积累越复杂，直到实在兜不住时再爆发出来，那时候的局面就很难收拾。

3．想当然、满怀假设

用自己的假设来代替没有调研清楚的客户需求，想当然地认为客户的需求就是自己想的那样，而事实上，客户的真正需求和假设往往相反。这种以假设为依据的决策，往往因为假设是错的，结论也是错的。这种想当然的假设造成沟通障碍，势必引发诸多误会，造成很多返工。

4．信息失真

信息沟通主要是依据组织系统分层次逐层传递的。在按层次传达同一信息时往往会受到个人思维能力、表达能力、理解能力的影响，降低了信息沟通的效率，同时信息失真率也会增大。组织的机构越庞大，层次越多，将影响信息沟通的及时性和真实性。除以上几方面，还有误解，主要是发送者在提供信息时表述不清晰或者接收者接收信息时不准确；表达方式不当，措辞不当，使用方言等，这些都会增加沟通双方的心理负担，形成双方沟通的障碍。

9.5.4 有效沟通的方法和途径

在项目管理工作中，存在着信息的沟通，也就必然存在沟通障碍。项目经理的任务在于正视这些障碍，采取一切可能的方法来消除这些障碍，为有效的信息沟通创造条件。

沟通的效率直接影响管理者的工作效率。提高沟通效率可以从以下几方面着手：

1．沟通要有明确目的

在信息交流之前，发送者应考虑好自己将要表达的意图，要力求简明扼要。用简单明了的词句表明自己的意思。漫无目的的沟通实际上就是通常意义上的唠嗑。发送人可以根据不同的沟通目的选择不同的沟通方式。在沟通过程中要使用双方都理解的用语和示意动作，并恰当地运用语气和表达方式。发送者有必要对所传递信息的背景、依据、理由等做出适当的解释，使对方对信息有明确、全面的了解。

2．善于倾听

沟通不仅仅是说，而是说和听。倾听既是取得关于他人第一手信息、正确认识他人的重要途径，也是向他人表示尊重的最好方式。在倾听过程中，可以使用目光接触，感知对方的心理和情绪变化，及时调整；可以展现赞许性点头和恰当的面部表情，复述对方所说的内容，表现出倾听兴趣，更有利于对方更好地说。要有耐心，不要随意插话，不要妄加批评和争论。

3．避免无休止的争论

在 IT 软件项目过程中，总会存在一些业务或技术的问题，而围绕这些问题的争论也时常喋喋不休，永无休止。这种无休止的争论带来的结果是没有定论，不仅问题没有解决，而且延误了问题解决的时间。在 IT 软件项目沟通过程中，要极力避免这种无休止的争论，当遇到这种情况时，项目经理要果断决策。

4．保持畅通的沟通渠道

沟通固然重要，但如果没有畅通的沟通渠道，就必然呈现自发的无组织状态，就无法获得需要的真实信息，整个组织的运转效能就会下降。随着组织规模扩大、人员增加、机构复杂、信息流量上升，就会出现信息阻塞、信息失真等沟通障碍。为使信息能有序的流动，管理者一定要建立稳定合理的信息传播体系，以便控制组织内部、外部的信息流动。

5．使用高效的现代化工具

使用高效的沟通工具。在 IT 项目组织内，通常会使用相关的成熟的项目管理软件、电子邮件系统、办公自动化系统等工具来支持项目各种信息的生成、传递及存储的要求。这些工具的使用，大大提高了沟通的效率，拉进了沟通双方的距离，减少了不必要的面谈和会议。

6．有效的绩效报告

绩效报告可以使项目干系人了解项目的进展状况，在项目进度、质量、成本等方面与项目计划的偏差情况以及项目存在的问题和潜在的风险，是加强项目干系人间有效沟通的重要手段之一。通过有效的绩效报告，可以使项目干系人通过了解项目，增加对项目团队的信任，提高他们对项目的满意度，有利于项目的成功。

9.5.5　项目沟通计划的编制

由于成功项目必须进行沟通，所以沟通计划也是需要的。沟通计划编制包括信息发送、绩效报告和管理收尾，它需要确定项目干系人的信息和沟通需求，包括什么人在什么时间，需要什么样的信息，这些信息以什么方式发送，由谁发送，什么时候采用书面沟通和什么时候采用口头沟通，什么时候使用非正式的备忘录和什么时候使用正式的报告，选择的沟通模式，等等。

沟通计划常常与组织计划紧密联系在一起，因为项目的组织结构对项目沟通要求有重大影响。在制订项目计划时，可以根据需要制订一个沟通计划。沟通计划可以是正式的或者非正式的，可以是详细的或者提纲式的。沟通计划是整个项目计划的一个附属部分。在编制沟通计划时应重点做好沟通需求分析、信息发送的技术和方法、工作汇报方式、管理收尾等工作。

（1）项目相关人的沟通需求分类、确定沟通方式、沟通渠道等。保证项目人员能够及时获取所需的项目信息。例如，在沟通计划中首先明确信息保存方式、信息读写的权限、会议记录、工作报告、项目文档（需求、设计、编码、发布程序等）和辅助文档等的存放位置及相应的读写权利。

（2）联系方式，应该有一个专用于项目管理中所有的相关人员的联系方式的小册子，其中包括项目组成员、项目组上级领导、行政部人员、技术支持人员、出差订房订票等人员的相关联系信息等。联系方式要简洁明了，最好能有特殊人员的一些细小的标注。

（3）工作汇报方式，明确表达项目组成员对项目经理或项目经理对上级和相关人员的工作汇报关系和汇报方式，明确汇报时间和汇报形式。例如，项目组成员对项目经理通过 E-Mail 发送周报；项目经理对直接客户和上级按月通过 E-Mail 发月报；紧急汇报通过电话及时沟通；每两周项目组进行一次当前工作沟通会议；每周同客户和上级进行一次口头汇报等。

（4）统一项目文件格式，对于一个项目有统一的文件模板是正规管理的一部分，所以必须统一各种文件模板，并提供编写指南。

（5）沟通计划维护人：明确本计划在发生变化时，由谁进行修订，并发送给相关人员。

9.6　如何保持软件开发团队的稳定性

保持团队的稳定性对于每一个优秀的研发经理和公司 CEO 都非常具有挑战性，尤其是员工很多时候并不能意识到这一点和理解领导层的压力。团队稳定性涉及很多方面的内容，比如公司文化、员工激励、招聘流程、团队建设、职业规划、技能培训和备份等。

1. 招聘

招聘是团队建设的源头，一个公司从无到有，从小到大，每一步成长都离不开好的招聘。应该尽可能避免在源头上就引入不稳定的因素，这就需要制定完善的招聘流程和人事制度，并不断根据市场情况作出调整。比如您带领的是 500 强公司中的研发团队，那么您要招聘的是偏好工作稳定性、好的薪酬福利以及开放的企业文化的员工，而为一个创业公司招募员工则不尽相同。下面是一个简单的 checklist，来设定一些问答测验。不要认为测验很准，因为应聘者可能会撒谎或者迎合面试官。但没有测验，您完全主观的判断会给公司带来更大的紊乱和随机性。

● 上班地点和居住地距离（异地上班几乎都是权宜之计，而超过 1 个半小时路程且家庭地址固定的也需要慎重考虑）。

- 朋友在哪里工作？
- 对生活成本如何看待？是否曾经考虑过回到家乡二线城市发展？
- 是否有考研、移民或出国深造的打算？
- 是否有更好的 Offer？（如果有的话，根据公司实际情况衡量一下是否可以提供有竞争力的薪酬和福利）
- 如果是创业公司，可以询问对方是否有承担压力和风险的心理素质和客观能力；如果是大公司则相反，需要探询对方是否正在规划创业、是否有更大的个人理想？
- 对公司薪水、福利、期权和股票如何看待？
- 偏好什么样的企业文化？能否接受项目原因的加班？
- 个人规划和公司职位之间是否比较契合，是否愿意根据公司实际情况调整自己的技术方向和学习新的技术？

总之，把握好招聘，您就成功了一半。

2. 企业文化

好的管理者除了熟知管理科学（比如软件开发领域的开发模式、项目管理理论）和拥有丰富的实践外，必须做到洞悉并承认人性的弱点，而不是逆天行道。管理者要有比大多数技术人员更高的情商。要构建好的企业文化，您可能需要考虑如下几点：

- 大部分人都不喜欢加班，因为工作只是生活的一部分，每个人都有亲人、朋友和个人爱好，在工作上花费更多的时间就意味着牺牲一部分生活。倡导生活和工作之间的平衡毫无疑问是一个吸引人的公司文化。
- 大部分人都希望有一个轻松开放的工作氛围，不喜欢被 "kick ass" 着工作。那么除非很有必要，不要轻易去踢员工的 "屁股"。可以通过喝下午茶、聊一些家常、组织集体活动、体育比赛、旅游、生日 party 等方式来活跃团队氛围。
- 大部分人都喜欢被表扬而不是训斥。那么切忌不要当着很多员工的面训斥一名员工。而不要吝啬对员工做得好的地方给予鼓励，效果超出您的想象。对于错误的地方，从帮助员工提高和改进的地方针对事情本身详细列出错误和建议，切忌不要下一个员工无能这样空洞而简单的结论。
- 优秀的人喜欢从事有挑战性的工作，不愿意重复单调机械的工作。给优秀员工设定一个 120%的目标，鼓励员工完成并给以适当的激励。让优秀员工主导新项目的开发或新技术的调研，充分调动员工的积极性和工作热情。给有领导力的员工带领 team 和 project 的机会，并着力培养他们，使他们成为您的得力助手，当然您要注意员工的能力是一方面，品德更关键，过河拆桥、不诚信的人，您永远不要给他机会。

3. 激励

激励的方式有很多种。对于创业公司而言，最富激励性和想象空间的无非是期权。可能薪水很低，但是承诺较多的期权。当员工想象着通过自己以及大家的艰苦奋斗，公司 2、3 年内能够登录 Nasdaq 时，动力是无穷的。如果能够登录中国的创业板，动力会更高，因为我们的创业板市盈率高，有大批无私奉献且极具投机精神的股民。这些期权通常是分成若干年兑现的，因此可以凝聚员工。对于已上市公司而言，比较好的方式是给绩效优秀的员工股票奖励。除了期权/股票之外，您还可以设定合理的项目奖、季度奖、年终奖、优秀部门活动经费、加班补贴等措施。最后但也许是最重要的一点，领导者要在精神层面上不断鼓舞团队，要有远大的理想和描绘诱人的蓝图，要有坚定的成功信念，要相信您的团队正在从事着一项伟大的事业，每位员工都将成为公司元勋。

4．职业规划和培训

要关心每一位员工的成长。给他们成长的空间，这包括技术方面的培训，也包括职位的上升。大的公司可以提供英语/日语培训、付费技术培训。小的创业公司可以鼓励大家互相学习、知识共享，营造学习型的团队。职业规划要按照每个人的技术特点、性格和能力来制定。通常有技术型方向、管理型方向、技术管理方向。

5．合理的流动性和技术备份

人往高处走，水往低处流。社会规律决定了公司员工不可能一成不变。在强调稳定的同时也鼓励合理的流动（包括公司内部岗位的重新选择）。这出于两个方面的原因。一个是员工追求更好的个人发展而选择另外的产品线或者跳槽。一个是公司认为员工不称职而进行合理的职位调整或淘汰。作为团队管理者而言，最幸运的事情莫过于有一群有责任心、有能力而且能够朝夕和谐相处的员工。但优秀员工的成长速度，常常会超出公司的成长速度，现有的环境无法提供更好的机遇和空间给优秀的员工，这样的员工早晚会有自己的选择。公司管理者能够做的是一方面尽可能给出更好的薪酬以延长这个时间，使员工能够最大程度为公司创造价值;另一方面要做好关键技术的备份工作，骨干员工需要承担起更多的技术培训和知识共享的任务，把自己的知识技能更好地传达给下面的工程师,避免离开后给公司或团队带来过大的冲击。能力差、工作态度消极的员工则面临着被公司辞退的风险，对于影响了整个团队氛围和工作效率的员工，要予以减薪、降职和劝退，但一定要客观，有事实依据，而不能按照个人喜好来做决定。

在如今猎头、招聘网站给了我们每个人更多选择机会去改变自己命运的同时，也让部分人变得心浮气躁，朝秦暮楚而最终迷失方向。我们无法去改变这个现状，但是我们可以通过一点一滴的努力来尽量降低人员变动方面的风险，来让员工尽可能有家的归属感，能感受到那份激情和温暖、能够风雨同舟一路相伴。虽然我们都清楚，企业不是你我永远的家。

9.7　团队管理的常见问题及实践经验

1．如何提高开发人员的主观能动性？

提高开发人员的主观能动性，少不了激励机制。不能让开发人员感到，5年以后的他和现在比不会有什么进步。你要让他感到他所从事的是一个职业（Career），而不只是一份工作（Job）。否则，他们是不会主动投入到工作中的。我们的经验是提供一套职业发展的框架。框架制定了2类发展道路，管理类（Managerial Path）和技术类

（Technical Path），6 个职业级别（1~3 级是 Entry/Associate，Intermediate，Senior。4 级管理类是 Manager/Senior Manager，技术类是 Principal/Senior Principal。5 级管理类是 Director/Senior Director，技术类是 Fellow/Architect。6 级是 Executive Management）。每个级别都有 13 个方面的具体要求，包括：范围（Scope）、跨职能（Cross Functional）、层次（Level）、知识（Knowledge）、指导（Guidance）、问题解决（Problem Solving）、递交成果（Delivering Result）、责任感（Responsbility）、导师（Mentoring）、交流（Communication）、自学（Self-Learning），运作监督（Operational Oversight），客户响应（Customer Responsiveness）。每年有 2 次提高级别的机会，开发人员一旦具备了升级的条件，他的 Supervisor 将会提出申请，一旦批准，他的头衔随之提高，薪水也会有相对较大提高。从而使每个开发人员觉得"有奔头"，自然他们的主观能动性也就提高了。

2. 有些开发人员水平相对不高，如何保证他们的代码质量？

有些开发人员水平相对当然首先让较有经验的人检查其要提交的代码，这几乎是所有管理者会做的事。除此之外，管理者有责任帮助这些人（也包括水平较高的人）提高水平，他们可以看一些书，上网看资料，读别人的代码等等，途径还是很多的。但问题是如何去衡量其是否真正有所收获。我们的经验是，在每年大约 3 月份为每个工程师制定整个年度的目标，每个人的目标包括产品上的、技术上的、个人能力上的等大约 4~5 项。半年后和一年后，要做两次评审，目标是否实现，也会跟绩效评定挂钩。我们在制定目标时，遵循 SMART 原则，即：

Specific（明确的）：目标应该按照明确的结果和成效表述；

Measurable（可衡量的）：目标的完成情况应该可以衡量和验证；

Aligned（结盟的）：目标应该与公司的商业策略保持一致；

Realistic（现实的）：目标虽然应具挑战性，但更应该能在给定的条件和环境下实现；

Time-Bound（有时限的）：目标应该包括一个实现的具体时间。

比如：某个人制定了"初步掌握本地化技术"的目标，他要确定实现时间，要描述学习的途经和步骤，要通过将技术施加到公司现有的产品中，为公司产品的本地化/国际化/全球化作一些探索，并制作 Presentation 给团队演示他的成果，并准备回答其他人提出的问题。团队还为了配合其实现目标，组织 Tech Talk 的活动，供大家分享每个人的学习成果。通过这些手段，提高开发人员的自学兴趣，并逐步提高开发人员的技术水平。

3. 开发团队的规模如何控制？

控制项目组的规模，不要人数太多，人数多了，进行沟通的渠道就多了，管理的复杂度就高了，对项目经理的要求也就高了。在微软有一个很明确的原则就是要控制项目组的人数不要超过 10 人，当然这不是绝对的，也和项目经理的水平有很大关系，人员贵精而不贵多。

4. 如何控制开发团队中的冲突

冲突有两种不同的性质，凡能推动和改进工作或有利于团队成员进取的冲突，可称为建设性冲突；相反，凡阻碍工作进展、不利于团队内部团结的冲突，称为破坏性冲突。其中建设性冲突对团队建设和提高团队效率有积极的作用，它增加团队成员的才干和能力，并对组织的问题提供诊断资讯，而且通过解决冲突，人们还可以学习和掌握有效解决和避免冲突的方法。一个团队如果冲突太少，则会使团队成员之间冷漠、互不关心，缺乏创意，从而使团队墨守成规，停滞不前，对革新没有反应，工作效率降低。如果团队有适量的冲突，则会提高团队成员的兴奋度，激发团队成员的工作热情，提高团队凝聚力和竞争力。冲突是另一种形式的沟通，冲突是发泄长久积压的情绪，冲突之后雨过天晴，双方才能重新起跑；冲突是一项教育性的经验，双方可能对对方的职责极其困扰，有更深入的了解。冲突的高效解决可开启新的且可能是长久性的沟通渠道。

冲突是不可避免的，这是人的天性。即使没有外界的干扰，我们自己内心也会出现冲突。既然我们不得不和冲突一起生活，那么，我们应该如何来处理冲突，才能使冲突更加平和并向着正面的方向发展呢？笔者认为，要有效处理冲突，必须做到主观态度上坦诚、相互包容，客观上依据一定的步骤来进行。

在解决冲突时，除了要有一个坦诚的态度外，还要有有容乃大的胸襟，做到相互包容，以自己想被对待的方式对待他人。胸宽则能容，能容则众归，众归则才聚，才聚则业兴。胸襟开阔、雍容大度是中华民族的优良传统。古人说："君子坦荡荡，小人常戚戚。"如果处处工于心计、气量狭小，处处流露出小家子气，那么，不但不会取得任何真正的成功，也体会不到任何团队协作的满足与快乐，更不用说能建设性地解决冲突了。

在一个团队中，每个成员的优缺点都不尽相同，你应该主动寻找团队成员积极的品质，并且学习它，让自己的缺点和消极品质在团队合作中被消灭。团队强调的是协同工作，较少有命令和指示，所以，团队相互包容的工作气氛很重要，它直接影响团队的工作效率。如果团队的每位成员都去主动寻找其他成员的积极品质，包容其弱点，以他人想被对待的方式对待他人，那么团队的协调、合作就会变得很顺畅，团队整体的工作效率就会提高。

"态度决定一切"，以坦诚、相互包容的态度处理冲突，往往更能赢得支持和理解，使冲突处理取得意想不到的结果。要高效地处理冲突，化冲突为和谐，除了遵循这些必要步骤外，掌握一些处理冲突的技巧也是必需的。

经验一：沟通协调一定要及时。团队内必须做到及时沟通，积极引导，求同存异，把握时机，适时协调。唯有做到及时，才能最快求得共识，保持信息的畅通，而不至于导致信息不畅、矛盾积累。

经验二：善于询问与倾听，努力地理解别人。倾听是沟通行为的核心过程。因为倾听能激发对方的谈话欲，促发更深层次的沟通。另外，只有善于倾听，深入探测到对方的心理以及他的语言逻辑思维，才能更好地与之交流，从而达到协调和沟通的目的。同时，在沟通中，当对方行为退缩、默不作声或欲言又止的时候，可用询问引出对方真正的想法，去了解对方的立场以及对方的需求、愿望、意见与感受。所以，一名善于协调沟通的人必定是一位善于询问与倾听的行动者。这样不但有助于了解和把握对方的需求，理解和体谅对方，而且有益于与他人达成畅通、有效的协调沟通之目的。

经验三：对上级沟通要有"胆"、有理、有节、有据。能够倾听上级的指挥和策略，并作出适当的反馈，以测试自己是否理解上级的语言和理解的深刻度；当出现出入，或者有自己的想法时，要有胆量和上级进行沟通。

经验四：平级沟通要有"肺"。平级之间加强交流沟通，避免引起猜疑。而现实生活中，平级之间以邻为壑，缺少知心知肺的沟通交流，因而相互猜疑或者互挖墙脚。这是因为平级之间都过高看重自己的价值，而忽视其他人的价值；有的是人性的弱点，尽可能把责任推给别人，还有的是利益冲突，唯恐别人比自己强。

经验五：良好的回馈机制。协调沟通一定是双向，必须保证信息被接收者收到和理解。因此，所有的协调沟通方式必须有回馈机制，保证接收者接收到。比如，电子邮件进行协调沟通，无论是接收者简单回复"已收到""OK"等，还是电话回答收到，但必须保证接收者收到信息。建立良好的回馈机制，不仅让团队养成良好的回馈工作习惯，还可以增进团队每个人的执行力，也就保证了整个团队拥有良好的执行力。

经验六：在负面情绪中不要协调沟通，尤其是不能够做决定。负面情绪中的协调沟通常常无好话，既理不清，也讲不明，很容易冲动而失去理性，如吵得不可开交的夫妻，反目成仇的父母子女，对峙已久的上司下属……尤其是不能够在负面情绪中作出冲动性的"决定"，这很容易让事情不可挽回，令人后悔。

经验七：容忍冲突，强调解决方案。冲突与绩效在数学上有一种关系，一个团队完全没有冲突，表明这个团队没有什么绩效，因为没有人敢讲话，一言堂。所以，高效团队需要承认冲突之不可避免以及容忍之必需。冲突不可怕，关键是要有丰富的解决冲突的方案，鼓励团队成员创造丰富多样的解决方案，是保持团队内部和谐的有效途径。

经验八：控制非正式沟通。对于非正式沟通，要实施有效的控制。因为虽然在有些情况下，非正式沟通往往能实现正式沟通难以达到的效果，但是，它也可能成为散布小道消息和谣言的渠道，产生不好的作用，所以，为使团队高效，要控制非正式沟通。

本章案例：

如何调动员工的积极性，一直是 DS 软件公司项目经理赵某努力钻研的问题。

赵某认为提升员工能力的时候就是增加其责任的时候。下属如果心情好，经理人员要肯定他的成绩，同时又要鼓励他百尺竿头、更进一步。下属高兴的时候，就让他多做点事；下属心灰意懒的时候，则不要让他太难堪。如果一个下属因自己的失败而闷闷不乐，这时候经理人员再落井下石，就有严重伤害他的危险，他就不想再上进了。赵某还认为，一个经理人员如果能够调动另一个人的积极性，他的绩效就有很大的提升。要使一个团队能够正常顺利运转，一切都要靠调动积极性。经理人员可以完成两个人的工作，但经理人员不是两个人。经理人员应激励他的副手，使副手再激励他的部下，层层激励，就能焕发出极大的工作热情。赵某认为，经理人员要善于听取意见才能调动员工的积极性，一个普通的公司和一个出色的公司的区别就在这里。作为一个经理人员，最得意的事情就是看到被称为中等或平庸的人受到赏识，使他们感到自己的意见被采纳，并发挥作用。动员员工的最佳办法是让员工了解经理人员的行动，使他们个个成为其中的一部分。

【问题 1】请说明你对赵某的做法有什么看法。

【问题 2】请从项目团队建设和人力资源管理的角度，结合你本人的实际项目经验，说出从中你有何感悟。

【问题 3】通过这个案例，你对人力资源管理有哪些更深的理解？

参考答案：

【问题 1】通过赵某的做法可以总结以下几点：（1）掌握好奖赏时机和方式的确是精湛的艺术，通过奖赏使心情好的员工心情更好，高兴的员工更高兴，心灰意懒的员工重新振作起来，激励的落脚点是员工的心理和精神。（2）层层激励是比较有效的办法，经理人员不能包打天下。层层激励，形成系统，每个员工都处在被激励的网络中，经理的成绩也会很大。（3）经理的权利虽然来自上级的委任，但其行使在于下级的认可，与员工交流，让员工了解经理的行动，从中获得员工的认可，使权利的效力大大提高。

【问题 2】从中可以说明企业中的人力资源管理是一个有别于其他物质资源管理的管理科学。人力资源是具有主观能动性的资源，这一资源的管理对人力资源的领导者提出了更高的要求。如何充分调动人力资源的主观能动性，注意其时间性、连续性、创新性、再生性等，对于企业在激烈的竞争中保持领先优势是至关重要的。

【问题 3】关心人和关心任务完成是管理学家经常研讨的问题，也是管理者要正确处理的问题。人力资源管理可以帮助企业达到以下目标：用人得当，降低员工的流失率；使员工努力工作；使企业内部员工都得到平等的待遇，避免员工抱怨；还可以对员工产生很好的激励，使其最大限度地发挥潜能，为企业创造最大的效益。

小　结

本章讲述了软件项目团队和沟通管理的概念、特点、过程、方法及其在软件项目管理中的作用与重要性。

习　题

1. 什么是软件项目团队？它与其他企业的人力资源有什么不同？
2. 什么是软件项目团队管理？它是怎样出现的？
3. 软件项目团队管理主要包括哪些方面？
4. 简述如何进行软件项目的组织计划编制。
5. 在软件项目中，对项目经理有哪些要求？
6. 团队的学习对团队的建设有哪些作用？
7. 项目信息传递的方式有哪些？
8. 项目信息传递的渠道是什么？
9. 项目沟通计划编制的主要工作内容有哪些？

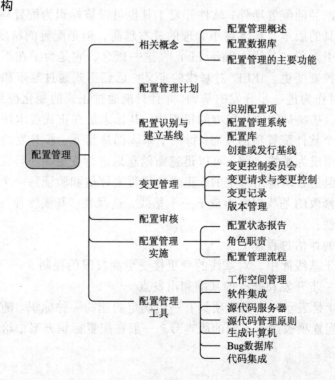

配置管理 ‹‹‹

第 10 章

引言

通过技术及行政手段对产品及其开发过程和生命周期进行控制，关键任务是有效的管理和控制变更活动。软件配置管理（Software Configuration Management，SCM）确保软件开发者在软件生命周期中各个阶段都能得到精确的产品配置，使变更对成本、工期和质量的影响降到最小。

学习目标

通过本章学习，应达到以下要求：

- 理解配置管理概念。
- 掌握配置管理计划应包括的内容。
- 掌握配置标识、变更管理、配置审核。
- 学会版本管理、配置状态报告以及配置管理工具的使用。

内容结构

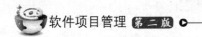

10.1 相关概念

10.1.1 配置管理概述

美国电气电子工程师协会标准 IEEE 610.12—1990 中配置管理的正式定义是：应用技术的和管理的指导和监督来标识，用文档记录配置项的功能和物理特征，控制对这些特征的变更记录和报告变更处理过程和实现状态，验证与规定需求的一致性。ISO 9003 制定的《在软件开发、供应和维护中的使用指南》标准中，软件配置管理被放在与阶段无关的支持性活动的首位。

所有软件开发过程中产生的输出信息可以分为 3 个主要的类型：①计算机程序（源代码、中间代码和可执行程序）；②描述计算机程序的文档（针对技术开发者和用户）；③数据（包含在程序内部或在程序的外部）。这些输出信息的集合称为软件配置，该集合中每一个元素称为该软件产品软件配置中的一个配置项（Configuration Item，CI），软件配置管理的任务是对软件过程中所得到的产品进行标识、存储和控制，以维护其完整性、可追溯性和正确性。

配置管理的基本单位是配置项。配置项是逻辑上组成系统的各组成部分。配置项可以是：①与合同、过程、计划和产品有关的文档和数据；②源代码、目标代码和可执行代码；③相关产品，包括软件工具、库内的可复用软件、外购软件及用户提供的软件。

配置项可以是大粒度的，也可以是小粒度的。例如，整个需求规格说明文档可以定义为一个配置项，如果跟踪个别需求，也可以把每个需求定义为配置项。除了这些来自软件工程工作产品的配置项外，软件开发工具也可以被标识为配置项，配置管理工具可跟踪开发工具的版本。粒度越小管理的成本越高，但是配置的精度也就越高。

软件配置管理引入了"基线（Base Line）"这一概念，它是为了在不严重阻碍合理变更的情况下来控制变更。IEEE 对基线的定义：已经正式通过复审和批准的某规约或产品，它因此可作为进一步开发的基础，并且只能通过正式的变化控制过程改变。在软件工程范畴中，基线是软件开发中的里程碑，其标志是在正式技术评审中已经获得批准的一个或多个软件配置项的发布。每一个基线都是其下一步开发的出发点和参考点。在软件配置项成为基线之前，可以迅速而随意地进行变更，一旦成为基线，虽然可以进行变更，但是必须应用特定的、正式的规程来评估和验证每一个变更。上一个基线加上增加和修改的基线内容形成下一个基线，这就是"基线管理"的过程，因此基线具有以下属性：

（1）通过正式的评估过程建立。

（2）基线存在于基线库中，对基线的变更接受更高权限的控制。

（3）基线是进一步开发和修改的基准和出发点。

版本（版本号）是表示一个配置项具有一组确定功能的一种标识。随着功能的增加、修改或删除，配置项被赋予不同的版本号。一般在配置标识方案中给出版本的标记方法。

10.1.2　配置数据库

在软件工程发展的早期，软件配置项是以纸质文档的形式进行维护的，如今配置项是存储在项目配置数据库（Repository）中进行维护。配置数据库是一组机制和数据结构，它具有数据库管理系统的一般功能。此外，配置数据库还具有以下功能：

（1）数据完整性：包括配置数据库的登录功能，保证相关对象之间一致性的功能，当一个对象的修改导致与其相关的其他对象也要修改时，能够自动完成"级联"修改的功能。

（2）信息共享：提供了在多个开发者和不同工具之间共享信息的机制，能够管理和控制对数据的多用户访问，以及锁定或解锁对象，使得变更不会被不经意间覆盖。

（3）工具集成：建立了可以被多种软件工程工具访问的数据模型，能够控制对数据的访问，并且实现配置管理功能。

（4）数据集成：提供了数据库功能，它允许对一个或多个配置项实施不同的 SCM 任务。

（5）推行方法：定义了存储在中心存储库中数据的 E-R 模型，模型中可能隐含了特定的软件工程过程模型；至少，关系和对象定义了一系列创建配置数据库的内容所需进行的步骤。

（6）文档标准化：由数据库中的对象定义，直接给出创建软件工程文档的标准方法。

配置数据库由元模型来定义，元模型决定了在中心存储库中信息如何存储、如何通过工具访问数据、软件工程师如何查看数据、维护数据安全性和完整性的能力如何、将现有模型扩展以适应新需求时的容易程度如何等。

10.1.3　配置管理的主要功能

软件配置管理包括 4 个主要活动：配置识别、变更控制、状态报告和配置审计。应具备以下主要功能：

（1）并行开发支持：因开发和维护的原因，要求能够实现开发人员同时在同一个软件模块上工作，同时对同一个代码部分做不同的修改，即使是跨地域分布的开发团队也能互不干扰，协同工作，而又不失去控制。

（2）修订版管理：跟踪每一个变更的创造者、时间和原因，从而加快问题和缺陷的确定。

（3）版本控制：能够简单、明确地重现软件系统的任何一个历史版本。

（4）产品发布管理：管理、计划软件的变更，与软件的发布计划、预先定制好的生命周期或相关的质量过程保持一致；项目经理能够随时清晰地了解项目的状态。

（5）建立管理：基于软件存储库的版本控制功能，实现建立（Build）过程自动化。

（6）过程控制：贯彻实施开发规范，包括访问权限控制、开发规则的实施等。

（7）变更请求管理：跟踪、管理开发过程中出现的缺陷（Defect）、功能增强请求（RFE）或任务（Task），加强沟通和协作，能够随时了解变更的状态。

（8）代码共享：提供良好的存储和访问机制，开发人员可以共享各自的开发资源。

10.2 配置管理计划

配置管理计划针对软件开发合同，要求供方在软件开发的同时制订，有利于软件开发过程质量的控制和最终软件产品质量的提高。配置管理计划的主要内容包括配置管理软件硬件资源，配置项目计划、基线计划、交付计划、备份计划，配置审计和评审，变更管理等。变更管理委员会审批该计划。

为项目制订软件配置管理过程计划时，应该与组织的上下文、可应用的约束、普遍接受的指南、项目的本质保持一致。覆盖的主要活动包括软件配置标识、软件配置控制、软件配置状态报告、软件配置审计、软件发布管理与交付。另外，一般还要考虑一些问题，例如组织与责任、资源与进度、工具选择与实现、销售商与子合同控制、接口控制等。制订结果记录在软件配置管理计划中，它要接受软件质量保证的评审和审计。

10.3 配置识别与建立基线

配置标识是配置管理的基础性工作，是管理配置的前提。配置项的识别是配置管理活动的基础，也是制订配置管理计划的重要内容。

在软件的开发流程中把所有需加以控制的配置项分为基线配置项和非基线配置项两类，例如：基线配置项可能包括所有的设计文档和源程序等；非基线配置项可能包括项目的各类计划和报告等。

10.3.1 识别配置项

识别配置项即识别将置于配置管理之下的配置项和有关的工作产品。选择、创建和规范配置项的识别主要包括：将交付给顾客的产品，指定的内部工作产品，采办的产品、工具，其他用于创建和描述这些工作产品的实体。

置于配置管理之下的实体还包括规定产品需求的规范和接口文件。诸如测试结果之类的其他文档也可以包含在内，依其对规定产品的关键程度而定。对组成配置项相关工作产品进行逻辑上的分组，以便于标识和受控访问。在选择接受配置管理的工作产品时，应以项目计划期间建立的准则为依据。

识别配置项的主要步骤如下：

1．识别配置项

配置管理员根据《项目计划文档》《配置管理计划》等文档，识别置于配置管理之下的配置项和有关的工作产品。

在选择工作产品配置项时要特别关注以下工作产品：

（1）可能由两个或两个以上的组使用的工作产品。

（2）预计可能在今后由于需求差错或变更而会相应变更的工作产品。

（3）发生变更将迫使其他工作产品变更的那些工作产品。

（4）对项目至关重要的工作产品。

可能成为配置项组成部分的主要工作产品如下：

（1）过程描述。

（2）需求。

（3）设计。

（4）测试计划和测试结果。

（5）代码。

（6）工具。

（7）接口描述。

2．为每个配置项指定唯一性的标识号

配置管理员根据《配置管理计划》中关于配置项标识号的规定，为每个配置项指定唯一性的标识号。规范配置项的名称。

3．确定每个配置项的重要特征

配置项特征主要包括作者、文档或文卷类型和代码文卷的程序设计语言。

4．确定进入配置管理的时间

以下准则可用于帮助确定何时将配置项置于配置管理中：

（1）生存周期的开发阶段。

（2）工作产品准备投入测试的时间。

（3）对工作产品的控制程序。

（4）成本和进度限制。

（5）顾客需求。

5．确定每个配置项拥有者的责任

配置项拥有的责任一般包括如下内容：

（1）保证配置项的正确性。

（2）遵守关于配置项的安全保密规定。

（3）保证配置项的完整性。

6．填写《配置项管理表》

对于每一个具体的配置项，都需要标识出其作者、时间、版本号、当前状态等基本信息，以便对配置项的版本进行实时监控，方便项目成员对配置项的检索和更新工作。由配置管理员填写《配置项管理表》。

7．审批《配置项管理表》

对软件配置表的结构、内容和设施进行检验，其目的在于验证基线。

10.3.2　配置管理系统

在配置管理中要建立并维护用于控制工作产品的配置管理系统和变更管理系统。

配置管理系统用于控制工作产品的配置管理和变更管理。该系统包括存储媒体、规程和访问该配置系统的工具、用于记录和访问变更请求的工具。

建立和管理配置管理系统的主要步骤如下：

1. 建立适用于多控制等级配置管理的管理机制

导致多个控制等级的情况主要有以下内容：

（1）生存周期中不同时间所需的控制等级不同，例如，控制程序将随着产品成熟度的提高而提高。

（2）不同的系统类型所需的控制等级不同，例如，纯软件系统与软硬件混合系统。

（3）在满足专属性和安全性方面的不同的控制等级。

2. 存储和检索配置项

配置管理系统存储的 3 个例子如下：

（1）动态系统（或者称为开发者系统）：包含正在创建或修改的配置元素。它们是开发的工作空间，受开发者控制。

（2）主系统（或者称为受控系统）：包含基线和对基线的更改。主系统中的配置项被置于本过程域中所述的完全的配置管理之下。

（3）静态系统：包含备用的各种基线的档案。静态系统被置于本过程域中所述的完全的配置管理之下。

3. 控制等级间共享和转换配置项

需要考虑不同情况下的配置管理服务端环境，异地开发和同地开发的配置管理服务器环境一般是不一致的。

4. 配置项的存储和复原配置项的归档版本

项目成员要使用配置管理的相同版本。

5. 存储、更新和检索配置管理创建配置管理报告

要求把工作成果存放到由软件配置管理工具所管理的配置库中，或者直接工作在软件配置管理工具提供的环境之下。使得每个开发人员和各个开发团队能更好地分工合作，同时又互不干扰。

6. 保护配置管理系统的内容

一般来说，组织应设立专人处理配置管理系统建立和维护的问题，以便提高效率。

配置管理系统的主要保护功能如下：

（1）配置管理文卷的备份和恢复。

（2）配置管理文卷的建档。

（3）从配置管理的差错状态下复原。

7. 权限分配

配置管理员为每个项目成员分配对配置库的操作权限。一般来说，项目成员拥有 Add、Check in/Check out、Download 等权限，但是不能拥有"删除"权限。配置管理员的权限最高，具体操作视所采用的配置管理软件而定。

10.3.3 配置库

配置库可以分为动态库、受控库、静态库和备份库 4 种类型。动态库也称为开发库、程序员库或工作库，用于保存开发人员当前正在开发的配置实体。动态库通常包括新模块、文档、数据元素或进行修改的已有元素。动态库是软件工程师的工作区，

由工程师控制;受控库也称为主库或系统库,用于管理当前基线和控制对基线的变更。受控库包括配置单元和被提升并集成到配置项中的组件。软件工程师和其他人员可以自由地复制受控库中的单元或组件,但是,必须有适当的权限制控制变更。受控库中的单元或组件用于创建集成、系统和验收测试或对用户发布的构建;静态库也称为软件仓库或软件产品库,用于存档各种广泛使用的基线。静态库用于控制、保存和检索主媒介;备份库包括制作软件、数据和文档的不同版本的复制品。可以及时备份,可以每天、每周或每月执行备份。

决定配置库结构是配置管理活动的重要基础。一般常用的是两种组织形式:按配置项类型分类建库和按任务建库。

按配置项的类型分类建库的方式经常被一些咨询服务公司所推荐,它适用于通用的应用软件开发组织。这样的组织,往往产品的继承性较强,工具比较统一,对并行开发有一定的需求。使用这样的库结构有利于对配置项的统一管理和控制,同时也能提高编译和发布的效率。但由于这样的库结构并不是面向各个开发团队的开发任务的,所以可能会造成开发人员的工作目录结构过于复杂,带来一些不必要的麻烦。

按任务建立相应的配置库,则适用于专业软件的研发组织。在这样的组织内,使用的开发工具种类繁多,开发模式以线性发展为主,所以就没有必要把配置项严格地分类存储,人为增加目录的复杂性。因此,对于研发性的软件组织来说,还是采用这种设置策略比较灵活。

10.3.4 创建或发行基线

在配置管理中创建或发行基线,供内部使用和交付给顾客。对基线的更改必须遵循变更控制规程。基线反应分配给配置项的标识号及其相应的实体。一组拥有唯一标识号的需求、设计、源代码文卷以及相应的可执行代码、构造文卷和用户文档,可以认为是一个基线。基线一经发布,就可以作为从配置管理系统检索源代码文卷和生成可挂靠文卷的工具。交付给外部顾客的基线一般称为发行基线,内部使用的基线一般称为构造基线。

创建基线或发行基线的主要步骤如下:

(1)获得变更控制委员会的授权。

(2)创建构造基线或发行基线。

(3)形成文件。

(4)使基线可用。

10.4 变更管理

变更是信息系统开发项目的一个突出的特点,配置管理的一个重要任务便是对变更进行有效的控制和管理,目的是为了防止软件在变更中出现混乱和失控。其主要任务如下:

(1)分析变更:研究变更的必要性,经济可行性和技术可行性。

(2)记录和追踪变更。

（3）采取措施保证变更在受控状态下进行。

10.4.1　变更控制委员会

变更控制委员会（Change Control Board，CCB）也称为配置控制委员会，是配置项变更的监管组织。其任务是对建议的配置项变更做出评价、审批以及已批准变更的实施。

变更控制委员会的成员可以包括项目经理、用户代表、项目质量控制人员、配置控制人员。这个组织不必是常设机构，完全可以根据工作的需要组成，例如按变更内容和变更请求的不同，组成不同的 CCB。小的项目 CCB 可以只有 1 人，甚至只是兼职人员。

如果 CCB 不只是控制变更，而是配置管理任务，就应该包括基线的审定、标识的审定以及产品的审定。并且，可能根据工作的实际需要分为项目层、系统层和组织层来组建，使其完成不同层面的配置管理任务。

10.4.2　变更请求与变更控制

1．利用配置库实现变更控制

一般情况下，开发中的配置项尚未稳定下来，对于其他配置项来说是不可见的，是处于工作状态下，或称自由状态下。此时，它并未受到配置管理的控制，开发人员的变更并未受到限制。但当开发人员认为工作已完成，可供其他配置项使用时，它就开始趋于稳定。把它交出评审，就开始进入评审状态；若通过评审可作为基线进入配置库，开始"冻结"，此时开发人员不允许对其任意修改，因为它已处于受控状态。通过评审表明它确已达到质量要求；但若未能通过评审，则将其回归到工作状态，重新进行调整。

处于受控状态下的配置项原则上不允许修改，但这不是绝对的，如果由于多种原因需要变更，就需要提出变更请求，在变更请求得到批准的情况下，允许配置项从库中检出，待变更完成，并经评审后，确认变更无误方可重新入库，使其恢复到受控状态。

2．变更请求

变更请求是实施变更控制的起始一步，最为常见的变更理由可能是消除缺陷、适应运行平台的变更，或者信息系统扩展提出的要求。

变更请求的主要内容有如下：

（1）变更描述，包括变更理由、变更的影响、变更的优先级等，即陈述要做什么变更，为什么要做，以及打算怎么做变更。

（2）对变更的审批，对变更必要性、可行性的审批意见，主要是由配置管理的负责人和 CCB 对此项变更进行把关。

3．故障报告

提出变更请求最为常见的情况是已经入库的基线发现了新的缺陷，表现为故障，为了更好地实施变更管理，有的软件组织要求在提出变更请求前先提出故障报告（Fault Report，FR）。附有故障报告的变更请求，特别在故障较为严重时，常常被当作高优先级的变更请求处理。故障报告还可用于追踪软件中缺陷清除的状态。

故障报告包含的内容如下：

（1）故障信息，包括故障描述、故障严重程度、怀疑有问题的部位、故障的影响、故障现象和环境信息、估计的故障原因、故障信息提供者等信息。

（2）CCB 评估意见；

（3）故障修复信息。

10.4.3 变更记录

按上述要求变更已被置于控制之下，但为长期保留，需要把这些信息保存起来。首先，应将变更请求表（CRF）作为配置项在配置库中登录；其次，在变更的代码文档内应记录有关变更的信息。

10.4.4 版本管理

配置项的版本控制作用于多个配置管理活动之中，如创建配置项、配置项的变更和配置项的评审等。在项目开发过程中，绝大部分配置项都要经过多次修改才能最终确定下来。对配置项的任何修改都将产生新的版本。由于不能保证新版本一定比旧版本好，所以不能抛弃旧版本。版本管理的目的是按照一定的规则保存配置项的所有版本，避免发生版本丢失或混淆等现象，并且可以快速准确地查找到配置项的任何版本。

配置项的状态有 3 种：草稿、正式发布和正在修改。

10.5 配置审核

配置标识、配置项的变更控制等方面在项目开发过程中应该按规定实施，但规定是否被遵循需要进行检查。配置审核的任务便是验证配置项对配置标识的一致性，确保项目配置管理的有效性，体现配置管理的最根本要求，不允许出现任何混乱现象。信息系统开发的实践表明，尽管对配置项做了标识，实践了变更控制和版本控制，但如果不做检查或验证仍然会出现混乱。这种验证包括：

（1）对配置项的处理是否有背离初始的规格说明或已批准的变更请求的现象。

（2）配置标识的准则是否得到了遵循。

（3）变更控制规程是否已遵循，变更记录是否可供使用。

（4）在规格说明、项目产品和变更请求之间是否保持了可追溯性。

配置审核工作主要集中在两方面：一是功能配置审核，即验证配置项的实际功效是与其需求一致的，可以包括按测试数据审核正式测试文档、审核验证和确认报告、评审所有批准的变更、评审对以前文档的更新、抽查设计评审的输出、对比代码和文档化的需求、进行评审以确保所有测试已执行，还可以包括依据功能和性能需求进行额外的和抽样的测试；二是物理配置审核，即确定配置项符合预期的物理特性，可以包括审核系统规格说明书的完整性、审核功能和审核报告、对比架构设计和详细设计组件的一致性、评审模块列表以确定符合已批准的编码标准、审核手册的格式完整性和与系统功能描述的符合性等。

10.6 配置管理实施

10.6.1 配置状态报告

配置状态报告也称配置状态说明与报告，它是配置管理的一个组成部分，其任务是有效地记录和报告管理配置所需要的信息，目的是及时、准确地给出软件配置项的当前状况，供相关人员了解，加强配置管理工作。

在信息系统项目开发过程中，必须注意到它的动态特性。事实上，配置项都在不停地演化着。例如，随着开发工作的进展，工作产品不断地扩展，形式也在变化，从需求规格说明到设计说明到源程序等。另一方面，由于各种原因，设计说明本身也在演变，版本在更新。对于这种动态特性如果没有控制手段，后果是不可想象的。

配置状态报告应该跟踪：产品描述记录、每个受控软件组件的状态、每个构建版本发布的内容和状态、每个基线的内容、配置验证记录、变更状态记录（缺陷和改进）和所有位置的所有配置项的安装状态。

配置状态报告应着重反映当前基线配置项的状态，作为对开发进度报告的参照。为了说明项目状态变更的情况，也应当进行报告。有时，对配置库的情况也进行说明。只要是关心的信息，就作为状态报告的内容。这些信息进行有效记录，往往可以作为项目的重要数据来源。

软件配置管理作为 CMMI 的一个关键域（Key Practice Area，KPA），在整个软件的开发活动中占有很重要的位置。所以，必须为软件配置管理活动设计一个能够融合于现有的软件开发流程的管理过程，甚至直接以这个软件配置管理过程为框架，来再造组织的软件开发流程。

10.6.2 角色职责

对于任何一个管理流程来说，保证该流程正常运转的前提条件就是要有明确的角色、职责和权限的定义。特别是在引入了软件配置管理的工具之后，比较理想的状态就是：组织所有人员按照不同角色的要求、根据系统赋予的权限来执行相应的动作。因此，在软件配置管理过程中主要涉及以下角色和分工：

1. 项目经理

项目经理（Project Manager，PM）是整个软件研发活动的负责人，他根据软件配置控制委员会的建议批准配置管理的各项活动并控制它们的进程。其具体职责分为以下几项：

（1）制定和修改项目的组织结构和配置管理策略。

（2）批准、发布配置管理计划。

（3）决定项目起始基线和开发里程碑。

（4）接受并审阅配置控制委员会的报告。

2. 配置控制委员会

配置控制委员会（Configuration Control Board，CCB）负责指导和控制配置管理的各项具体活动的进行，为项目经理的决策提供建议。其具体职责分为以下几项：

（1）定制开发子系统。

（2）定制访问控制。

（3）制订常用策略。

（4）建立、更改基线的设置，审核变更申请。

（5）根据配置管理员的报告决定相应的对策。

3．配置管理员

配置管理员（Configuration Management Officer，CMO）根据配置管理计划执行各项管理任务，定期向 CCB 提交报告，并列席 CCB 的例会。其具体职责为以下几项：

（1）配置管理工具的日常管理与维护；

（2）提交配置管理计划。

（3）各配置项的管理与维护。

（4）执行版本控制和变更控制方案。

（5）完成配置审计并提交报告。

（6）对开发人员进行相关的培训。

（7）识别软件开发过程中存在的问题并拟定解决方案。

4．系统集成员

系统集成员（System Integration Officer，SIO）负责生成和管理项目的内部和外部发布版本。其具体职责分为以下几项：

（1）集成修改。

（2）构建系统。

（3）完成对版本的日常维护。

（4）建立外部发布版本。

5．开发人员

开发人员（Developer，DEV）的职责是根据组织内确定的软件配置管理计划和相关规定，按照软件配置管理工具的使用模型来完成开发任务。

10.6.3 配置管理流程

一个软件研发项目一般可以划分为 3 个阶段：计划阶段、开发阶段和维护阶段。但是，从软件配置管理的角度来看，后两个阶段所涉及的活动是一致的，所以就把它们合二为一，成为"项目开发和维护"阶段。

项目计划阶段：一个项目设立之初 PM 首先需要制订整个项目的计划，它是项目研发工作的基础。在有了总体研发计划之后，软件配置管理的活动就可以展开，因为如果不在项目开始之初制订软件配置管理计划，那么软件配置管理的许多关键活动就无法及时有效地进行，而它的直接后果就是造成项目开发状况的混乱，并注定软件配置管理活动成为一种"救火"的行为。所以，及时制订一份软件配置管理计划在一定程度上是项目成功的重要保证。软件配置管理工作流程如图 10-1 所示。

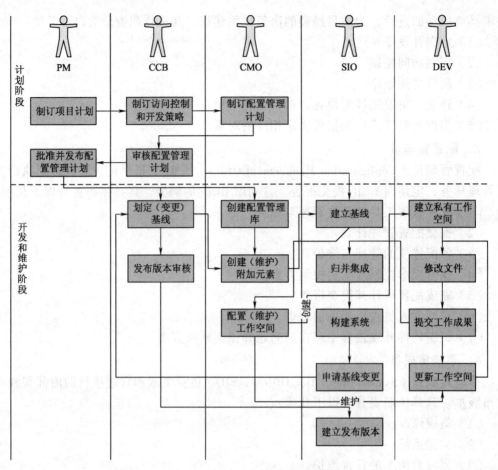

图 10-1　配置管理工作流程

制订流程如下：

（1）CCB 根据项目的开发计划确定各个里程碑和开发策略。

（2）CMO 根据 CCB 的规划，制订详细的配置管理计划，交 CCB 审核。

（3）CCB 通过配置管理计划后交项目经理批准，发布实施。

项目开发维护阶段：这一阶段是项目研发的主要阶段，软件配置管理活动主要分为 3 个层面：

（1）主要由 CMO 完成的管理和维护工作。

（2）由 SIO 和 DEV 具体执行软件配置管理策略。

（3）变更流程。

这 3 个层面是彼此之间既独立又互相联系的有机的整体。

在这个软件配置管理过程中，其核心流程应该是这样的：

（1）CCB 设定研发活动的初始基线。

（2）CMO 根据软件配置管理规划设立配置库和工作空间，为执行软件配置管理做好准备。

（3）开发人员按照统一的软件配置管理策略，根据获得的资源进行项目的研发工作。

（4）SIO 按照项目的进度集成组内开发人员的工作成果，并构建系统，推进版本的演进。

（5）CCB 根据项目的进展情况，审核各种变更请求，并适时地划定新的基线，保证开发和维护工作有序地进行

这个流程如此循环往复，直到项目的结束。

1. 配置管理计划

有时一个软件项目规模很大，软件开发商在组织开发时，又进一步将其分解成若干较小的子项目，分别由若干个开发小组完成，各子项目也应制订并执行各自的软件配置管理计划。同时，整个软件项目应有总的配置管理计划，与各个子项目的配置管理计划相协调，并满足标准和用户的要求。

2. 配置项的标识和控制

所有配置项都应按照软件开发组织的约定统一编号，按照相应的模板生成，并在文档中的规定章节（部分）记录对象的标识信息。

在引入软件配置管理工具进行管理后，这些配置项都应以一定的目录结构保存在配置库中。所有配置项的操作权限应由 CMO 严格管理，基本原则是：基线配置项向软件开发人员开放读取得权限；非基线配置项向 PM、CCB 及相关人员开放。

3. 版本控制

版本控制是软件配置管理的核心功能。所有置于配置库中的元素都应自动予以版本的标识，并保证版本命名的唯一性。版本在生成过程中，自动依照设定的使用模型自动分支、演进。除了系统自动记录的版本信息以外，为了配合软件开发流程的各个阶段，还需要定义、收集一些元数据（Metadata）来记录版本的辅助信息和规范开发流程，并为今后对软件过程的度量做好准备。当然，如果选用的工具支持，这些辅助数据将能直接统计出过程数据，从而方便软件过程改进（Software Process Improvement，SPI）活动的进行。

对于配置库中的各个基线控制项，应该根据其基线的位置和状态来设置相应的访问权限。一般来说，对于基线版本之前的各个版本都应处于被锁定的状态，如需要对它们进行变更，则应按照变更控制的流程来进行操作。

4. 变更控制

从 IEEE 对于基线的定义中可以发现，基线是和变更控制紧密相连的。也就是说，在对各个 SCI（Software Configuration Item，配置项）做出识别，并且利用工具对它们进行了版本管理之后，如何保证它们在复杂多变的开发过程中真正处于受控的状态，并在任何情况下都能迅速地恢复到任一历史状态就成为了软件配置管理的另一重要任务。因此，变更控制就是通过结合人的规程和自动化工具，以提供一个变化控制的机制。

SCI 分为基线配置项和非基线配置项两大类，变更控制的对象主要指配置库中的各基线配置项。

变更管理的一般流程如下：

（1）（获得）提出变更请求。

（2）由 CCB 审核并决定是否批准。

（3）（被接受）修改请求分配人员为，提取 SCI，进行修改。

（4）复审变化。

（5）提交修改后的 SCI。

（6）建立测试基线并测试。

（7）重建软件的适当版本。

（8）复审（审计）所有 SCI 的变化。

（9）发布新版本。

在这样的流程中，CMO 通过软件配置管理工具来进行访问控制和同步控制，而这两种控制则是建立在前文所描述的版本控制和分支策略基础上的。

5．状态报告

配置状态报告就是根据配置项操作数据库中的记录来向管理者报告软件开发活动的进展情况。这样的报告应该是定期进行，并尽量通过 CASE 工具自动生成，用数据库中的客观数据来真实地反映各配置项的情况。

配置状态报告应根据报告着重反映当前基线配置项的状态，以作为对开发进度报告的参照。同时也能从中根据开发人员对配置项的操作记录来对开发团队的工作关系做一定的分析。

配置状态报告应该包括下列主要内容：

（1）配置库结构和相关说明。

（2）开发起始基线的构成。

（3）当前基线位置及状态。

（4）各基线配置项集成分支的情况。

（5）各私有开发分支类型的分布情况。

（6）关键元素的版本演进记录。

（7）其他应予报告的事项。

6．配置审核

配置审核的主要作用是作为变更控制的补充手段，来确保某一变更需求已被切实实现。在某些情况下，它被作为正式的技术复审的一部分，但当软件配置管理是一个正式的活动时，该活动由 SQA（Software Quality Assurance）人员单独执行。

总之，软件配置管理的对象是软件研发活动中的全部开发资产。所有这一切都应作为配置项纳入管理计划统一进行管理，从而能够保证及时地对所有软件开发资源进行维护和集成。因此，软件配置管理的主要任务也就归结为以下几条：

（1）制订项目的配置计划。

（2）对配置项进行标识。

（3）对配置项进行版本控制。

（4）对配置项进行变更控制。

（5）定期进行配置审计。

（6）向相关人员报告配置的状态。

在此特别指出的：由于软件配置管理覆盖了整个软件的开发过程，因此它是改进软件过程、提高过程能力成熟度的理想切入点。希望这里所描述的软件配置管理的角色分配和工作流程能在实践中不断地得到完善，从而使软件开发活动能够更加有序、高效地进行。

10.7 工作空间管理与软件集成

10.7.1 工作空间管理

在引入了软件配置管理工具之后，所有开发人员都会被要求把工作成果存放到由软件配置管理工具所管理的配置库中，或者直接工作在软件配置管理工具提供的环境之下。所以，为了让每个开发人员和各个开发团队能更好地分工合作，同时又互不干扰，对工作空间的管理和维护也成为了软件配置管理的一个重要的活动。

一般来说，比较理想的情况是把整个配置库视为一个统一的工作空间，然后再根据需要把它划分为个人（私有）、团队（集成）和全组（公共）这三类工作空间（分支），从而更好地支持将来可能出现的并行开发的需求。

每个开发人员按照任务的要求，在不同的开发阶段，工作在不同的工作空间。例如，对于私有开发空间而言，开发人员根据任务分工获得对相应配置项的操作许可之后，他即在自己的私有开发分支上工作，其所有工作成果体现为在该配置项的私有分支上的版本的推进，除该开发人员外，其他人员均无权操作该私有空间中的元素；而集成分支对应的是开发团队的公共空间，该开发团队拥有对该集成分支的读写权限，而其他成员只有只读权限，它的管理工作由 SIO 负责；至于公共工作空间，则是用于统一存放各个开发团队的阶段性工作成果，它提供全组统一的标准版本，并作为整个组织的知识其础。

当然，由于选用的软件配置管理工具的不同，在对于工作空间的配置和维护的实现上有比较大的差异。但对于 CMO 来说，这些工作是他的重要职责，他必须根据各开发阶段的实际情况来配置工作空间并定制相应的版本选取规则，来保证开发活动的正常运作。在变更发生时，应及时做好基线的推进。

10.7.2 软件集成

（1）Enlist（加入工程列表）：即将已开发出的软件组件或代码单元整合进完整的产品，并对此过程进行记录和管理。

（2）Check-in（检入）：即将新完成的代码或修改后的代码提交到源代码库中，以更新软件产品的全部或部分代码的过程。

（3）Code Review（代码审核）：对代码的正确性和完整性进行审核。

（4）Pickup（获取）：将对代码的修改反映到生成软件时使用的计算机中。

（5）Synchronize（同步）：将自己的修改和他人的修改同步到特定状态，以保证软件可以正确编译、连接。

（6）Build（生成）：即由源代码编译、连接得到正式的二进制可执行程序。

（7）Release（发布）：指正式地发布二进制可执行程序。

（8）BVT（生成验证测试）：项目组生成了软件的新版本后，立即对该版本进行的快速测试。

在软件集成的过程中，项目组需要采集、加工和管理多种信息，如源代码、Bug信息、文档等。项目组应将这些信息保存在统一的存储位置，并使用科学的存储管理办法维护信息内容。

软件集成中使用的信息存储位置包括：

（1）源代码服务器：每一个项目组都有一台或多台统一管理的源代码服务器。项目组的每个成员必须拥有特定的权限，依据规范的操作流程，才能访问、存取、更新源代码服务器上的代码。

（2）生成计算机：项目组使用统一的计算机来完成整个软件产品的编译、连接等工作。

（3）Bug数据库：项目组使用特定的Bug管理软件，在一台统一的服务器上创建和维护Bug数据库。Bug数据库记录了每一个已知Bug的状态信息。与源代码服务器类似，项目组的每个成员必须拥有特定的权限，才能访问Bug数据库。

（4）发布服务器：向项目组外部的其他部门或客户发布软件产品的服务器。

10.7.3　源代码服务器

源代码服务器是所有程序员正式的、唯一的代码来源。没有源代码服务器，项目组的代码管理就必然陷入混乱的境地。在不断的修改和更新过程中，程序员就无法知道哪一份代码才是最新的代码，哪些代码是同步的、可连接的。

一般来说，源代码服务器中存储有下列内容：

（1）软件产品的源代码。

（2）与软件开发相关的工具软件的源代码。

（3）软件产品的规格说明书。

（4）其他经常改动的文档。

源代码服务器不保存以下内容：

（1）二进制文件。

（2）目标文件。

（3）编译过程中产生的中间文件，如头文件等。

10.7.4　源代码管理原则

对于软件开发过程中的源代码管理，项目组应当坚持以下原则：

（1）集中存储、集中管理。

（2）只有集中的源代码管理才能保证代码的同步和一致性。为了实现集中、有效的管理，项目组必须使用源代码管理工具，如微软开发的SourceSafe等。

（3）保证代码质量：只有高质量的代码才能产生高质量的产品。保证代码的质量，需要开展以下工作：

- 制定编程的标准规范，包括约定代码风格、注释方式、标识符规则等。
- 经常进行代码净化和代码审核，以确保产品代码的质量。

（4）确保代码的安全：源代码是软件价值的最重要载体，只有保证源代码的安全，才能真正确保公司的利益。保证代码安全的方法包括以下几点：

- 经常对服务器做备份。
- 将源代码的备份存储在不同的地方。
- 由第三方对代码进行管理。
- 第三方人员在现场参与管理。

10.7.5　生成计算机

生成计算机是项目组统一使用的，用以完成整个软件产品的编译、连接等生成工作的计算机。每日生成制度被广泛地应用于微软各种规模的软件开发项目组，项目组每完成所有的代码检入操作之后都要在生成计算机上生成一个完整的、可执行的产品版本，并对生成结果进行快速测试。

微软的项目组管理生成计算机的基本原则包括：

（1）坚持使用独立的专用机器。

（2）保证有专人负责生成计算机的管理工作。

（3）仅使用生成计算机生成二进制的可执行程序，包括以下几点：

- 生成用于发布的可执行程序。
- 生成用于测试的可执行程序。

（4）为保证生成的软件产品符合最终用户的使用需求，生成计算机上的代码、环境变量不能任意改动：

- 任何改动都需要在源代码服务器的相关工程中记录。
- 生成计算机只接受源代码服务器的代码。
- 生成计算机只设置正式的环境变量。

10.7.6　Bug 数据库

Bug 数据库是项目组管理和跟踪已知 Bug 的有效工具，也是项目组中测试人员与开发人员就 Bug 问题进行沟通的主要渠道。

Bug 数据库记录了每个 Bug 的状态、内容、报告人、优先级、解决人、解决情况等信息以及有关 Bug 优先级的评定和 Bug 的解决方法。

10.7.7　代码集成

代码集成是软件集成的核心内容，其工作流程如图 10-2 所示。

在图 10-2 中，一个完整的代码集成工作由以下步骤组成：

（1）开发人员开发完成某个代码单元后，通过 Exchange 公共文件夹向生成管理人员提出检入请求。

（2）生成管理人员检查开发人员的检入请求，如果该请求符合规定，则通过 Exchange 公共文件夹发出确认信息。

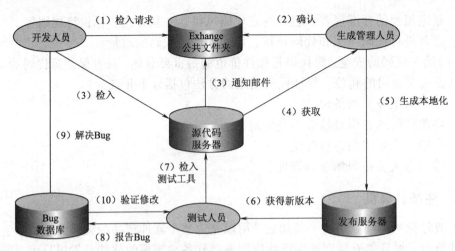

图 10-2　代码集成的工作流程

（3）开发人员利用源代码管理软件向源代码服务器检入代码，与此同时，源代码服务器自动向 Exchange 公共文件夹发送通知邮件，以告知项目组的其他成员，项目的源代码发生了改变。

（4）生成管理人员从源代码服务器获取最新的源代码。

（5）生成管理人员对源代码进行编译、连接，生成二进制可执行程序，并将程序发布到项目组的发布服务器上。

（6）测试人员从发布服务器上获取此次发布的最新版本软件。

（7）测试人员将自己为此次测试开发的测试工具或脚本检入源代码服务器。

（8）测试人员对软件进行测试，并将发现的软件 Bug 提交到 Bug 数据库中。

（9）开发人员根据 Bug 数据库中的记录信息，依次解决测试人员提交的 Bug。

（10）测试人员对开发人员解决的 Bug 进行验证，以确保开发人员对代码做了正确的修改，并没有影响软件其他部分的功能。

通常，项目组在上述代码集成工作中，遵循以下工作方法和工作原则：

（1）程序员开发出一段代码后，应在源代码管理者的统一协调下，将代码检入源代码服务器。

（2）程序员在提交自己的代码前，应对代码进行单元测试，这包括以下几点：

- 执行每一行代码。
- 运行所有预先设定的测试用例。

（3）代码提交前，需要由其他程序员对代码进行伙伴审核及试编译。

（4）所有程序员都提交了代码后，项目组要对软件进行整体测试。

（5）源代码服务器必须拥有严格的检入管理机制

（6）每一次检入都必须有详细的记录，这包括以下几点：

- 必须发出获取邮件。
- 新检入的代码必须拥有新特性规格或 Bug 号的说明，以表明该代码的性质。
- 检入代码前，必须进行代码审核和编译，并做详细记录。

（7）集成过程开始后，软件即进入了控制模式，项目组成员必须遵循以下 2 点：

- 任何检入之前都必须提出申请。
- 必须是解决关键 Bug 或由经理批准的代码才允许检入。

10.8　配置管理工具

早在 20 世纪 70 年代初期加利福尼亚大学的 Leon Presser 教授就撰写了一篇论文，提出控制变更和配置的概念，之后在 1975 年，他成立了一家名为 Soft Tool 的公司，开发了自己的配置管理工具 CCC，这也是最早的配置管理工具之一。之后，随着软件开发规模的逐渐增大，越来越多的公司和团队意识到了软件配置管理的重要性，而相应的软件配置管理工具也如雨后春笋般纷纷涌现，比较有代表性的有 MarcRocking 的 SCCS（Source Code Control System）和 WalterItchy 的 RCS（Revision Control System），这两种工具对日后的配置管理工具的发展做出了重大的贡献。目前，广泛使用的配置管理工具基本上都是基于这两者的设计思想和体系架构。

在软件开发团队中，正确地采用、实施软件配置管理系统，必将提高生产力，增强对整个项目的控制，改善软件产品的质量，从容面对快速面市和产品质量的双重压力。软件配置管理系统的实施，一般来讲要考虑两方面的因素：流程和工具。流程和工具是相辅相成的，流程起决定性作用，它确定了管理的规则和方法；工具用来将变更存储在一个中央存储库中，可以重现任一时期的历史版本。一个好的工具可以提高效率，是贯彻实施流程的必要手段。

因此，在一个开发团队中，实施配置管理流程比采用配置管理工具更重要，我们需要充分考虑，制订出适合自己企业的配置管理流程，该流程必须与公司的开发规范、质量系统等完全结合。下面介绍几个配置管理工具。

1. SourceSafe

SourceSafe 是 Microsoft 公司推出的配置管理工具，是 Visual Studio 的套件之一。SourceSafe 是国内最流行的配置管理工具。

SourceSafe 很象早期的文件管理器，简单易用。SourceSafe 的主要局限性：只能在 Windows 下运行，不能在 UNIX/Linux 下运行；SourceSafe 不支持异构环境下的配置管理；适合于局域网内的用户群，不适合于通过 Internet 连接的用户群，因为 SourceSafe 是通过"共享目录"方式存储文件的。

2. CVS

CVS 是 Concurrent Version System（并行版本系统）的缩写，它是著名的开放源代码的配置管理工具。官方提供的是 CVS 服务器和命令行程序，但是并不提供交互式的客户端软件。许多软件机构根据 CVS 官方提供的编程接口开发了各种各样的 CVS 客户端软件，最有名的当推 Windows 环境的 CVS 客户端软件 WinCVS。WinCVS 是免费的，但是并不开放源代码。

与 SourceSafe 相比，CVS 的主要优点如下：

（1）SourceSafe 有的功能 CVS 全都有，CVS 支持并发的版本管理，CVS 服务器的功能和性能都比 SourceSafe 高出一筹。

（2）CVS 服务器是用 Java 编写的，可以在任何操作系统和网络环境下运行。CVS 深受 UNIX 和 Linux 用户的喜爱。Borland 公司的 JBuilder 提供了 CVS 的插件，Java 程序员可以在 JBuilder 集成环境中使用 CVS 进行版本控制。

（3）CVS 服务器有自己专用的数据库，文件存储不采用共享目录方式，所以不受限于局域网，信息安全性很好。

（4）CVS 的主要缺点在于客户端软件。UNIX 和 Linux 的软件开发者可以直接使用 CVS 命令行程序，Windows 用户通常使用 WinCVS。

3. ClearCase

Rational 公司的 ClearCase 是软件行业公认的功能最强大、价格最昂贵的配置管理软件。ClearCase 主要应用于复杂产品的并行开发、发布和维护，其功能划分为 4 个范畴：版本控制、工作空间管理（Workspace Management）、构造管理（Build Management）、过程控制（Process Control）。ClearCase 通过 TCP/IP 来连接客户端和服务器。另外，ClearCase 拥有的浮动 License 可跨越 UNIX 和 Windows NT 平台被共享。

ClearCase 的功能比 CVS、SourceSafe 强大得多，但是其用户量却远不如 CVS、SourceSafe 多。主要原因是：ClearCase 价格昂贵，如果没有批量折扣，每个 License 大约 5 000 美元；用户只有经过几天的培训后（费用同样很昂贵），才能正常使用 ClearCase；如果不参加培训，用户基本上不可能无师自通。

本章案例：

某市电子政务信息系统工程，总投资额约 500 万元，主要包括网络平台建设和业务办公应用系统开发，通过公开招标，确定工程的承建单位是 A 公司。在随后的应用系统建设过程中，监理工程师发现 A 公司提交的需求规格说明书质量较差，要求 A 公司进行整改。此外，机房工程装修不符合要求，要求 A 公司进行整改。项目经理小丁在接到监理工程师的通知后，对于第二个问题拒绝了监理工程师的要求，理由是机房工程由 B 公司承建，且 B 公司经过了建设方的认可，要求追究 B 公司的责任，而不是自己公司的责任。对于第一个问题，小丁把任务分派给程序员老张进行修改，此时，系统设计工作已经在进行中，程序员老张独自修改了已进入基线的程序，小丁默许了他的操作。老张在修改了需求规格说明书以后采用邮件通知了系统设计人员。

【问题】在项目执行过程中，由于程序员老张独自修改了已进入基线的程序，小丁默许了他的操作。小丁的处理方式是否正确？如果你是项目经理，将如何处理上述的事情。

参考答案：

本题中，在项目执行过程中，项目发生的变更，程序员老张擅自修改了已进入基线的程序，作为项目经理的小丁不应该默许他的操作，且修改后的内容没有经过评审。

项目中缺乏变更控制的体系，需要建立变更控制流程，确保项目中所做的变更保持一致，并将产品的状态、对其所做的变更，以及这些变更对成本和时间表的影响通知给有关的项目干系人，以便于资源的协调。同时，项目团队所有成员要清楚变更程序的步骤和要求。

提出以下建议：

（1）建立配置管理体系。

（2）建立变更请求流程。

（3）组建变更控制委员会。

小 结

本章在讨论配置管理概念的基础上，介绍了配置管理计划应包括的内容，接着讨论了配置标识、变更管理、配置审核等问题，另外还涉及版本管理、配置状态报告以及采用配置管理工具的问题。

习 题

1. 配置管理的范围包括哪些？

2. 简述配置管理计划的主要内容。

3. 如何控制配置变更？

4. 简述版本控制的方法

第 11 章

项目过程跟踪控制 ‹‹‹

引言

在实施项目计划的过程中，及时采集项目进展信息，并与项目计划进行比较，来判断计划的合理性，并分析项目进展是否与进度计划、成本计划、质量计划相符。如有偏差，应该对偏差进行分析，进行变更请求，决定是否采取纠正措施，或者时修改项目计划。

学习目标

通过本章学习，应达到以下要求：
- 了解项目跟踪控制的原理方法。
- 掌握建立跟踪控制标准的方法。
- 掌握项目跟踪采集的过程。
- 掌握项目范围、项目成本、项目进度、项目资源、项目质量、项目风险等控制的方法。

内容结构

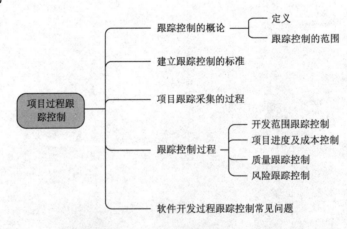

📚 11.1 跟踪控制概论

11.1.1 跟踪控制的定义

项目计划是项目实施的依据，项目管理应该按照项目计划对项目的实施过程进行跟踪控制，使得项目按照成本计划、进度计划、质量计划的安排取得项目的成功，将计划付诸于行动。项目启动之后就应按照计划执行，在计划的执行过程中，动态地获取采集项目的相关进展信息，并与计划进行比较，一方面判断原来制订的计划是否合理，另一方面观察分析项目进展是否按进度计划进行，成本是否超支，质量是否符合质量计划。如果有偏差，应该标识偏差，对偏差进行分析，预测后面的状况，偏差可以引起变更请求。这种变更请求经过变更控制系统的处理以决定是否采取纠正措施，并评审纠正措施的方案，必要时修改项目计划，将修改后的项目计划通知项目干系人。

跟踪采集是在项目实施过程中对项目进展的各种情况及影响项目实施的相关因素进行及时的、系统的、准确的信息采集，同时记录和报告项目进展信息的一系列活动和过程。为项目管理提供项目执行计划的相关信息。追踪项目的轨迹，采集项目相关的数据，最好建立一个项目跟踪系统的平台，相当于项目组的信息库。

11.1.2 跟踪控制的范围

软件项目管理有 4 个关键要素：开发范围、时间、质量、成本。在项目跟踪控制过程中需要综合项目计划的各个方面进行集成的控制和管理，使得项目的不同元素正确地互相协调。为了保证所有工作协调一致，必须协调项目实施的各个方面。项目控制主要是判断实际的执行情况与项目计划的偏差，如果出现一定程度的偏差，就可能要采取措施。无论是主动的变更还是被动的变更，这些变更都必须经过变更控制。项目经理应该以一种积极的态度来面对一切可能的变更，预测将来可能的变更，并不断根据实际进展状况对项目计划进行调整。

11.2 建立跟踪控制的标准

软件项目计划只是预测，再好的预测也可能在某方面有不确定性，在项目实施的过程中干扰因素众多，这些干扰因素的出现甚至具有偶然性。项目的不确定性越高，实际进展与计划的偏差往往越大。因此，计划做得再细，或者计划控制得再严格，都不为过。

项目的跟踪控制是管理的关键环节，需要项目经理的综合能力。项目管理是需要成本的，如果管理成本高了，当然会增加项目的开发成本。如果建立了偏差的接受准则，也就确定了跟踪控制的程度，项目经理就可将注意力放在解决特殊问题上。对于允许范围内的偏差，不必过于计较，重点解决超偏差范围的问题。项目经理真正要解决的问题是确定项目偏差的可接受范围。

对于风险大、不确定性较高的项目，接受偏差的准则范围可以高些，甚至可以达到 20%；而低风险项目，偏差超过 2%有时也不能接受。建立偏差的范围准则因项目而异。

基准计划是优化后确定批准的计划，它作为项目实施考核的依据，一般在项目计划实施之前确定，在整个实施过程中对照。重点对规模、进度、成本、质量、风险等环节进行跟踪控制。

需要确定偏差的接受准则，比如进度、成本、质量等计划与实际的偏差比例等。图 11-1 所示为控制偏差准则。

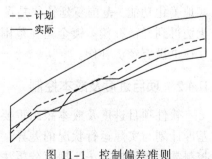

图 11-1 控制偏差准则

11.3　项目跟踪采集的过程

跟踪采集是依据规定的规范对项目开发过程中的有关数据进行收集和记录，作为观察分析项目性能、标示偏差的依据。

跟踪采集按照规定的跟踪频率、规定的步骤，对项目管理、开发和质量保证活动进行实施，监视项目实际情况，主要采集对项目有影响的内部和外部信息。内部信息是指项目基本可以控制的因素，包括变更、范围、进度、成本、资源、风险等。外部信息是指无法控制的因素，如法律法规、市场价格、外汇牌价等。项目比较小时可主要集中在进度、成本、资源、产品质量等内部因素。项目较大时可以考虑外部因素。

跟踪采集记录当前项目状态的相关数据，对项目计划的执行情况进行分析。可以参考下述过程实施：

（1）根据项目计划确定跟踪频率和记录数据的方式。

（2）跟踪记录实际任务完成的情况，并跟踪记录完成任务所花费的人力和工时。

（3）根据动态的实际进度和实际人工计算人工成本和实际任务规模。

（4）跟踪记录除人工成本之外的其他成本。

（5）跟踪记录风险发生的情况和处理对策。

（6）定期统计各项任务的时间分配情况。

（7）收集其他动态进展信息。

11.4　跟踪控制过程

一般情况下，项目跟踪控制的主要对象是：项目范围、项目成本、项目进度、项目资源、项目质量、项目风险等。

11.4.1　开发范围跟踪控制

软件项目范围的跟踪依据是需求规格说明书和实际执行过程中范围及控制标准。在项目范围控制过程中，通过与需求比较，如果出现增加、修改或删除部分的需求范围，就需要通过范围变更控制系统来实现变更，使得项目在可接受的范围内进行。

在跟踪控制范围变更时，应避免出现两种情况：蔓延（Scope Creeping）和镀金（Gold-Plating）。范围蔓延是客户没有限制地增加需求；镀金是开发人员过分华而不实地美化功能。范围蔓延往往是没有经过范围变更控制而随意扩大了项目范围，一般无法得到经济补偿。镀金是在范围定义的内容以外，开发团队主动增加的额外工作，往往也没有经济补偿。

11.4.2　项目进度及成本控制

软件项目进度及成本跟踪重要的是及时更新项目信息，这样及时反映项目的比较基准计划与实际运行状况的差异，以便于及时调整项目，达到项目跟踪的目的。进度控制常用图解控制法、挣值分析法等。

1. 图解控制法

图解控制法是利用进度甘特图、表示成本的累计费用曲线图和表示资源的资源载荷图共同对项目的特性进行分析的过程。

从图 11-2 可以看出：项目按计划开始，但需求确定、项目计划、设计的结束时间比计划晚。

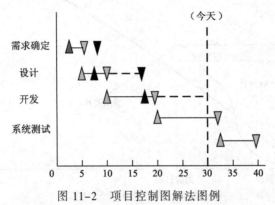

图 11-2　项目控制图解法图例

也可以用图 11-3 所示的甘特图直接进行计划与实际进展的对比。

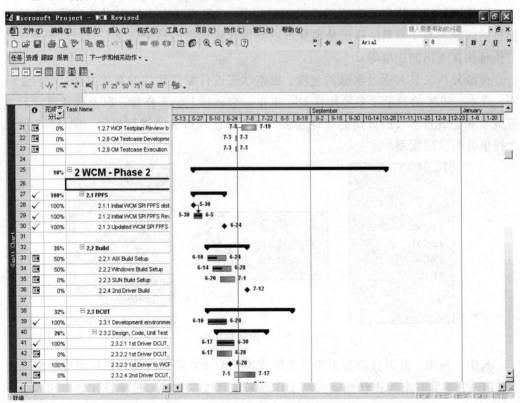

图 11-3　运用甘特图进行项目进度控制

这个方法可以给项目经理提供直接的项目进展信息。

图 11-4 中累计费用（S）曲线是项目累计成本图，将项目各个阶段的费用进行累计，就得到了平滑的、递增的计划成本（BCWS）和实际成本（ACWP）的曲线。

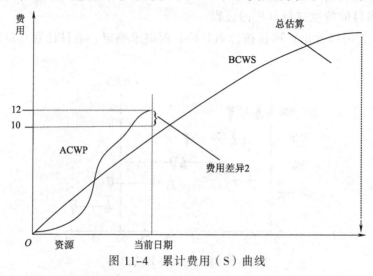

图 11-4　累计费用（S）曲线

2．挣值分析法

图解控制法的优点是直观地确定项目状况，这种方法向上级汇报及向项目干系人报告的时候都易于理解。缺点是本身难以提供其他重要的量化信息，如相对于完成的工作量预算支出的速度等。

挣值分析法是对项目实施的进度、成本状态进行绩效评估的有效方法，综合了范围、成本、进度的测量。它是计算实际花在一个项目上的工作量，以及预计该项目所需成本和完成该项目的日期的一种方法，主要对已获取价值进行测量。图 11-5 所示为挣值分析法的模型。

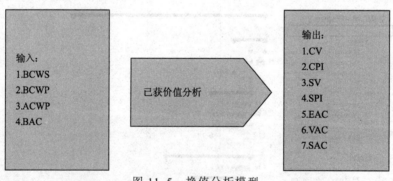

图 11-5　挣值分析模型

其中，BCWS 是到目前为止的总预算成本；ACWP 是到目前为止所完成的实际成本；BCWP 是到目前为止已经完成的工作原来预算成本；BAC 是项目计划中的成本估算结果。

如图 11-6 所示，如果项目顺利，BCWS、ACWP、BCWP 应该重合或接近。

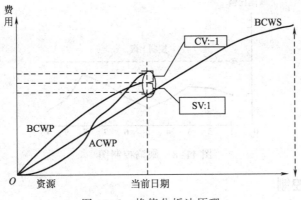

图 11-6　挣值分析法原理

11.4.3　质量跟踪控制

在软件项目的开发过程中依据项目的质量计划，动态地对软件质量的特性进行跟踪度量。图 11-7 是质量跟踪控制的过程。通过质量跟踪的结果来判断软件项目执行过程的质量状况，决定产品是被接受还是要求返工或放弃。

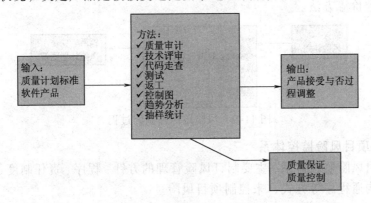

图 11-7　质量跟踪控制过程

质量审计（Audit）是对过程或者产品的一次独立评估。将审核的主体与为该主体以前建立的一组规程和标准进行比较，目的是确保真正地遵循了这一个过程，产生了合适的文档和精确反映实际项目的报告。它是可以预先规划的，也可以是临时决定的。

控制图法是一种图形的控制方法，它显示软件产品的质量随着时间变化的情况，在控制图法中标识出质量控制的偏差标准。图 11-8 所示为一个软件项目的缺陷控制图，图中表明缺陷一直控制在设定的范围以内。如果超出，要采取措施。

技术评审（Technical Review，TR）的目的是尽早发现工作成果中的缺陷，并帮助开发人员及时消除缺陷，从而有效地提高产品的质量。

趋势分析指运用数字技巧，依据过去的成果预测将来的产品。

抽样统计是根据一定的分布概率抽取部分产品进行检查。它是以小批量的抽样为基准进行检验，以确定大量或批量产品质量的最常使用的方法。

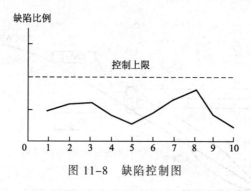

图 11-8　缺陷控制图

11.4.4　风险跟踪控制

在软件项目实施过程中，项目经理应该维护风险计划，更新风险的解决情况。居安思危，对风险的严重程度保持警惕。风险跟踪是实施和监控风险管理计划，确保风险计划的执行，评估风险控制的有效性。针对预测的风险，监视它是否事实发生，使得这个风险的消除步骤正在有效地进行，并监视剩余的风险、识别新的风险。图 11-9 所示为风险跟踪控制的过程，风险控制包括建立风险监控体系、进行风险审核、挣值分析及风险评价等方法。

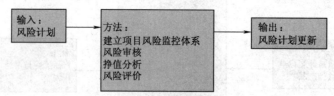

图 11-9　风险跟踪控制的过程

1．建立项目风险监控体系

建立项目风险监控体系，主要制订风险管理的方针、程序、责任制度、报告制度、预警制度、沟通程序等方式，来控制项目风险。

2．风险审核

项目风险审核是确定风险监控活动和有关结果是否符合项目风险计划，审查风险计划是否有效地实施并达到预定目标。

3．挣值分析

通过挣值分析可以审核成本、进度上的偏差。如果偏差过大，就应该继续对项目风险进行识别、分析。

4．风险评价

风险评价按照不同阶段分为：事前评价、事中评价、事后评价、跟踪评价等。按照评价方法可分为：定性评价、定量评价、综合评价等。

5．风险分析结果

通过监控一个预料之中的风险事件发生或没有发生，可以时时调整风险计划，对风险事件后果进行评估，对风险概率进行评估。根据风险清单，可追加新的风险，更新风险的排序。

11.5 软件开发过程跟踪控制常见问题

下面重点列出一些常见错误，并对应给出最佳的实践方法。

1．流程驱动型项目管理

使用流程驱动法可以提高结果的预测性。人为驱动法却依赖工作实施个人的能力。许多项目开发采用人为驱动法，这些方法确实有成功的概率。但是，当团队组织不断成长或同时开发多个大型项目时，人为驱动法可能会导致不可预计的前后不一致的结果。使用流程驱动法一般都可以产生持续一致的成功。遗憾的是，不少中小公司虽然获取了 ISO 9000 和 CMM 认证，但在具体的项目中却没有真实地执行流程驱动法，导致软件项目质量大打折扣。

最佳实践：建议尽量将流程驱动法作为最佳实践应用到项目管理中，前提是需要根据团队组织的规模及具体项目的特点来确定真正适合组织的流程。一旦确定了流程，另一个最佳实践就是不断地对流程产生的结果进行监控，并在必要时对其进行完善。

2．项目启动不良

项目启动是确保项目成功实施的重要步骤。糟糕的启动会严重影响项目成功的概率。然而，在不少的团队中，项目启动的准备不充分，甚至上来就盲目地编程序实现（小型公司较多见），这种随意的做法虽然会在一定程度上减少成本环节，但会导致各种失败的结果。

最佳实践：将项目启动当作项目成功的重要环节。

3．软件项目估算错误

有效的软件项目估算可以帮助确定适当的资源。然而，不少的项目经理没有把估算当作重要的活动来对待，估算混乱、随意，没有收集真正消耗的人力指标，没有将其和估算的人力进行对比。很多公司甚至没有利用标准的软件规模衡量方法，反而抱有这样的观点：这个项目是独一无二的，因此是无法衡量的。无论是高估还是低估都会导致项目资源使用不平衡。重大估算错误对实施中的项目会有严重的负面影响，没有严谨的项目估算，项目的进度表就会不切实际，这时理想的进度表很容易与实际不符合，要么是工期推迟，要么是承担了许多意想不到的压力侥幸按时完成，匆忙赶工中，质量容易受到影响。项目估算错误是导致项目失败的重要原因。

最佳实践：把软件估算当作一项重要的活动来对待。在软件估算及使用指标协助精确估算方面提供培训，为团队确定适合的软件估算方法，然后可制订估算标准，可定期监测这些方法和标准的效果，并完善这些方法和标准，以修正团队组织基准，放入组织团队的知识库中。

4．项目计划不足

在实践中，常见的抱怨是计划编制工作量太多，有时一些计划流程确实太烦琐，影响了高效。例如，不少项目经理列出的项目计划与实际情况严重不符；很多学校软件专业的在校学生"软件工程实训"中的开发计划只是一个形式；不理解计划价值的软件项目经理常常会依赖先前项目中的项目计划，甚至只是简单的"另存为"，就当

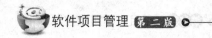

为新项目制订了一份计划。

最佳实践：制订新计划，软件项目计划绝不仅仅是简单的时间进度表，要确保计划足够详细以保证项目实施起来较容易；要确保所有流程都是精简且可衡量的，较小的项目不必像大型项目那样严格。对于那些容易失败的大型项目，需要更详细地制订多个单独的计划。把项目计划文档当作一项至关重要的工作，而不仅仅是为了应付质量审计。

5．项目监管不力

项目监管不力是高级管理层常犯的错误，监管过少过多都可能造成监管不力。对于高级管理层对项目进度进行监管的时间间隔，并不存在普遍接受的"正确"间隔。因此，监管应该是定期进行即可，要足够短以便及时干预，又要足够长，以给项目经理一些空间。根据计划的项目周期来设定监管间隔。对于短期项目来说，每周一次监管可能就足够了，而对于长期项目来说，每月监管一次可能就够了。

最佳实践：根据项目来确定监管间隔，然后在软件项目计划中明确这一决定并严格遵守。

6．工作量不均衡

在实际项目中，每位团队成员都希望完成自己的工作量，希望能做好。没有哪个成员想看到自己在工作的时候，别的团队成员在休闲。软件项目经理可能没有注意到团队成员会监视他们，所以分配工作要均衡。

最佳实践：对所有工作分配进行登记，允许团队成员看见他们自己的贡献并同他人比较，而对于大型项目缺乏正规的工作等级表也会使项目经理很难回应团队成员投诉的工作量过多。当团队成员被分配较多的工作且达到一定量的贡献时，项目经理要对他进行表扬等。

7．奖赏不公平

奖赏是评价项目经理是否公平的重要方面。积极的表现应该受到积极的奖赏，消极的表现也应该受到消极的回报，奖赏不恰当会使团队士气低下。

最佳实践：公平地回报积极和消极的表现，奖惩要尽量及时。

8．变更管理不善

变更是开发过程难以避免的现象，如用户需求的变更、开发计划与实际的不一致而变更等。如果变更过于随意，会严重影响预算、质量或完工时间，可能演变为项目失败甚至诉讼。

最佳实践：遵循正规的变更申请处理方法。将变更管理纳入项目计划。定期向所有项目干系人汇报变更申请。

9．文档与开发过程不对应

很容易见到：大家的开发过程文档普遍采用瀑布模型的思路，但实事求是地说，他们用的开发过程模型可能不是瀑布模型。这就形成开发文档与开发过程不一致的常见现象。其中，文档失去了应有的实际价值，甚至仅仅是在校学生的"应付作业"。

最佳实践：要善于选择适合项目特点的开发过程，分析所选择的经典生存期模型与项目不适合的地方，并进行裁减修改建立恰当的开发过程。要求开发过程文档与实际项目情况要一致，不能千篇一律地采用瀑布模型框架。

10．项目不能按时完成，总要一拖再拖，怎么改变？

找解决办法前，当然要先知道问题为什么会出现，其实仔细想想，这里面还有一个非常普遍的问题，对于产品的交付时间或项目的完成时间，往往由高级管理层根据市场情况决策和确定。在很多软件企业中，这些决策者在决策时往往忽略了一个重要的参数，那就是团队的生产率（Velocity）。生产率需要量化，而不是"拍脑门子"感觉出来的。软件企业要想给产品定一个较实际的交付日期，就首先要弄清楚自己的软件生产率。

11．当有开发人员在开发过程中遇到难题，工作无法继续，因而拖延进度，怎么解决？

如果管理者对于某个工程师的具体问题进行指导，就会陷入过度微观管理的境地，我们更需要找到宏观解决办法。我们基于"团队有共同的目标"这一规则，当出现这些问题时，用团队中所有可以使用的力量来帮助其摆脱困境，而不是任其他人袖手旁观。当然这里会牵扯到绩效评定的问题，比如：提供帮助的人会觉得，他的帮助无助于自己绩效评定的提高，为什么要提供帮助，绩效评估中，尽量消除那些倾向个人的因素，还要包含团队协作的因素，广泛听取各方面的意见，更频繁地评估绩效等等。即使动用所有可以使用的力量，如果某个难题真的无法逾越，为了减少不能按时交付的风险，产品负责人应当站出来，并有所作为。要么重新评估这项任务的优先级，以保证整体交付时间不至于延长；要么减少部分功能，给出更多的时间去攻克难题。总之逾越技术上难关会使团队的生产率下降，产品负责人必须作出取舍。

12．为什么要有专职的项目经理？

专业化是一个趋势，因为在专业化的条件下，可以有效降低成本，提高利润率。识别并管理风险。这项工作的目的是控制项目成本。一个项目经理是否优秀，主要是看他/她能在多大程度上提前识别并消除风险，而不是弥补和解决了多少问题（风险未被及时识别或妥善处理，就会转换成问题）。当然能弥补和解决问题的项目经理也是相当合格的，但还不够优秀。

13．怎样才能算是一个成功的项目？

对"成功项目"的标准解释为：项目范围、项目成本、项目开发时间、客户满意度四点达到要求。其实只有一点——利益。项目范围、客户满意度主要代表客户的利益，项目成本主要代表开发商的利益，项目开发时间同时影响双方的利益。但每一个人关心的"利益"是不同的。

14．需求越多越好吗？

软件系统实施的基本原则是"全局规划，分步实施，步步见效"，需求可以多，但是需求一定要分优先级，要分清企业内的主要矛盾与次要矛盾，根据 PARETO 的80-20原则，企业中的80%的问题可以用20%的投资来解决，如果你要大而全，那20%的次要问题是需要你花费 80%的投资的，而这一点恰恰是很多软件用户所不能忍受的。

总之，项目跟踪控制是一项复杂的工作，以上问题仅仅是冰山一角，起到抛砖引玉的作用，需要大家在实践中务实处理。书本上的理论仅作为大家实践的一个参考，不能机械地照搬照抄，需在实践中灵活应变，每个公司的管理应该是不同的。

本章案例：

XS 信息技术有限公司目前有员工 60 多人，公司下设项目管理部、市场部、软件研发部、系统集成部等 8 个部门。其中，项目管理部门主要负责技术路线、研发人员培训和项目管理审批等工作；市场部主要负责该公司服务和产品的销售工作，市场部销售人员将公司现有的软件产品推销给客户，同时也会根据客户的具体需要，承接应用软件的研发项目，然后将此项目移交给公司项目管理部门，项目管理部门再根据软件研发部人力资源情况，安排软件的研发工作。

软件研发部共有开发人员 21 人，主要是进行软件产品的研发，以及根据客户需求进行应用软件的开发。半个月前，市场部与某某银行签订了一个银行信贷业务系统的软件开发项目。合同规定，系统必须在该年度 12 月 1 日之前开发完毕，并且进行为期一个月的试运行，在第二年 1 月 1 日正式投入运行。合同签订后，项目于 8 月 20 日正式立项，张工被指定为该项目的项目经理。张工在 XS 公司做过 3 年的金融信息系统应用软件研发工作，有较丰富的项目经验。此前张工在 XS 公司主要从事系统设计和编码等工作，但作为项目经理还是第一次。

项目组共有 6 名成员，系统分析师 1 名（由项目经理张工兼任），高级程序设计人员 2 名，程序员 2 名，项目秘书兼文档编写人员 1 名。除项目秘书为多项目共享外，项目组其他成员均全程参加项目。测试和质量保证工作由公司相关部门完成，人员不划入项目组。此前，张工与其中一名高级程序设计人员一起参与过几个项目，彼此比较了解，而项目组内其他人员完全按照公司项目管理部门的安排。

项目启动后，张工制订了一份项目进度计划，简单描述如下：

（1）8 月 20 日—9 月 10 日需求分析。

（2）9 月 11 日—9 月 31 日系统设计，包括概要设计和详细设计。

（3）10 月 01 日—11 月 21 日编码。

（4）11 月 22 日—11 月 31 日系统测试。

（5）12 月 01 日—12 月 31 日试运行。

但在 9 月 27 日张工检查工作时发现详细设计刚刚开始，9 月 31 日肯定不能按进度完成系统设计。

【问题 1】说明信息系统研发项目中进度估算中不精确的主要原因，进度估算和成本估算的关系怎样。

【问题 2】谈谈张工在项目管理中存在哪些问题。

【问题 3】请对张工解决此问题提出建议。

参考答案：

【问题 1】信息系统研发项目中进度估算不精确的主要原因包括：

（1）为大型软件项目做估算是一项复杂的任务，需要巨大的努力。

（2）对项目的需求理解不够深刻，进度估算工作中任务细分程度不够。

（3）进行软件开发项目估算的人员常常没有太多的估算经验，往往没有可信的绩效历史数据可供参考。

（4）客户方面或合同往往给项目限定了关键时间线，进度估算受关键时间线的影响，客观程度下降。

（5）项目经理有低估的倾向。项目经理一般以自身的技术和业务能力为基础进行估算，而忽视了项目组成员间的水平差距，或者对部分人员执行任务的能力缺乏充分的认识。

进度估算和成本估算关系非常密切，成本估算实质上是对进度估算数据做简单的财务运算。

【问题2】张工在项目的管理中存在的主要问题包括：

（1）进度计划没有依据，完全根据合同的要求来划分时间段。

（2）对项目组成员的技术和业务能力了解不够深入，缺乏客观的衡量基准。

（3）进度计划不够详细，工作细分不够。一般需要在完成需求分析后，制订一份详细的进度计划。

（4）检查工作周期太长，发现问题已无法挽救，造成比较大的损失。

【问题3】对张工解决此问题提出建议：

（1）首先通知客户、领导项目的情况，做好延期准备。

（2）慎重考虑是否增加人手，一般情况下不要。

（3）适当加班（过多则导致工作效率下降）。

（4）项目后期多进行总结，避免类似问题重复发生。

小　结

本章主要包括五节内容：跟踪控制的概论、建立跟踪控制的标准、项目跟踪采集的过程、跟踪控制过程、软件开发过程跟踪控制常见问题。第一节概述了跟踪控制的定义和范围；第二节讲述建立了跟踪控制的标准；第三节重点讲述了跟踪采集的过程；第四节讲述了项目实施过程中项目范围、项目成本、项目进度、项目资源、项目质量、项目风险等方面跟踪控制的方法；第五节讲述了跟踪控制中常见的问题及最佳实践方法。

习　题

1. 如何建立跟踪控制的标准？
2. 简述跟踪采集的过程。
3. 项目采集的信息包括哪些内容？
4. 如果项目过程中实际进展与计划不符，如何处理？

第 12 章

项目结束 《

引言

做任何事情都需要有始有终，项目经历了启动、计划、实施三个阶段后，进入最后阶段，即项目的结束。在项目结束的过程中，需要结束合同、结束项目、对项目及时进行总结等工作，涉及与项目相关的多个方面，问题将集中爆发，对项目的结束进行整理，不仅是为了当前项目，还为了将来的项目，只有不断从每个项目中获取经验教训，项目管理水平才能不断提高。

学习目标

通过本章学习，应达到以下要求：

- 了解项目结束的相关事务。
- 了解项目结束的过程管理。

内容结构

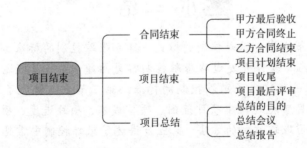

当项目的目标已经实现，或者明确看出项目的目标不可能出现的时候，比如可能因为项目的进度、成本原因或者甲方的安排而提前终止，该项目就应该终止，使得项目进入结束阶段。项目结束阶段是项目的最后阶段，在这个阶段仍然需要有效管理，做出正确的决策，并总结项目的经验和教训，为以后的项目管理提供宝贵经验。项目结束阶段主要包括合同结束和项目结束。

12.1 合同结束

合同结束是"完成并整理合同的过程，包括一些开放条款的解决方案和结束所有的分包合同"。合同是甲乙双方的事情，合同结束包括甲方的合同结束及乙方的合同结束。其中甲方是合同结束的主导者，甲方合同结束包括验收、合同终止等过程。

1．甲方最后验收

验收是甲方对乙方交付的产品或服务进行的交接检验，以保证它满足合同条款的要求，甲方具体活动描述如下：

（1）根据需求（采购）资料和合同文本制定验收清单；

（2）组织有关人员对验收清单及验收标准进行评审；

（3）根据验收清单和验收标准制定验收计划，并通过双方确认；

（4）甲乙双方执行验收计划；

（5）处理验收计划执行过程中发现的问题；

（6）编写验收报告；

（7）双发确定验收问题处理计划，并下达给项目经理执行；

（8）双方签字认可，验收完成。

项目验收过程需要多方同时进行，因此有必要通过正式的流程记录验收过程，比如项目验收清单、专家组意见、甲方单位结论、乙方单位结论、软件功能验收清单、硬件设备验收清单等，详细格式在后面一一展示。

（1）项目验收清单。

项目验收清单是验收过程中需要首先双方认可的验收条目明细，包括验收的项目，是否通过验收，总体意见等内容，如果未通过验收，需要说明原因，如表 12-1 所示。

表 12-1　验收清单表

验收项	验收意见		备注
	通过	不通过	

总体意见：

验收组长（签字）

未通过意见：

验收组长（签字）

（2）验收专家意见。

验收过程中需要第三方验收的时候，验收专家在验收后需要填写验收意见，如表 12-2 所示。

表 12-2　专家组验收意见

专家组长（签字）

（3）双方单位意见。

验收过程中，需要甲乙双方参与，因此也需要甲乙双方填写验收结论，验收结论如表 12-3 所示。

表 12-3　甲（乙）方单位结论

甲（乙）方单位（签章）

（4）软件功能验收清单。

软件项目中，非常重要的一个验收项目是软件的功能是否符合要求，因此需要对软件功能做验收的记录，功能验收需要表明对哪个功能模块验收，是否符合合同要求，同样需要标明验收人、验收时间等，如表 12-4 所示。

表 12-4　软件功能验收清单

验收人：		验收时间：	验收项目名称：	
序号	功能模块	验收内容	合同要求	验收结果

（5）文档验收清单。

文档是关于项目相关内容中的详细解释，也是后续项目培训、项目维护等工作的参考，因此也非常重要，文档清单需要记录文档名称、文档的用途及验收的情况等，如表 12-5 所示。

表 12-5　文档验收清单

验收人：		验收时间：	验收项目名称：	
序号	文档名称	用途	验收结果	备注

（6）硬件设备验收。

硬件设备是项目中不可或缺的部分内容，各个硬件设备的型号，性能指标是否符合要求，都是需要记录在档的，硬件设备的验收如表 12-6 所示。

表 12-6　硬件设备验收

验收人：		验收时间：			验收项目名称：	
序号	硬件名称	基本用途	型号	验收结果	配置情况	备注

2．甲方合同终止

项目满足结束条件的时候，合同管理者及时宣布项目结束，终止合同的执行，并通过合同终止过程，同时也是向各方宣告合同终止。甲方具体活动描述如下：

（1）根据企业文档管理规范，将相关合同文档进行归档；

（2）合同管理者向有关人员发出通知，告知合同结束；

（3）起草项目的总结报告。

假如项目合同结束后，仍然有未能解决的问题，项目经理可以在合同结束后，走法律途径解决相关问题。

3．乙方合同结束

合同终止过程中，乙方需要配合甲方的工作，主要包括项目的验收、双方签字认可、总结经验教训、拿到合同的最后款项、开具相关发票、归档合同等。

12.2 项目结束

项目结束过程中，双方对于成本、质量、进度、范围等问题发生的冲突集中爆发。这些冲突将主要表现在三个方面：一是甲乙之间，乙方认为已经完成了预定任务，并达到了甲方需求，而甲方对此并不认可；二是项目团队和公司之间，项目团队认为自己付出了努力，尽到了责任，而公司可能认为成本太高、客户满意度不高，还没有获取利润；三是项目成员之间，项目完成后的成绩、责任归属问题经常会导致项目成员之间相互不理解。

1．项目计划结束

项目结束计划本就包含在项目计划中，只是在项目即将结束的时候，相关人员重新评审项目结束计划，确保项目是正常结束。

2．项目收尾

项目的收尾工作实际是一个沟通的过程，同样需要所有人同心协力完成，包括质量评估、验收项目的成果并归档等，该过程是甲方和乙方对项目的正式交接过程，收尾工作包括如下内容：

（1）范围确认。交接项目时，需要相关人员重新审核项目的所有工作成果物，检查各项工作的完成情况，最后双方签字确认。

（2）质量验收。质量验收是控制项目最终质量的重要手段，质量验收需要根据质量计划和质量标准展开工作。不合格的质量不予接收，假如验收人员在审查及测试的时候，发现工作成果物存在缺陷，可以视缺陷的严重性与乙方协商，找出合适的处理措施。假如是严重缺陷，可以退回给乙方，乙方必须给出纠正缺陷的措施，双方协商再次验收的时间，期间给甲方带来的损失，应当按照合同约定对乙方作出惩罚。假如工作成果物仅仅存在轻微缺陷，双方可以协商是否需要再次验收及处理办法。

质量验收虽然不会让项目质量更有保障，但是可以对将来的项目质量管理更加有效，需要注意的是质量验收不仅在项目完成后开展，实施过程中的各个关键点也存在质量评估活动。

（3）费用决算。根据编制的项目决算表，对项目开展过程中需要支付的全部费用进行核算，同时通知财务人员支付合同余款。

（4）项目文档验收。在项目的收尾阶段，需要汇集项目的所有文件，检查文件是否齐全，最后进行归档。

（5）产品交付。所有工作成果物通过验收后，乙方向甲方提交最终产品，并双方签字，表明项目正式接收，同时需要通知到项目决策人、管理人及财务等相关人员。

3．项目最后评审

项目结束的最后一项工作是对项目进行全面评价和审核，包括是否实现了项目目标、是否遵循了进度计划、是否在预算成本之内，评审会议上，所有成员都可以畅所欲言。

12.3 项目总结

项目结束后要对项目过程中的成本、质量和范围等问题进行总结，只有通过不断总结和不断学习，才能逐步走向成熟。每个项目，无论是否成功，都是学习的大好时机，适当地总结将会给项目管理者、团队成员及相关人员、组织带来更多益处。

1．总结的目的

项目的总结要深入人心，才能带来好的效果，一般来说，项目总结有下面几个目的。

（1）分享经验教训。项目结束后，团队成员一起分享体会，不仅有助于团队建设，还有助于知识和经验的共享和积累。同样"无法从失败中吸取教训是最大的失败"，对于失败的项目，同样需要事后总结，分析错误来源，找到可改进或者可修正的方法，防止发生重复性错误。

（2）提出合理性建议。针对软件项目的完成结果和存在的问题，提出可行性的合理化建议，不论是什么样的建议，对以后的项目改进都是帮助。

（3）激励团队成员。做任何事情都要有始有终，软件项目是人主导的流程，更加需要重视项目组成员做出的成绩。嘉奖成绩优异者，不仅可以鼓励个人，也可以激励团队其他成员努力工作。

（4）最佳实践的积累。通过项目验收，良好的实践可以传递，这是公司的宝贵财富，有助于提高公司的生产力水平。

2. 总结会议

项目结束的时候，通常项目经理会召集项目的参与人员一起开会总结。在总结会议上，大家对项目回顾、反思、总结、分析项目中存在的问题，讨论并提出改进方案等。会议总结主要包括几个部分：

（1）项目回顾。对所完成工作做简明扼要的概述和评价，假如项目涉及不同的项目组，则需要每个项目组代表分别回顾。

（2）软件结果分析。项目结束的时候，要对结果进行分析和总结，以便更好地改进软件项目的质量和效率。对项目的度量一般都围绕质量、成本、进度、规模、缺陷和代码开展，常用的度量指标如表 12-7 所示。度量结果，偏差越小越好，如果偏差大，一定要重点分析原因，找出减少偏差的解决方法，为下一个项目计划提供参考依据。

表 12-7　项目的度量指标

基本度量项	
持续时间偏差（%）	((实际持续时间−计划持续时间)/计划持续时间)*100 (持续时间不包含非工作日)
进度偏差（%）	((实际结束时间−计划结束时间)/计划持续时间)*100
工作量偏差（%）	(实际工作量−计划工作量)/计划工作量*100
规模偏差（%）	((实际规模−计划规划)/计划规模)*100
分配需求稳定性指数（%）	(1−(修改、增加或删除的分配需求数/初始的分配需求数))*100
软件需求稳定性指数（%）	(1−(修改、增加或删除的软件需求数/初始的软件需求数))*100
发布前缺陷发现密度（个/KLOC）	((发布后缺陷发现总数−(发布后前测试计划本身缺陷数))/规模(KLOC) (这里的发布指研发向测试部发布)
遗留缺陷密度（个/KLOC）（遗留缺陷：测试部发现的缺陷）	(测试部发现缺陷数−测试部测试计划本身缺陷数)/规模(KLOC)
生产率（LOC/人天）	软件规模(LOC)/总工作(人天)
质量控制活动缺陷发现密度（度量目的：建立基线，评估评审、测试是否充分提供参考）	
SRS 评审缺陷发现密度（个/页）	SRS 评审发现的缺陷数/SRS 文件页数
STP 评审缺陷发现密度（个/用例）	STP 评审发现的缺陷数/ST 用例数
HLD 评审缺陷发现密度（个/页）	HLD 评审发现的缺陷数/HLD 文件页数
ITP 评审缺陷发现密度（个/用例）	ITP 评审发现的缺陷数/IT 用例数
LLD 评审缺陷发现密度（个/页）	LLD 评审发现的缺陷数/LLD 文件页数

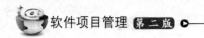

UTP 评审缺陷发现密度（个/用例）	UTP 计划评审发现的缺陷数/UT 用例数
CODE 评审缺陷发现密度（个/KLOC）	CODE 评审发现缺陷数/编码阶段代码规模
UT 缺陷发现密度（个/KLOC）	UT 发现缺陷数/UT 阶段代码规模
IT 缺陷发现密度（个/KLOC）	IT 发现缺陷数/IT 阶段代码规模
ST 缺陷发现密度（个/KLOC）	ST 发现缺陷数/ST 阶段代码规模
缺陷类型引入密度：（度量目的：建立基线，为分析能力水平薄弱环节及交付件质量提供参考）	
SR 缺陷引入密度（个/页）	SRS 类型缺陷数/SRS 文件页数
HLD 缺陷引入密度（个/页）	HLD 类型缺陷数/HLD 文件页数
LLD 缺陷引入密度（个/页）	LLD 类型缺陷数/LLD 文件页数
Code 缺陷引入密度（个/KLOC）	CODE 类缺陷数/代码规模
评审活动的有效性（度量目的：建立基线，对相关评审是否充分提供参考）	
SRS 评审有效性（%）	SRS 评审发现的 SRS 类缺陷数/SRS 类缺陷总数
HLD 评审有效性（%）	HLD 评审发现的 HLD 类缺陷数/HLD 类缺陷总数
LLD 评审有效性（%）	LLD 评审发现的 LLD 类缺陷数/LLD 类缺陷总数
代码评审有效性（%）	代码评审发现的 Code 类缺陷数/Code 类缺陷总数
每千行代码的文件规模（度量目的：建立基线，为评估交付件的质量从设计是否充分、粒度是否合理角度提供参考）	
每千行代码 SRS 文件规模（pages/KLOC）	SRS 文件页数/代码规模
每千行代码 HLD 文件规模（pages/KLOC）	HLD 文件页数/代码规模
每千行代码 LLD 文件规模（pages/KLOC）	LLD 文件页数/代码规模
质量成本	
质量成本（%）	(评审工作量+返工工作量+缺陷修改工作量+测试计划准备工作量+测试执行工作量＋培训工作量＋质量确保工作量)/实际总工作量
返工成本指数（%）	(返工工作量+缺陷修改工作量)/实际总工作量
交付件生产率	
SRS 文件生产率（页/人天）	SRS 文件页数/(SRS 文件准备工作量+SRS 评审工作量+SRS 修改工作量)
STP 用例生产率（用例/人天）	ST 用例数/(STP 准备工作量+STP 评审工作量+STP 修改工作量)
HLD 用例生产率（页/人天）	HLD 文件页数/(HLD 文件准备工作量+HLD 评审工作量+HLD 修改工作量)
ITP 用例生产率（页/人天）	ITP 用例数/(ITP 准备工作量+ITP 评审工作量+ITP 修改工作量)
UTP 用例生产率（页/人天）	UTP 用例数/(UTP 准备工作量+UTP 评审工作量+UTP 修改工作量)
编码阶段代码生产率（LOC/人天）	编码阶段实际代码规模/(编码工作量+代码评审工作量+代码修改工作量)
测试执行效率	
UT 用例执行效率（用例/人天）	UT 用例数/(UT 准备工作量+UT 用例执行工作量+UT 缺陷修改工作量)
IT 用例执行效率（用例/人天）	IT 用例数/(IT 准备工作量+IT 用例执行工作量+IT 缺陷修改工作量)
ST 用例执行效率（用例/人天）	ST 用例数/(ST 准备工作量+ST 用例执行工作量+ST 缺陷修改工作量)
每千行代码测试用例规模（度量目的：建立基线，为评估交付件的质量从设计是否充分、粒度角度提供一个参考）	
每千行代码 ST 用例规模（用例/KLOC）	ST 用例数/代码规模

续表

每千行代码 IT 用例规模（用例/KLOC）	IT 用例数/代码规模
每千行代码 UT 用例规模（用例/KLOC）	UT 用例数/代码规模
实测规模缺陷发现密度（度量目的：建立基线，为评估测试用例的质量提供一个参考）	
UT 实测规模缺陷发现密度（个/KLOC）	UT 发现的缺陷数/UT 活动实际测试代码规模
IT 实测规模缺陷发现密度（个/KLOC）	IT 发现的缺陷数/UT 活动实际测试代码规模
ST 实测规模缺陷发现密度（个/KLOC）	ST 发现的缺陷数/UT 活动实际测试代码规模

（3）体会分享。软件项目从立项、分析、设计、编码、测试到结束，每个参与的成员都会有自己的体会和感受，项目经理需要鼓励大家把自己的体会讲出来分享给项目组，这对个人成长和项目的发展都有好处。

（4）改进方案的讨论。从实际出发，对于刚刚过去的项目总结经验教训，根据新形式、新任务等，提出改进和建议方案。

（5）庆祝和奖励。项目结束后，需要对表现优秀的员工给予精神及物质上的奖励。条件允许的情况下，可以举行庆祝会，加强交流沟通，对大家的工作给予肯定。

3. 总结报告

报告总结就是需要把会议总结的内容和讨论结果形成书面报告，提交给上级部门审阅，同时存档。

总结报告需要真实记录项目的历史信息和会议讨论结果，保证实事求是，分析要深入，不回避问题和矛盾，条理要清晰、主次分明、图文并茂，一般包括几个方面：

（1）项目整体回顾、结果分析；

（2）经验和教训；

（3）改进的建议和方案。

小　　结

当项目的目标已经实现，或者明确看出项目的目标不可能出现的时候，比如可能因为项目的进度或者成本原因或者甲方的安排而提前终止，该项目就应该终止，使得项目进入结束阶段。项目结束阶段是项目的最后阶段，在这个阶段仍然需要有效管理，做出正确的决策，并总结项目的经验和教训，为以后的项目管理提供宝贵经验。项目结束阶段主要包括合同结束和项目结束及对项目进行总结。

习　　题

一、单项选择

1. 在项目管理过程中，有一类人或组织会对项目的结果感兴趣，受到项目结果的影响，并希望影响项目的结果。这一类人或组织称为（　　　）。

　　A. 项目的发起人　　　　　　　　　B. 项目的客户

　　C. 项目经理　　　　　　　　　　　D. 项目利益相关者

2. 下列表述正确的是（　　　）。

    A. 与其他项目阶段相比较，项目结束阶段与启动阶段的费用投入较少

    B. 与其他项目阶段相比较，项目启动阶段的费用投入较多

    C. 项目从开始到结束，其风险是不变的

    D. 项目开始时，风险最低，随着任务的逐项完成，风险逐渐增多

二、判断正误

1. 当项目结束后项目组织就会解散。　　　　　　　　　　　　　　（　　　）

2. 假如项目的目标没有出现，项目就不能结束。　　　　　　　　　（　　　）

3. 如果项目失败，就不需要进行总结。　　　　　　　　　　　　　（　　　）

三、简答题

1. 简单描述项目的 4 个阶段的主要工作。

2. 甲方在合同结束的过程中都要做什么。

第 13 章

项目管理工具 <<<

引言

项目管理是一门实践丰富的艺术与科学。不论你正在参与项目管理，还是将要进行项目管理，阅读本章都是一个绝佳的学习机会。项目管理是一种融合技能与工具的"工具箱"，有助于预测和控制组织工作的成果。Microsoft Office Project、SVN 等是最常用的工具之一。这里需要关注的是如何使用 Project 建立项目计划（包括任务和资源的分配），如何使用 Project 中扩展的格式化特性来组织和格式化项目计划的详细信息，如何用 SVN 进行版本管理，如何跟踪实际工作与计划是否吻合，以及当工作与计划脱轨时如何采取补救措施。

学习目标

通过本章学习，应达到以下要求：

- 了解 Project 如何帮助完成任务。
- 以不同方式显示项目计划的详细信息。
- 设置项目的工作和非工作时间。
- 输入项目计划属性。
- 用 SVN 进行版本管理。

内容结构

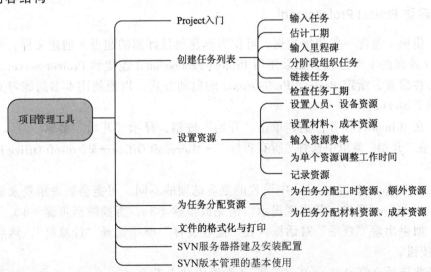

13.1 Project 入门

13.1.1 启动 Project Standard

主菜单栏和快捷菜单提供 Project 指令；工具栏提供对常见任务的快速访问，大多数工具栏按钮对应于某一菜单栏命令。弹出的屏幕提示会描述指向的工具栏按钮。Project 会根据使用特定工具栏按钮的频率来为你定制工具栏。最常用的按钮会在工具栏上显示，而较少使用的按钮则暂时隐藏。

项目计划窗口包含活动的项目计划（将 Project 要处理的文件类型称为项目计划）的视图，活动视图的名称会显示在视图左边缘上，此例中为"甘特图"视图。"键入需要帮助的问题"框用于快速查找在 Project 中执行常见操作的命令。只需输入问题，按 Enter 键即可。本书会给出一些建议性的问题供你在框中输入，以获得某些特定的详细信息。如果计算机连接到因特网，搜索查询会访问 Office Online（微软网站的一部分），显示的结果会反映微软提供的最新内容。如果计算机没有连接到因特网，搜索结果会局限于 Project 的帮助内容。

接下来查看 Project 中包含的模板，并根据其中之一创建项目计划。在"文件"菜单中选择"新建"命令，会显示"新建项目"窗格。在"新建项目"窗格中，在"模板"下单击"计算机上的模板"，弹出"模板"对话框。单击"项目模板"标签，单击"开办新业务"（可能需要向下滚动项目模板列表才能看到），然后单击"确定"按钮。Project 根据"开办新业务"模板创建项目计划并关闭"新建项目"窗格。

Project 包含类似向导的界面，可以利用它创建精细的项目计划，此帮助程序称为项目向导。可以使用项目向导执行许多与任务、资源和分配有关的常见操作。在 Project 2007 中，项目向导默认是关闭的，显示方法有两种：选择"视图"菜单中的"启用项目向导"命令；或者选择"工具"菜单中的"选项"命令，在"界面"选项卡中选中"显示项目向导"复选框。

13.1.2 启动 Project Professional

基于模板（包含一些初始数据，可作为新建项目计划的起点）创建文件，查看默认 Project 界面的主要区域。如果使用 Project Professional 连接到 Project Server，还要进行一次性设置，指定 Project Professional 的启动方式，以便使用本书的练习文件时不致影响 Project Server。

（1）在 Windows 任务栏上，单击"开始"按钮，显示"开始"菜单。

（2）在"开始"菜单中选择"所有程序"→Microsoft Office→Microsoft Office Project 2007 命令。

根据在 Project Professional 中设置的企业选项的不同，可能会被提示登录或选择一个 Project Server 账户。若出现提示，请完成步骤（3），否则跳至步骤（4）。

（3）如果出现"登录"对话框，在"配置文件"框中选择"计算机"，然后单击"确定"按钮。

选择此选项会将 Project Professional 设置为独立于 Project Server 工作，并有助于

确保本章使用的练习文件数据不会无意中发布到 Project Server。

（4）选择"工具"→"企业选项"→"Microsoft Office Project Server 账户"，弹出"Project Server 账户"对话框。

（5）注意当前账户值：

- 如果当前账户值不是"计算机"，单击"手动控制连接状态"，单击"确定"按钮后完成步骤（6）。
- 如果当前账户值是"计算机"，单击"取消"按钮，然后跳过步骤（6）。

选择"手动控制连接状态"会导致启动 Project Professional 时提示用户选择要使用的账户，这有助于确保本章使用的练习文件数据不会无意中发布至 Project Server。

（6）关闭并重启 Project Professional。如果提示选择配置文件，单击"计算机"，然后单击"确定"按钮。

13.1.3 视图

Project 中的工作区称为视图。如图 13-1 所示，Project 包含若干视图，但通常一次只使用一个（有时是两个）视图。使用视图输入、编辑、分析和显示项目信息。默认视图（Project 启动时所见）是"甘特图"视图。

通常，视图着重显示任务或资源的详细信息。例如，"甘特图"视图在视图左侧以表格形式列出了任务的详细信息，而在视图右侧将每个任务图形化，以条形表示在图中。"甘特图"视图是显示项目计划的常用方式，特别是要将项目计划呈送他人审阅时。它对于输入和细化任务详细信息及分析项目是有利的。

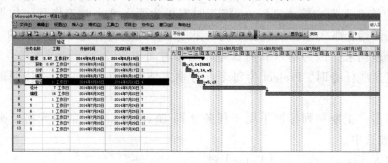

图 13-1　"甘特图"视图

在此练习中，将以"甘特图"视图启动 Project，然后切换到突出项目计划不同部分的其他视图。最后，学习复合视图，以便更容易聚焦于特定的项目详细信息。

例如，选择"视图"菜单中的"资源工作表"命令。此时，"资源工作表"视图将代替"甘特图"视图。

13.2　Project 创建任务列表

13.2.1　输入任务

打开 Wingtip Toys Commercial 2a，可通过下述方法访问本书的练习文件：选择"开始"→"所有程序"→Microsoft Press→Project 2007 SBS，然后选择想打开的文件所属的文件夹。

（1）选择"文件"菜单中的"另存为"命令，弹出"另存为"对话框。

（2）在"文件名"文本框中，输入 Wingtip Toys Commercial 2，然后单击"保存"按钮。

（3）在"任务名称"（Task Name）列标题下的第一个单元格中，输入 Pre-Production，然后按【Enter】键。

输入的任务会被赋予一个标识号（ID）。每个任务的标识号是唯一的，但标识号并不一定代表任务的执行顺序。Project 为新任务分配的工期为一天，问号表示这是估计的工期。在甘特图中会显示相应的任务条，长度为一天。默认情况下，任务的开始日期与项目的开始日期相同。

（4）在 Pre-Production 任务名称下输入下列任务名称，每输入一个任务名称，按【Enter】键。

13.2.2　估计工期

任务的工期是预期完成任务所需的时间，如图 13-2 所示。Project 能处理范围从分到月的工期。根据项目的范围，你可能希望处理的工期的时间刻度为小时、天和星期。

例如，项目日历定义的工作时间可能是周一到周五的上午 8 点到下午 5 点，中间有一小时午休时间，晚上和周末为非工作时间。如果估计任务将花费的工作时间为 16 小时，应该在工期中输入 2days，将工时安排为两个 8 小时工作日。如果工作在周五上午 8 点开始，那么可以预料在下周一下午 5 点之前工作是不能完成的。不应将工作安排为跨越周末，因为周六和周日是非工作时间。

在创建这些任务时，Project 为每个任务输入估计的工期：一天。按照以下步骤输入工期：

（1）单击"工期"列标题下属于任务 2 即 Develop script 的单元格，则任务 2 的"工期"域被选中。

（2）输入 5days，然后按【Enter】键。

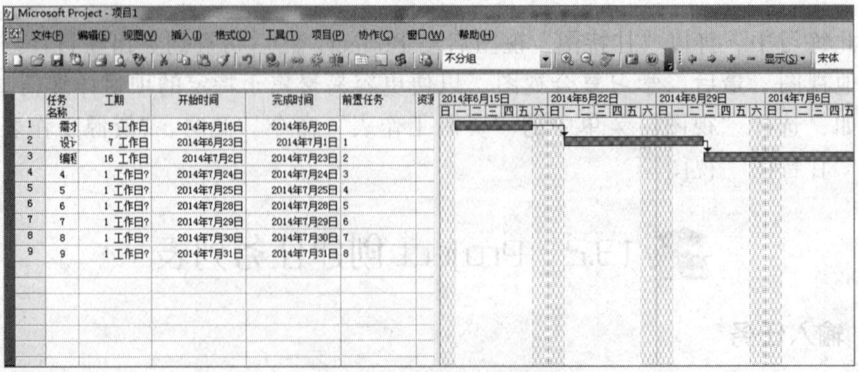

图 13-2　"甘特图"视图

（3）按照图 13-3 为余下任务输入工期。

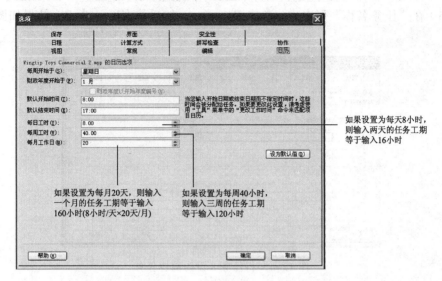

图 13-3 "日历"选项卡

13.2.3 输入里程碑

除了跟踪要完成的任务外，可能还希望跟踪项目的重大事件，如项目的预生产阶段何时结束。为此，可以创建里程碑。

里程碑是在项目内部完成的重要事件（如某工作阶段的结束）或强加于项目的重要事件（如申请资金的最后期限）。因为里程碑本身通常不包括任何工作，所以它表示为工期为 0 的任务。

在下面的练习中，将创建一个里程碑。

（1）单击任务 6 的名称：Production。

（2）在"插入"菜单中，选择"新任务"命令。

（3）输入 Pre-Production complete!，然后按【Tab】键，移动到"工期"域。

（4）在"工期"域中，输入 0days，然后按【Enter】键。

13.2.4 分阶段组织任务

将代表项目工作主要部分的极其相似的任务分为阶段来组织是有益的。回顾项目计划时，观察任务的阶段有助于分辨主要工作和具体工作。例如，较常见的将电影或视频项目分为以下几个主要工作阶段：前期制作、制作和后期制作。可以通过对任务降级或升级来创建阶段，也可以将任务列表折叠到阶段中，很像在 Word 中使用大纲。在 Project 中，阶段表示为摘要任务。

13.2.5 链接任务

（1）选择任务 9 的名称。

（2）选择"项目"菜单中的"任务信息"命令。

（3）单击"前置任务"标签。

（4）单击"任务名称"列标题下的空白单元格，然后单击显示的下拉箭头。

（5）在"任务名称"列表中，单击 Rehearse，然后按【Enter】键，结果如图 13-4 所示。

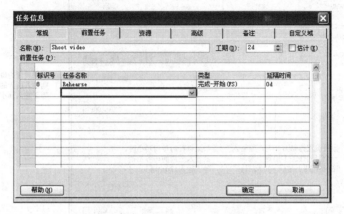

图 13-4　将任务 8 设为前置任务

（6）单击"确定"按钮，关闭"任务信息"对话框。

任务 8 和任务 9 以完成–开始关系链接在一起。

作为本练习的结尾，还将链接剩余的 Production 任务，并链接两个摘要任务。

（1）选择任务 9 和任务 10 的名称。

（2）选择"编辑"菜单中的"链接任务"命令。

（3）选择任务 1 的名称，按住【Ctrl】键，再选择任务 7 的名称。这是在 Project 的表中选择不相邻项的方法。

（4）选择"编辑"菜单中的"链接任务"命令，链接两个摘要任务。

（5）如果需要，可以向右滚动"甘特图"视图的图部分，直到显示项目计划的第 2 个阶段。

13.2.6　检查任务工期

目前，还不需要注意对话框中的所有数字，但是要留意当前完成日期和当前工期值。工期为项目日历中项目的开始日期和完成日期之间的工作日数。

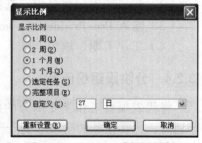

图 13-5　"显示比例"对话框

（1）选择"视图"菜单中的"显示比例"命令，弹出"显示比例"对话框，如图 13-5 所示。

（2）选中"完整项目"单选按钮，然后单击"确定"按钮。

13.3　Project 设置资源

13.3.1　设置人员资源

打开 Wingtip Toys Commercial 3a，可通过下列方式访问本书的练习文件：选择"开

始"→"所有程序"→Microsoft Press | Project 2007 SBS 命令，然后选择想打开的文件所属的文件夹。

（1）选择"文件"菜单中的"另存为"命令，弹出"另存为"对话框。

（2）在"文件名"文本框中，输入 Wingtip Toys Commercial 3，然后单击"保存"按钮。

（3）选择"视图"菜单中的"资源工作表"命令。

这里将使用"资源工作表"视图来帮助设置 Wingtip Toys 电视广告项目的初始资源列表。

（4）在"资源工作表"视图中，单击"资源名称"（Resource Name）列标题下的第一个单元格。

（5）输入 Jonathan Mollerup，然后按【Enter】键。

Project 创建一个新资源，如图 13-6 所示。

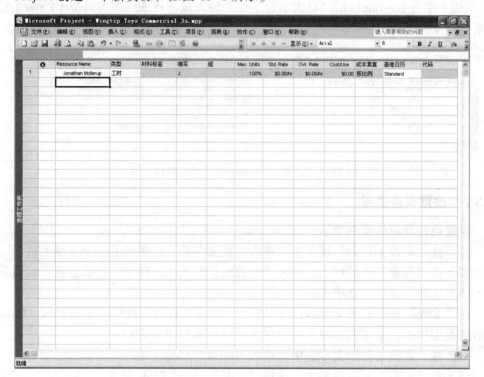

图 13-6　创建新资源

（6）在"资源名称"列标题下的第一个空行输入下列名字，如图 13-7 所示。

```
Jon Ganio
Garrett R. Vargas
John Rodman
```

下面输入一个代表多个人员的资源。

（7）在"资源名称"域中的最后一个资源下，输入 Electrician，然后按【Tab】键。

（8）在"类型"域中，确保选择的是"工时"，然后按几次【Tab】键，移到 Max.Units（最大单位）域。

"最大单位"域表示资源可用于完成任务的最大工作能力。例如，指定资源 Jon Ganio 的"最大单位"为 100%，表示 Jon 可将 100%的时间用于执行分配给他的任务。如果给 Jon 分配的任务多于他付出 100%时间所能完成的任务（换言之，Jon 变为"过度分配"），Project 会给出警告。

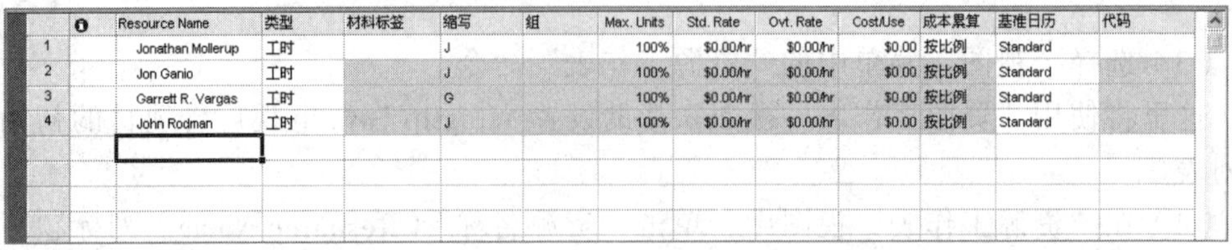

	ⓘ	Resource Name	类型	材料标签	缩写	组	Max. Units	Std. Rate	Ovt. Rate	Cost/Use	成本累算	基准日历	代码
1		Jonathan Mollerup	工时		J		100%	$0.00/hr	$0.00/hr	$0.00	按比例	Standard	
2		Jon Ganio	工时		J		100%	$0.00/hr	$0.00/hr	$0.00	按比例	Standard	
3		Garrett R. Vargas	工时		G		100%	$0.00/hr	$0.00/hr	$0.00	按比例	Standard	
4		John Rodman	工时		J		100%	$0.00/hr	$0.00/hr	$0.00	按比例	Standard	

图 13-7　输入几个新名字

（9）在 Electrician 的"最大单位"域中，输入或选择 200%，然后按【Enter】键。

（10）单击 Jon Ganio 的"最大单位"域，输入或选择 50%，然后按【Enter】键，结果如图 13-8 所示。

在新建工时资源时，Project 为它默认分配 100%最大单位

	ⓘ	Resource Name	类型	材料标签	缩写	组	Max. Units	Std. Rate	Ovt. Rate	Cost/Use	成本累算	基准日历	代码
1		Jonathan Mollerup	工时		J		100%	$0.00/hr	$0.00/hr	$0.00	按比例	Standard	
2		Jon Ganio	工时		J		50%	$0.00/hr	$0.00/hr	$0.00	按比例	Standard	
3		Garrett R. Vargas	工时		G		100%	$0.00/hr	$0.00/hr	$0.00	按比例	Standard	
4		John Rodman	工时		J		100%	$0.00/hr	$0.00/hr	$0.00	按比例	Standard	
5		Electtrician	工时		E		200%	$0.00/hr	$0.00/hr	$0.00	按比例	Standard	

图 13-8　更改 Jon Ganio 的"最大单位"域

13.3.2　设置设备资源

设置设备资源的步骤如下：

（1）在"资源工作表"视图中，单击"资源名称"列中的下一个空单元格。

（2）在"标准"工具栏上，单击"资源信息"按钮，弹出"资源信息"对话框。

（3）选择"常规"选项卡。

在"常规"选项卡的上半部，可以看到"资源工作表"视图中显示的域。Project 中信息类型很多，通常工作时至少会用到两种：表格和对话框。

（4）在"资源名称"文本框中，输入 Mini-DV Camcorder。

（5）在"类型"下拉列表中，选择"工时"，如图 13-9 所示。

（6）单击"确定"按钮，关闭"资源信息"对话框，返回"资源工作表"视图。此资源的"最大单位"域值为 100%，接下来将修改此百分率。

（7）在 Mini-DV Camcorder 的"最大单位"域中，输入 300%，或单击箭头直到显示 300%，然后按【Enter】键。

（8）直接在"资源工作表"中或在"资源信息"对话框中输入设备资源的信息。无论使用何种方式，都要确保"类型"域中选择的是"工时"，结果如图 13-10 所示。

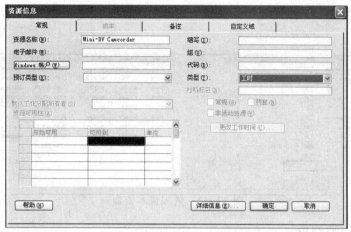

图 13-9 利用"资源信息"对话框增加资源

	❶	Resource Name	类型	材料标签	缩写	组	Max. Units	Std. Rate	Ovt. Rate	Cost/Use	成本累算	基准日历	代码
1		Jonathan Mollerup	工时		J		100%	$0.00/hr	$0.00/hr	$0.00	按比例	Standard	
2		Jon Ganio	工时		J		50%	$0.00/hr	$0.00/hr	$0.00	按比例	Standard	
3		Garrett R. Vargas	工时		G		100%	$0.00/hr	$0.00/hr	$0.00	按比例	Standard	
4		John Rodman	工时		J		100%	$0.00/hr	$0.00/hr	$0.00	按比例	Standard	
5		Electtrician	工时		E		200%	$0.00/hr	$0.00/hr	$0.00	按比例	Standard	
6		Mini-DV Camcorder	工时		M		100%	$0.00/hr	$0.00/hr	$0.00	按比例	Standard	
7		Camera Boom	工时		C		200%	$0.00/hr	$0.00/hr	$0.00	按比例	Standard	
8		Editing Lab	工时		E		100%	$0.00/hr	$0.00/hr	$0.00	按比例	Standard	

图 13-10 输入设备资源

13.3.3 设置材料资源

设置材料资源的步骤如下：

（1）在"资源工作表"中，单击"资源名称"列中的下一个空单元格。

（2）输入 Video Tape，然后按【Tab】键。

（3）在"类型"下拉列表中，选择"材料"，然后按【Tab】键。

（4）在"材料标签"文本框中，输入 30-min. cassette，然后按【Enter】键，结果如图 13-11 所示。

	❶	Resource Name	类型	材料标签	缩写	组	Max. Units	Std. Rate	Ovt. Rate	Cost/Use	成本累算	基准日历	代码
1		Jonathan Mollerup	工时		J		100%	$0.00/hr	$0.00/hr	$0.00	按比例	Standard	
2		Jon Ganio	工时		J		50%	$0.00/hr	$0.00/hr	$0.00	按比例	Standard	
3		Garrett R. Vargas	工时		G		100%	$0.00/hr	$0.00/hr	$0.00	按比例	Standard	
4		John Rodman	工时		J		100%	$0.00/hr	$0.00/hr	$0.00	按比例	Standard	
5		Electrician	工时		E		200%	$0.00/hr	$0.00/hr	$0.00	按比例	Standard	
6		Mini-DV Camcorder	工时		M		100%	$0.00/hr	$0.00/hr	$0.00	按比例	Standard	
7		Camera Boom	工时		C		200%	$0.00/hr	$0.00/hr	$0.00	按比例	Standard	
8		Editing Lab	工时		E		100%	$0.00/hr	$0.00/hr	$0.00	按比例	Standard	
9		Video Tape	材料	30-min. cassette	V			$0.00		$0.00	按比例		

此"材料标签"域只用于材料资源

图 13-11 输入材料资源信息

13.3.4 设置成本资源

设置成本资源的操作步骤如下：

（1）在"资源工作表"中，单击"资源名称"列中的下一个空单元格。

（2）输入 Travel，然后按【Tab】键。

（3）在"类型"下拉列表中，选择"成本"，然后按【Enter】键，结果如图 13-12 所示。

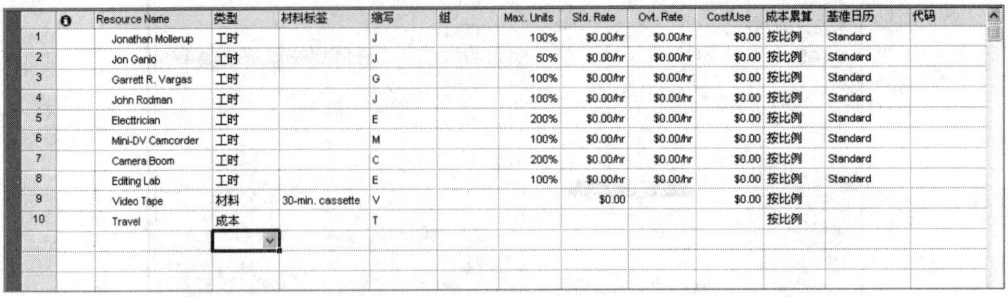

图 13-12　输入成本资源

13.3.5　输入资源费率

输入资源费率的操作步骤如下：

（1）在"资源工作表"中，单击 Jonathan Mollerup 的 Std. Rate（标准费率）域。

（2）输入 10，然后按【Enter】键。

"标准费率"列中出现 Jonathan 的标准小时费率。注意默认的标准费率是以小时计的，所以不需要特别指明每小时的成本。

（3）在 Jon Ganio 的"标准费率"域中，输入 15，50，然后按【Enter】键。

"标准费率"列中出现 Jon 的标准小时费率，结果如图 13-13 所示。

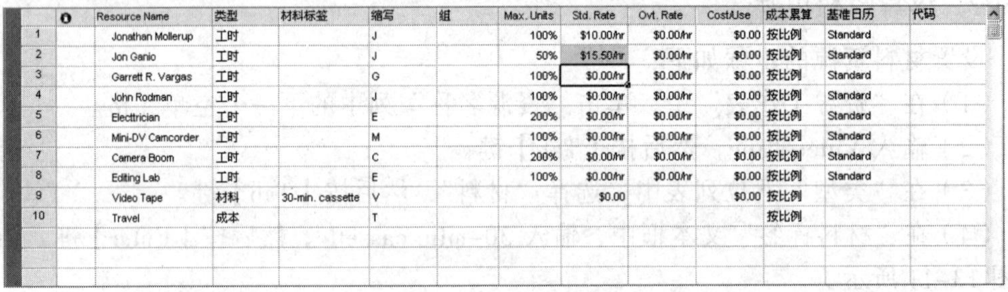

图 13-13　在"标准费率"域中输入值

（4）按表 13-1 为给定资源输入标准费率，结果如图 13-14 所示。

表 13-1　给定资源的标准费率

资 源 名 称	标 准 费 率
Garrett R. Vargas	$800.00/wk
John Rodman	$22.00/hr
Electrician	$22.00/hr
Mini-DV camcorder	$250.00/wk
Camera boom	$0.00/hr
Editing lab	$200.00/day
Video tape	$5.00

成本资源没有支付费率,要为每个工作分配指定一个成本

图 13-14　为给定资源输入标准费率

13.3.6　记录资源

记录资源的操作步骤如下:

（1）在"资源名称"列中,单击 Garrett R. Vargas。

（2）选择"项目"菜单中的"资源备注"命令。

（3）在"备注"框中输入 Garrett is trained on camera and lights,然后单击"确定"按钮,"标记"列中出现备注图标。

（4）指向备注图标,结果如图 13-15 所示。

图 13-15　为资源添加备注

13.4　Project 为任务分配资源

13.4.1　为任务分配工时资源

打开 Wingtip Toys Commercial 4a,可通过下述方法访问本书的练习文件:选择"开始"→"所有程序"→Microsoft Press→Project 2007 SBS,然后选择想打开的文件所属的文件夹。

（1）选择"文件"菜单中的"另存为"命令,弹出"另存为"对话框。

（2）在"文件名"文本框中,输入 Wingtip Toys Commercial 4,然后单击"保存"按钮。

（3）选择"工具"菜单中的"分配资源"命令。

（4）在"任务名称"列中,单击任务 2 Develop script。

（5）在"分配资源"对话框的"资源名称"列中,单击 Scott Cooper,然后单击

"分配"按钮。

成本值和勾选标记会出现在 Scott 名字的旁边，表明已将其分配给编写脚本的任务。因为 Scott 的成本标准费率记录在案，所以 Project 会计算分配的成本（Scott 的标准费率乘以它被安排的工作量），在"分配资源"对话框的"成本"域中显示 $775.00。

（6）在"任务名称"列中，单击任务 4 的名称，即 Pick locations。

（7）在"分配资源"对话框中，单击 Scott Cooper，然后单击"分配"按钮。

Scott 名字的旁边会出现勾选标记和成本值，表明已将其分配给任务 4。

（8）在"任务名称"列中，单击任务 5 的名称，即 Hold auditions。

（9）在"分配资源"对话框中，单击 Peter Kelly，按住【Ctrl】键，单击 Scott Cooper，然后单击"分配"按钮。

Peter 和 Scott 名字的旁边会出现勾选标记和成本值，表明它们已被分配给任务 5，如图 13-16 所示。

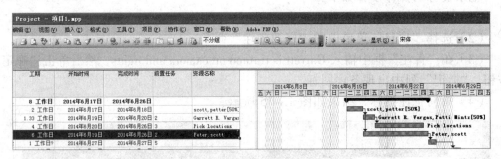

图 13-16　创建新资源

13.4.2　为任务分配成本资源

为任务分配成本资源的操作步骤如下：

（1）如果此时未选中任务 4 即 Pick locations，在"任务名称"列中单击它。

（2）在"分配资源"对话框中，选择成本资源 Travel 的"成本"域。

（3）输入 500，然后按【Enter】键。

Project 将该成本资源分配给任务。可以在"分配资源"对话框中看到分配给任务 4 的所有资源及其成本，如图 13-36 所示。

现在任务 4 中包含 3 种类型资源分配（工时、材料和成本）产生的成本。

（4）单击任务 5 即 Hold auditions。

（5）在"分配资源"对话框中，选择成本资源 Catering 的"成本"域。

（6）输入 250，然后单击"分配"按钮。

Project 将该成本资源分配给任务 5。

📚 13.5　Project 文件的格式化与打印

13.5.1　创建"自定义甘特图"视图

打开 Wingtip Toys Commercial 5a，可通过下述方法访问本书的练习文件：选择"开始"→"所有程序"→Microsoft Press→Project 2007 SBS，然后选择想打开的文件所属的文件夹。

（1）选择"文件"菜单中的"另存为"命令，弹出"另存为"对话框。

（2）在"文件名"文本框中，输入 Wingtip Toys Commercial 5，然后单击"保存"按钮。

接下来将显示项目摘要任务来查看项目的顶层或汇总的详细信息。Project 会自动产生项目摘要任务，但默认情况下是不显示的。

（3）选择"工具"菜单中的"选项"命令。

（4）在"选项"对话中，单击"视图"标签。

（5）在 Wingtip Toys Commercial 5.mpp 的大纲选项下，选中"显示项目摘要任务"复选框，单击"确认"按钮。

Project 在"甘特图"视图的顶部显示项目摘要任务。在项目摘要任务的"工期"域中有可能显示#号，或者部分值。

（6）双击"工期"列标题的右边缘，扩展该列以便看到完整值。"工期"列变宽，可以显示列中最宽的值。

（7）选择"视图"菜单中的"其他视图"命令，弹出"其他视图"对话框，其中，当前视图（"甘特图"视图）是被选中的。

（8）单击"复制"按钮，弹出视图定义对话框，如图 13-17 所示。

图 13-17　视图定义对话框

"名称"文本框包含新视图的建议名称，新视图的名称将会出现在"其他视图"对话框中，选定后还会出现在"视图"菜单中。注意"名称"文本框中的符号&，它是表示新视图名称键盘快捷符号的代码，如果希望创建键盘快捷方式，需要包含此符号。

（9）在"名称"文本框中，输入"自定义甘特图"，然后单击"确定"按钮。

视图定义对话框关闭。在"其他视图"对话框中会出现"自定义甘特图"视图并且被选中。

（10）在"其他视图"对话框中，单击"应用"按钮。

（11）在"标准"工具栏中，单击"滚动到任务"按钮。

此时，"自定义甘特图"视图是原始"甘特图"视图的精确副本，所以两个视图看起来是相同的。注意，视图左边缘的视图标题已经更新。

接下来将使用甘特图向导在"自定义甘特图"视图的图部分中格式化甘特条形图和里程碑。

（12）选择"格式"菜单中的"甘特图向导"命令，出现甘特图向导欢迎界面。

（13）单击"下一步"按钮，出现甘特图向导的下一个界面。

（14）选中"其他"单选按钮，在"其他"下拉列表中选择"标准：样式 4"，如图 13-18 所示。

（15）目前只需在甘特图向导中做这个选择，因此单击"完成"按钮，出现甘特图向导的结束页。

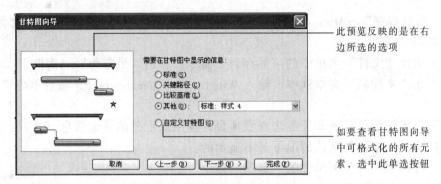

图 13-18　选择其他样式

（16）单击"开始设置格式"按钮，然后单击"退出向导"按钮。

（17）单击任务 5 的名称 Hold auditions。

（18）选择"格式"菜单中的"条形图"命令。

（19）在"条形图形状"选项卡的"中部"区域单击"颜色"框。

（20）单击蓝色，然后单击"确定"按钮。

Project 将蓝色应用到任务 5 的甘特条形图。

在练习的结尾要预览"自定义甘特图"视图。屏幕上所见与打印页上所见基本相同，下面验证这种情况。

（21）选择"文件"菜单中的"打印预览"命令，Project 在"打印预览"窗口中显示"自定义甘特图"视图。

（22）在"打印预览"工具栏中，单击"关闭"按钮。

13.5.2　绘制甘特图

绘制甘特图的操作步骤如下：

（1）选择"视图"→"工具栏"→"绘图"命令，出现"绘图"工具栏。

（2）单击"绘图"工具栏中的"文本框"按钮，然后在"自定义甘特图"视图部分的任意位置绘制一个小框。

（3）在小框中，输入 Film festival January 10 and 11。

（4）选择"格式"→"绘图"→"属性"命令，弹出"设置绘图对象格式"对话框。

（5）单击"线条与填充"标签（如果没有选择）。

（6）在"填充"选项区下的"颜色"框中，单击"黄色"。

接下来把此文本框附加到时间刻度上的特定日期。

（7）单击"大小和位置"标签。

（8）确保"附加到时间刻度"为选中状态，在"日期"框中，输入或单击"2017年 7 月 10 日"。

（9）在"附加到时间刻度"下的"垂直"框中，输入 2.75（这是文本框的顶部距时间刻度的距离，单位为英寸），然后单击"确定"按钮，关闭"设置绘图对象格式"对话框。

Project 将文本框着色为黄色，并将其置于时间刻度下指定的日期附近。

13.6 SVN 服务器搭建及安装配置

13.6.1 下载和搭建 SVN 服务器

下载地址如下：http://subversion.apache.org/packages.html，进入网址后，在浏览器最底部有下载链接，如图 13-19 所示。

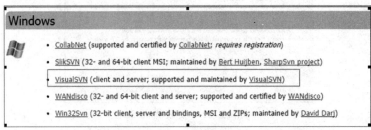

图 13-19 下载选择界面

用 VisualSVN server 服务端和 TortoiseSVN 客户端搭配使用，单击图 13-19 中的 VisualSVN 连接，下载 VisualSVN server，下载完成后双击安装，如图 13-20 所示。

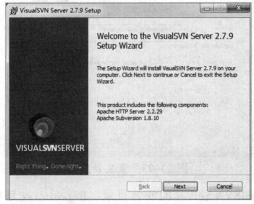

图 13-20 安装界面 1

单击 Next 按钮，如图 13-21 所示。

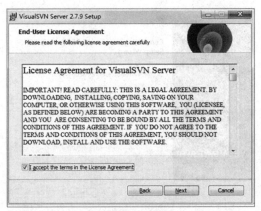

图 13-21 安装界面 2

然后再单击 Next 按钮，如图 13-22 所示。

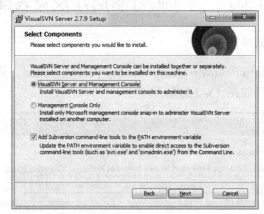

图 13-22　安装界面 3

单击 Next 按钮，如图 13-23 所示。

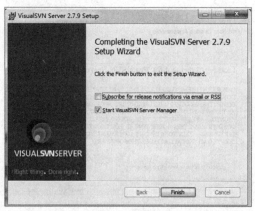

图 13-23　安装界面 4

Location 是指 VisualSVN Server 的安装目录，Repositorys 是指定你的版本库目录。Server Port 指定一个端口，Use secure connection 选中表示使用安全连接，等待安装完成后，单击 next 按钮，进入下一步，如图 13-24 所示。

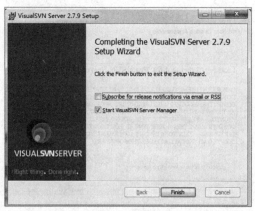

图 13-24　安装界面 5

单击 Finish 按钮即可完成安装。

安装完成后，启动 VisualSVN Server Manager，如图 13-25 所示。

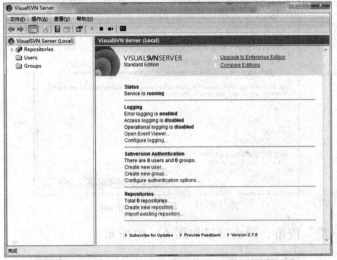

图 13-25 启动 VisualSVN Server 界面

可以在窗口的右边看到版本库的一些信息，比如状态、日志、用户认证、版本库等。要建立版本库，需要右击左边窗口的 Repositores 选项，如图 13-26 所示。

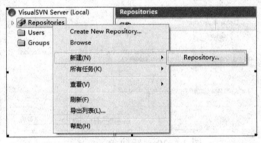

图 13-26 Repositores

在弹出的右键菜单中选择 Create New Repository 命令或者"新建"→Repository 命令，如图 13-27 所示。

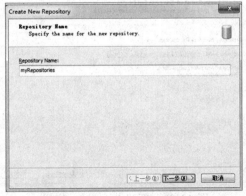

图 13-27 新建 Repository

进入下一步，如图 13-28 所示。

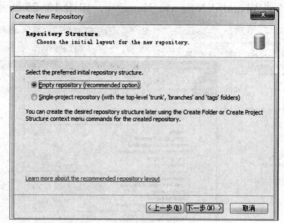

图 13-28　新建 Repository

单击"下一步"按钮，弹出窗口如图 13-29 所示。

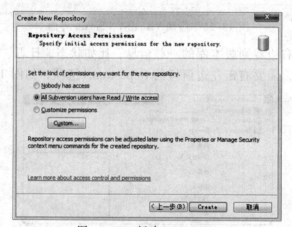

图 13-29　新建 Repository

单击 create 按钮，弹出窗口如图 13-30 所示，单击 Finish 按钮即可完成基本创建。

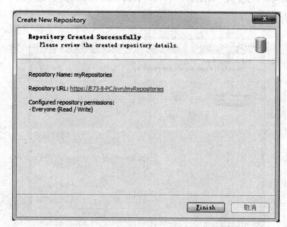

图 13-30　新建 Repository 完成

13.6.2 建立用户和组

（1）在 VisualSVN Server Manager 窗口的左侧右击"用户组"命令，选择 Create User 命令或者"新建"→User 命令，如图 13-31 所示。

填写 Username 和 password，单击 ok 按钮后，进入界面如图 13-32 所示。

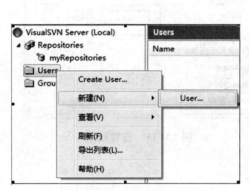

图 13-31　建立用户　　　　　　　　　　　图 13-32　添加用户

单击图 13-32 中的 Add 按钮后，增加 longen0707 到用户中（如果有多个用户，操作一样）。

（2）然后我们建立用户组，在 VisualSVN Server Manager 窗口的左侧右击"用户组"命令，选择 Create Group 命令或者"新建"→Group 命令，如图 13-33 所示。

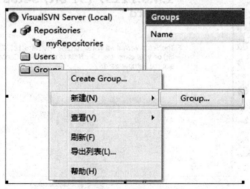

图 13-33　建立用户组

单击 Group 按钮后，在弹出窗口中填写 Group name 为 Developers，然后单击 Add 按钮，在弹出的窗口中选择 Developer，加入到这个组，然后单击 Ok 按钮，接下来我们需要给用户组设置权限，在 MyRepository 上右击并选择属性，如图 13-34 所示。

在弹出的对话框中，选择 Security 选项卡，单击 Add 按钮，选中 longen0707 选项，然后添加，权限设置为 Read/Write，如图 13-35 所示。

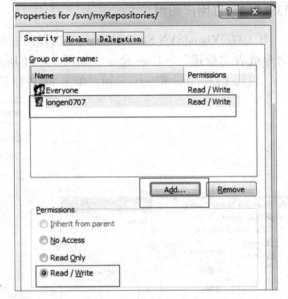

图 13-34　设置权限　　　　　　　　图 13-35　设置权限

13.6.3　SVN 版本管理的安装配置

安装 TortoiseSVN（TortoiseSVN-1.4.8.12137-win32-svn-1.4.6.msi 下载地址），如图 13-36 所示。

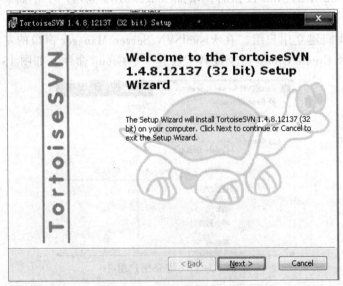

图 13-36　SVN 版本管理的安装配置

单击 Next 按钮进入下一步，接受 License，单击 Next 按钮进入下一步，单击 Install 按钮安装，进入界面如图 13-37 所示。

单击 Finish 按钮完成 TortoiseSVN 的安装，完成重启。

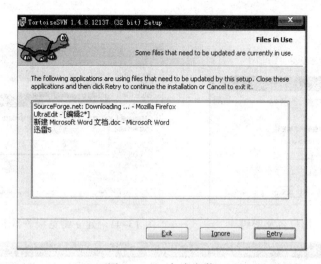

图 13-37　完成安装

13.7　SVN 版本管理的基本使用

13.7.1　下载项目文件

下载项目文件，即初始化检出，如图 13-38 所示，版本库中文件和目录的本地映射。

建立一个空的文件夹，这个很重要，不然会产生版本文件锁的冲突（特别是包含了隐藏目录.svn）。如图 13-39，选择"SVN 检出"命令。

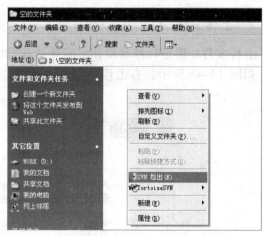

图 13-38　建立文件夹　　　　　　图 13-39　选择 SVN 检出

如图 13-40 所示，输入用户账号，可以是中文名称，建议用学号作为账号，并输入对应密码，默认密码为 123456。

可以选择保存认证来避免每次输入密码的麻烦。如图 13-41 为建立浏览服务器上对应的目录。

选择一个目录，URL 会被自动变更到这个目录，也就是说用户可以不下载整个根目录下的文件，而只关心用户要的文件。如图 13-42 能浏览下载文件，代表用户具有可读的权限。

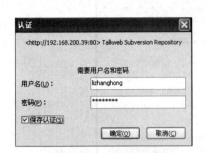

图 13-40　用户名及密码

图 13-41　建立浏览服务器上对应的目录

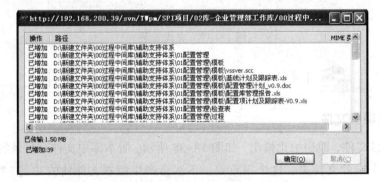

图 13-42　浏览下载文件

13.7.2　上传文件

上传文件，即进行修改操作，需要具有可写权限，在某个文件夹里新建了一个文档。如图 13-43 所示，右击选择 TortoiseSVN 命令→"增加"命令来添加用户的新增文件。

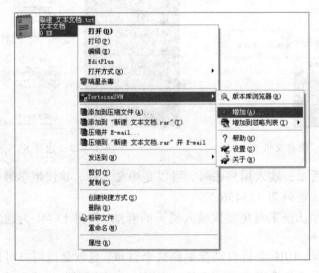

图 13-43　建立新文件

注意,这里只是标记了这个文件要将被做提交操作,但还没有真的提交到服务器,文件会增加一个粗体加号。要真的提交,就要执行下面的操作,如图 13-44 所示。

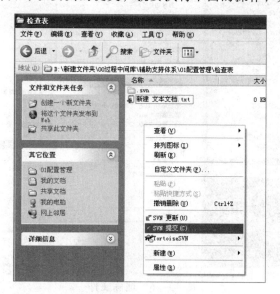

图 13-44　提交服务器

弹出窗口,如图 13-45 所示。

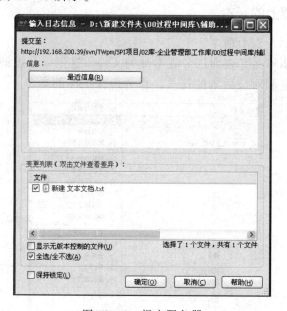

图 13-45　提交服务器

选中要添加的文件,单击"确定"按钮。这就完成了提交新增文件的操作。提交后刷新,可以看到这个文件被标记了 。现在可以提交修改到服务器。

这里注意: 这并不代表本机的版本是最新的,只能说明是目前为止,最近一次提交更改后,没有对其进行修改。一个好的习惯是,每次都先更新目录,再做修改。

如果要删除这个文件(目录),可以进入操作界面,如图 13-46 所示。

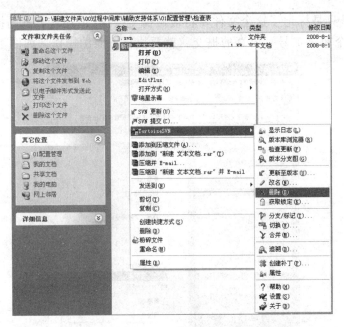

图 13-46　删除文件

把它标记为"删除",再提交。只有提交成功操作才生效。

13.7.3　查看服务器上的版本

如图 13-47 所示,查看版本。

这里可以输入版本号,查询这个版本号的文件。这里仅是查询,并不是会把回溯到那个版本。可以复制对应版本的拷贝,作为现在工作的参考。

图 13-47　查看版本

13.7.4 还原操作

如果进行了大量操作，但不想提交，想还原，可以选择，如图 13-48 所示，选择对于修改做还原。

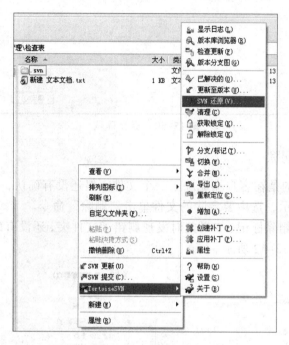

图 13-48　修改还原

可还原至历史中的某个版本，如图 13-49 所示，选中某个文件，单击"显示日志"命令选中要还原的历史版本，右击"复原到此版本"命令，弹出窗口如图 13-50 所示，弹出确认窗口，然后再提交即可。

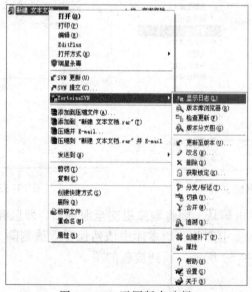

图 13-49　还原版本选择

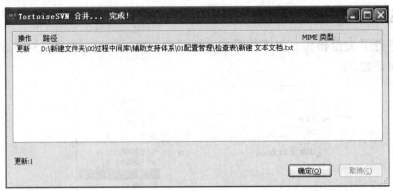

图 13-50　提交确认

13.7.5　SVN 恢复删除

　　本地删除，指的是在客户端删除了一个文件，但还没有确认，使用恢复来撤销删除。如图 13-51 所示，选中要删除的文件单击"删除"命令。

　　文件夹会打上删除标记，如果此时发现删错了文件夹，还没有确认，则使用 revert 来撤销删除，如图 13-52 所示。

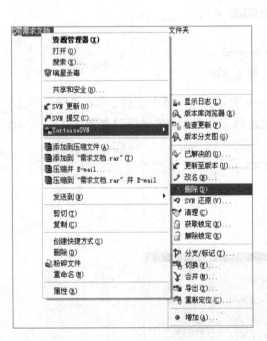

图 13-51　删除文件　　　　　　　　　图 13-52　撤销删除

　　输入日志信息，单击确认，则将删除提交至服务器，即服务器上面看不到该文件了。但是并没有从版本库中删除，版本库中依然保存着该删除文件或文件夹的信息。单击 show Log，如图 13-53 所示，找到被删的项。

图 13-53　找到被删的项

选中,右击后选择 Revert changes from this revision命令,进入操作界面,如图 13-54
所示。

图 13-54　恢复文件

确认则恢复了该文件夹（或者文件）。然后提交,则将刚才删除的文件夹提交到
版本服务器。

小　结

本章主要介绍用 Project 及 SVN 工具完成下列工作: 跟踪收集与工作有关的所有
信息,包括项目的工期、成本和资源需求;以标准、美观的格式形象具体地呈现项目
计划;一致而高效地安排任务和资源;与其他 Microsoft Office 系统应用程序交换项
目信息;对于项目经理,在保持对项目最终控制权的同时,又能与资源和其他项目干

系人交流；使用外观和操作类似桌面程序的应用程序来管理项目；SVN 服务器搭建及安装配置；使用 SVN 进行版本管理。

习　　题

1. 用 Project 如何建立项目的进度计划？
2. 如何进行人工分配？
3. 如何对任务添加子任务？
4. 如何设置任务的前置任务？
5. SVN 工具如何恢复删除？

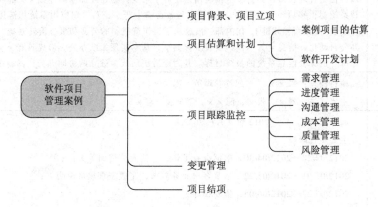

第 14 章

软件项目管理案例 《《《

引言

任何知识和方法的学习目的最终都是要应用所学到的知识和技能解决实际问题，项目管理的知识只有应用于实际的项目管理过程中，用于实现项目的目标才会发挥出真正的作用。本章以软件项目的实际案例来帮助学员理解本书其他章节内容在项目实施过程中的应用，从而让大家真正了解和学会在软件项目中如何进行有效的项目管理。

学习目标

通过本章学习，应达到以要求：

- 了解项目管理理论和方法在实际工作中的应用和拓展。
- 能够应用学到的知识和方法解决具体的项目问题。

内容结构

软件项目管理案例
- 项目背景、项目立项
- 项目估算和计划
  - 案例项目的估算
  - 软件开发计划
- 项目跟踪监控
  - 需求管理
  - 进度管理
  - 沟通管理
  - 成本管理
  - 质量管理
  - 风险管理
- 变更管理
- 项目结项

14.1 项目背景

案例来源于某单位委托一软件中心建设的一个运输企业的协同办公系统项目。该项目的目标是建设一个能支持企业发展战略，适应业务需要，提高公司内部管理、服务效率，强化公司制度执行的一个业务平台，主要实现以下功能：

（1）建立一个多任务、多功能的综合性办公自动化系统，包括公文处理、档案管理、协同办公、链接应用系统等子系统。

（2）为连接上级部委、各局公文流转系统提供接口（仅预留接口）。

（3）与各运输生产、经营管理应用系统链接为逻辑结构（定制 UI 界面和外链）。

案例通过对这一项目从立项启动，到项目估算和计划、跟踪执行、管理控制，一直到结项的全过程展示了项目管理各个方面在项目中的应用。

14.2 项目立项

项目立项是确定项目开始进行的第一个步骤，一般需要通过《项目建议书》或《立项报告》来确定项目的可行性、范围、目标、预算及大致的工作计划，在获得各级审批后就可以启动项目。

以下是案例项目的《项目建议书》（见表 14-1），从中可以了解到项目启动时需要考虑和批准的各项主要内容。

表 14-1　项目立项建议书实例

项 目 名 称	×××××协同办公信息系统		
项目简称	××协同办公	项目编号	P1
所属产品线	信息自动化	资金来源	■市场 □科研 □计划 □自筹
项目概况	背景、内容、目标： 鉴于××单位内部办公信息系统应用范围的日益扩大，各部门对协同办公软件产品的需求不断提高。为实现单位的无纸办公和公文处理自动流转。××单位委托××信息中心开发"×××××协同办公系统"。 其主要功能是在××单位建立一个多任务、多功能的综合性办公自动化系统，包括公文处理、档案管理、协同办公、链接应用系统等子系统。为在外部纵向连接××部、各局公文流转系统提供接口（仅预留接口）；横向与各运输生产、经营管理应用系统相链接为逻辑结构（定制 UI 界面和外链）。在内部，形成基于工作流机制的公文和事务流转系统，达到集机关办公自动化、信息化为一体，实现资源共享，基本实现无纸办公，形成具有××特色、全基地统一的办公信息系统的最终目标。并为今后扩展成为独立的协同办公产品打下基础		
组织结构	项目经理：张××　　配置管理员：冯×× 主要成员：刘×、张×、倪××、李××、赵××		
宏观计划	起止时间：　　2012 年 4 月—2012 年 9 月 主要项目阶段： 2012/04/20—2012/04/30，前期准备工作，包括人员培训等工作； 2012/05/01—2012/05/22，了解客户业务需求，完成需求规格说明书； 2012/05/23—2012/06/05，概要设计； 2012/06/06—2012/07/31，编码设计、编码实现、内部测试； 2012/08/01—2012/08/31，项目集成测试与修改完善，形成最终产品； 2012/09/01—2012/09/15，项目文档整理、操作人员培训，完成各个阶段的所有文档规档。提交最终产品，系统正式投产		
收入及成本估算	收入估算：××万（合同收入） 支出估算：××万		
建议的质量体系等级	□一级　　□二级　　□三级　　■四级		

续表

项 目 名 称	×××××协同办公信息系统		
其他说明	不包含即时通信，内容管理功能。本项目仅涉及协同办公部分		
立项人	张××	申请日期	2012-4-20
产品线/部门经理审核意见	同意立项。 王×		审核/日期：2012-4-20
项目管理办公室审核意见	项目类型：□系统集成 □纯集成 ■纯软件 □强软件 质量等级：四级 QA工程师：陆× 测试工程师：闫× 沈××		审核/日期：2012-4-20
项目管理委员会分会审核意见	同意立项。 黄××		审核/日期：2012-4-20

《立项报告》与《项目建议书》的作用比较相近，以下是另一个项目的《立项报告》实例（见表14-2及其相关附表），从中可以了解到不同的单位在项目启动时需要考虑和批准的各项主要内容。

表14-2 研发项目立项报告实例

1. 基本信息			
项目名称	某公司信息化建设第一期项目	立项日期	2012.2.26
产品名称	某公司企业管理应用系统	附件数	4
项目描述	全面支持公司"产品/服务年"战略目标的实施：通过实用、及时、经济的信息化建设项目，提高公司内部的管理、服务效率，为业务和管理人员提供更高效的支持；并通过系统实施，继续强化推行制度化管理		

2. 可行性分析及预测（说明项目的起因，来源，投资规模及比例，市场销售额及客户数的预测，由产品经理填写）

投资	投资额	7~8万	
	投资用途（%）	规划	4%
		制造	92%
		服务	4%
市场	将大幅减轻计划财务部、人力资源部相关人员的事务性工作量。一期产品在公司内部使用较成熟后，可以作为同类单位的信息化平台产品进行市场推广		

3. 责任确认（由各部门确定各责任人的提名，由本人签字确认）

	负 责 阶 段	提 名	签 字 确 认	确 认 日 期
产品经理	可行性研究、需求分析、内部验收	贺××	贺××	2012.2.26
开发经理	需求分析、设计、编码	黄××	黄××	2012.2.26
质量保证工程师	整个项目阶段的规范化管理	刘××	刘××	2012.2.26
配置管理	整个项目阶段的配置管理	王××	王××	2012.2.26

4. 项目审批（在立项报告完成之后，由审批人在完成审核之后，签字确认）

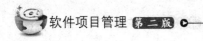

续表

人　员	确认签核	签核时间	结　　果		
提　交　人	贺××	2012.2.26	提交日期	2012.2.25	第　1　次提交
项目管理部经理	徐××	2012.2.26	■同意	□不同意	
测试部经理	刘××	2012.2.26	■同意	□不同意	
人力资源部经理	张××	2012.2.26	■同意	□不同意	
总经理	路××	2012.2.26	■批准立项	□重新立项	□停止立项

附表1（公司每个自主产品对应一张）：

产品定制工作计划表

1. 基本信息

项目名称	某公司信息化建设第一期项目	项目编号	PM20120016
产品名称	某公司企业管理应用系统	产品编号	DP2012001001

2. 产品功能模块（列出本项目中产品的功能模块名称，并说明是新开发、定制、版本升级等工作内容）

编　号	功能模块名称	定制工作内容描述
M1	人力资源管理系统	在原有人力资源在线的功能基础上，加强统计、查询功能
M2	合同/商务管理系统	支持商务人员的日常工作，加强对合同/商务信息的管理
M3	测试管理系统	将原有的测试管理系统整合进公司统一的信息化平台
M4	办公/知识管理系统	实现公司公文流转、文件管理、过程管理等日常办公的自动化，并加强对公司知识性信息资源的共享管理
M5	内部网门户	将过程管理指南式网站、内部网信息整合成统一平台，并建成公司各类信息化应用的统一门户

附表2（将项目的总体进度计划在此列出，该表由项目开发经理，项目测试经理共同完成）：

项目总体进度表

工作阶段及任务	负责人	协助人	开始时间	结束时间	工作量（人天）
需求整理	贺××	Team	0（启动日）	10	50
主题数据库设计	黄××	宋××、	11	15	15
权限系统设计	宋××	贺××	15	30	15
人力资源系统应用开发	宋××	马××	15	45	55
合同/商务管理系统应用开发	黄××	刘××	15	45	55
办公/知识管理系统需求分析	贺××	黄××	15	70	100—120
办公/知识管理系统应用开发	黄××	贺××	46	150	200—240
调整测试管理系统	宋××		45	55	10
平台整合	黄××	宋××	55	60	10
系统试运行	黄××	Team	60	—	
系统培训	贺××	Team	60	65	5

注：以从项目启动开始计算的工作日数量来表示"开始时间"和"结束时间"。

附表 3（将本项目所需的人员信息在此列出）：

人力资源需求表

任用岗位	专业技能要求	人数要求	学历要求	经验要求	其他要求	期望到位日期	任用任务阶段/周期
信息化专员	具有基于微软相关产品进行应用系统开发的能力	2	本科以上	有 1~2 年的 IT 行业工作经验，有 OA 系统等管理系统开发经验者优先		项目立项后马上到位	
测试人员	熟悉测试方法	1	本科以上	一年以上测试经验	最好有一名在项目组内	2012-3-12	3 个月

附表 4（项目需增加的硬件、软件成本预算表）：

项目需增加的硬件、软件成本预算表

设备费用

硬件设备费用预算	序号	设备名称	设备配置	单位成本/（万元）	数量	费用合计/（万元）	开始使用日期	使用周期/月	是否交付客户	设备用途
	1	中央数据库服务器	1 GB 内存 2 个 72 GB 硬盘		1			长期	□是 □否	□开发 □测试 □试验
	2								□是 □否	□开发 □测试 □试验

硬件费用合计：

软件费用预算	序号	软件名称	软件版本	软件成本/（万元）	数量	费用合计/（万元）	开始使用日期	使用周期（月）	是否交付客户	软件用途
	1	SQL Server	标准版		1				□是 □否	□开发 □测试 □试验
	2	MSDN							□是 □否	□开发 □测试 □试验
	3	Visio Studio							□是 □否	□开发 □测试 □试验

软件费用合计：

注：成本与费用合计由计划财务部（商务）填写。

附表 5（将风险分析的结果在此列出）：

风险分析表

风险描述	风险严重性	风险概率	风险系数	防范措施及应急对策
各子系统接口间的描述不清晰	4	0.7	2.8	在系统分析、联调测试时多关注接口设计方面的问题

附表 6（将项目需投入的人力费用在此列出，按财务部的项目预算表制订）：

项目预算工时表

	2月	3月	4月	5月	6月	7月	合计
一、参与项目人员	人/天	人/天	人/天	人/天	人/天	人/天	
高级人员	50	50	85	85	50	10	330
中级人员		60	185	185	80	30	540
初级人员							
合计	50	110	270	270	130	40	870
二、参与项目人员出差天数及地点							
高级人员							
中级人员							
初级人员							
合计							
三、培训费用				2 000			2 000
四、参加封闭开发地点、人/天数							
五、其他需注明的费用（室内交通费及招待费用）				500			500

注：此表后需附参与项目人员名单，并注明人员级别，此处略。

14.3 项目估算和计划

立项审批通过后，可以根据已经明确的任务内容和资源要求开展项目的详细规划，以便明确项目所有任务及分工、时间要求等各方面的细节，通常软件项目需要通过估算获知软件的总体规模，从而确定工作量和进度，资源等，对于实施 CMMI 的单位，软件项目的计划制订包括软件项目开发计划（主计划）及配置管理计划、质量保证计划、测试计划、测量计划等相关子计划，这些计划详细地规划了软件开发过程中各种角色需要完成的工作和具体要求。

14.3.1 案例项目的估算

该项目文档规模估算结果为：275 页，其中包括需求分析说明书、概要设计说明书、集成、测试文档及项目实施过程中的相关工作记录等。详细估计结果如表 14-3 所示。

表 14-3 项目文档规模估算表实例

工作产品		新 建	假设条件 复杂度	估 算 说 明
文档（页）	需求分析说明书	45	2	根据模板的要求编写
	概要设计说明书	90	1	根据模板的要求编写
	集成方案	20	1	根据模板的要求编写
	用户手册	40	1	根据模板的要求编写
	移植文档	30	1	根据模板的要求编写
	其他文档	50	2	包括测试计划、测试方案、测试报告、评审记录等
小计（页）		275		

该项目代码规模估算结果为新编 55337 行，如表 14-4 所示。

表 14-4 项目代码规模估算表实例

工作产品			新建	直接使用	重用修改	初步规模（LOC）	阈值	假设条件复杂度	最终规模	估算说明
代码（LOC）	网站类库	DAL 类库	800		200	900	10%	2	990	使用 C#三层结构
		BLL 类库	1 000			1 000	15%	3	1 150	使用 C#三层结构
		UI 类库	6 000	1 000	3 000	7 600	10%	2	8 360	使用 C#三层结构
		UI 控件	1 500	200	300	1 670	10%	2	1 837	使用 C#三层结构
	网站界面	工作流引擎工作界	8 000			8 000	5%	1	8 400	使用 C#三层结构
		工作流引擎维护界	5 000			5 000	5%	1	5 250	使用 C#三层结构
		辅助功能界面	3 000			3 000	5%	1	3 150	使用 C#三层结构
		综合信息服务	4 000			4 000	5%	1	4 200	使用 C#三层结构
	工作流定制软件	图形编绘	10 000			10 000	10%	2	11 000	使用 Delphi 开发
		路径设置	3 000			3 000	15%	3	3 450	使用 Delphi 开发
		结点设置	4 000			4 000	10%	2	4 400	使用 Delphi 开发
		数据操作	3 000			3 000	5%	1	3 150	使用 Delphi 开发
总计（LOC）			49 300	120	1 750	51 170			55 337	

14.3.2 软件开发计划

软件开发计划是软件项目工作的总体规划和安排，通常除了软件研制工作的安排外，还需要考虑产品质量保证、配置管理、测试等方面的工作，所以一个完成的软件策划活动，工作成果除了软件开发计划外，还要有一系列相关的子计划，典型的如质量保证计划、配置管理计划、测试计划、测量计划、培训计划等。有些子计划可以合并在软件开发计划中一并编制，如测量计划、培训计划、质量保证计划、配置管理计划、测试计划因为可能由不同的人员负责，会独立成文。下面是案例项目的各个计划。

1. 协同办公信息系统项目开发计划实例

目 录

1 引言 2

1.1 编写目的2

1.2 参考资料2

2 项目概述 2

2.1 目的及背景信息 2

2.2 假设与约束 2

2.3 项目产生的工作产品 3

1 引言

鉴于××单位内部办公信息系统应用范围的日益扩大,各部门对协同办公软件产品的需求不断提高。为实现××基地的无纸办公和公文处理自动流转,××基地委托××信息中心开发"××协同办公系统"。

其主要功能是建立一个多任务、多功能的综合性办公自动化系统,它包括公文处理、档案管理、协同办公、链接应用系统等子系统。在外部纵向为连接××部、各局公文流转系统提供接口(仅预留接口);横向与各运输生产、经营管理应用系统相链接为逻辑结构(定制 UI 界面和外链)。在内部,形成基于工作流机制的公文和事务流转系统,达到集机关办公自动化、信息化为一体,实现资源共享,基本实现无纸办公,形成具有××单位特色、全基地统一的办公信息系统的最终目标,并为今后扩展成为独立的协同办公产品打下基础。本项目计划即是针对这一项目进行编写的。

1.1 编写目的

本文档的编写目的是根据项目定义过程,说明项目的任务划分、资源分配以及进度安排等内容,从而使项目的工程活动和项目管理能够高效、有序的开展,以保证项目达到预期的目标。

1.2 参考资料

××协同办公信息系统技术开发合同

公司 QCS 质量体系文档

《项目立项建议书》

2 项目概述

2.1 目的及背景信息

项目名称:××协同办公信息系统

项目编号:J-2012-006

项目提出者:××基地

项目经理:张××

最终用户:××基地

2.2 假设与约束

预算:根据前期合作中双方共同确认的合同金额、开发工作在项目中所占的比例和公司的有关规定，此项目开发预算金额应小于 30 万元。

人员：项目组成员主要由 OA 产品线相关人员和产品测试和 OA 人员构成。主要包括：张××、冯××、张兴、倪××、刘××、李××、扈××、何××、康××、温××、王××。

设备：使用项目组成员自用开发机器。

网络环境：由会议室网络管理部门统一安排。

时间表：根据项目计划，本系统应于 10 月 30 日前完成全部工作。

2.3 项目产生的工作产品

（1）工程产品

序　　号	工程产品名称	是否提交用户
1	需求规格说明书	是
2	概要设计说明书	否
4	用户手册	是
5	维护手册	是
6	最终软件产品	是

（2）管理产品

序　　号	管理产品名称
1	项目计划
2	WBS
3	风险管理计划
4	组间协调计划
5	CM 计划
6	QA 计划
7	测试计划
8	项目级培训计划

3 项目组织

3.1 组织结构

项目经理：张××

系统分析、开发设计：张××、冯××、张兴、倪勇兴、刘勇兴、李勇兴

配置管理：冯××、康××

QA：扈××

测试：温××、何××、王××

项目管理办公室：王××

项目管理委员会：黄××、王××、李××

3.2 外部接口

OA 产品线：

内部联系人：张××

外部联系人：王××

××基地：

内部联系人：张××

外部联系人：肖××

3.3 角色与职责

张××：项目经理，主要负责整个项目的管理工作、分析及开发设计工作。

冯××：配置管理员，主要负责项目相关的配置管理工作和项目相关的文档撰写工作。

仲××：项目组成员，主要负责项目相关的文档撰写工作。

张××：项目组成员，主要负责项目 C/S 部分客户端的开发设计工作。

倪××：项目组成员，主要负责项目 B/S 部分的开发设计工作。

刘××：项目组成员，主要负责项目的 B/S 部分开发设计工作。

李××：项目组成员，主要负责项目的美术设计工作。

扈××：QA，负责项目的质量过程控制。

温××：测试组组长，主要负责整个项目的测试计划制订及进行测试。

何××、王××：测试组成员，负责进行具体的测试工作。

王××：项目管理办公室，负责与项目管理办公室之间的沟通协作事宜。

4 遵循的过程、标准及规范

项目组在开发过程中根据公司 QCS 体系标准，承诺遵循的以下过程、标准和规范（经过裁剪）。

管理过程	• 风险管理规程； • 估算规程； • 项目定义过程开发及维护规程； • 项目计划编制和维护规程； • 项目监控规程	• 风险管理计划； • 估计过程记录表； • 估计结果记录表； • 过程偏差记录； • 会议纪要； • 里程碑状态报告； • 项目成本计划； • 项目跟踪表； • 项目估算表； • 项目过程定义； • 项目计划； • 项目交付单； • 项目进度计划； • 项目里程碑质量&进度完成情况报告； • 项目立项建议书； • 项目例会记录； • 项目验收报告（内部）； • 项目验收报告（外部）； • 项目总结报告	• 风险管理计划检查单； • 进度计划检查单； • 里程碑状态报告检查单； • 项目跟踪表检查单； • 项目估算表检查单； • 项目管理过程检查单； • 项目计划检查单； • 项目立项建议书检查单； • 项目总结检查单

需求开发与管理过程	• 变更规程； • 需求跟踪矩阵使用指南	• 变更规程； • 变更任务单； • 变更申请表； • 需求跟踪矩阵； • 需求跟踪矩阵使用指南； • 需求规格说明书； • 用户需求汇总表	• 需求跟踪检查单； • 需求规格说明书检查单； • 需求开发与管理过程检查单； • 用户需求状态表检查单
产品实现过程	• 编码规范参考指南； • 软件单元测试工作指南； • 软件开发平台规范； • 系统集成参考指南	• 产品集成方案； • 概要设计说明书； • 集成验证报告； • 集成验证活动记录表； • 技术解决选择方案； • 维护手册； • 文档验证记录； • 详细设计说明书； • 用户手册	• 产品实现过程检查单； • 代码评审检查单； • 概要设计说明书检查单； • 维护手册检查单； • 详细设计说明书检查单； • 用户手册检查单
软件测试过程	• 评审规范； • 软件测试规范； • 软件测试技术规范； • 软件集成测试工作指南； • 软件系统测试工作指南； • 软件验收测试工作指南； • 质量中心平台使用规范	• 测试报告； • 测试方案； • 测试活动测量表； • 测试计划； • 测试申请单； • 测试用例； • 测试总结； • 会议签到表； • 评审申请单、计划、缺陷、报告； • 缺陷跟踪表； • 性能测试报告； • 性能测试方案； • 性能测试用例	• 测试报告检查单； • 测试方案检查单； • 测试过程检查单； • 测试计划检查单； • 测试缺陷跟踪表检查单； • 测试用例检查单； • 测试用例评审检查单； • 测试总结检查单； • 评审过程检查单； • 评审检查单
配置管理过程	• 产品生成及发行规程； • 基线审计规程； • 配置管理规范； • 配置管理系统操作规范； • 配置计划管理规程	• 配置报告； • 配置变更请求表； • 配置管理计划； • 配置管理进度计划； • 配置管理审计报告； • 配置管理总结报告； • 配置审计检查表； • 配置状态报告； • 配置状态表	• 配置管理过程检查单； • 配置管理计划检查单； • 配置管理进度计划检查单； • 配置管理总结报告检查单； • 配置状态表检查单
过程与产品质量保证过程	• 不符合项目处理规程； • 质量保证规范； • 质量保证计划编写规程	• 不符合项报告； • 质量保证报告； • 质量保证活动专家验证表； • 质量保证计划； • 质量保证总结	• 质量保证过程检查单； • 质量保证计划检查单； • 质量保证进度计划检查单； • 质量保证总结检查单
决策分析过程	• 决策方法指南	• 决策分析报告； • 决策分析启动标准	——
度量过程	• 度量集	• 项目数据采集表	——

5 项目计划

5.1 生命周期模型

依据公司《生命周期模型》的相关规范，根据本项目的具体情况，选定本项目的生命周期模型为瀑布型。

5.2 项目估算

具体内容见《项目估算表》。

5.3 具体计划

（1）进度计划、人力资源需求计划。

（2）配置管理计划。

（3）质量保证计划。

（4）总体测试计划。

2. 协同办公信息系统项目配置管理进度和资源计划实例

1 目的

本文档的目的是为确保配置管理活动及时、准确地进行，建立配置管理实施计划。

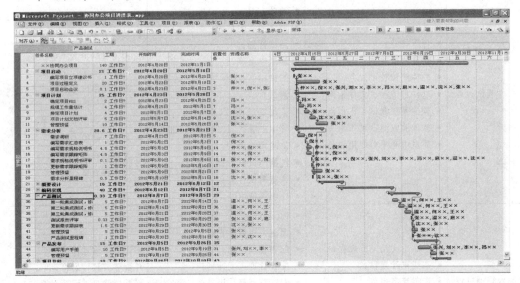

2 项目基本信息

项目名称：××协同办公信息系统。

项目编号：J-2012-006。

3 项目使用的工具、环境

3.1 配置管理工具

Tortoise SVN 管理系统。

3.2 项目配置库结构

3.2.1 开发库

开发库包括整个开发过程中处于动态变化过程中的工作成果，不包含产品库中的内容。子目录结构规定如下：

（1）01src，项目的源码目录，由项目组负责定义。

（2）02doc，文档目录要求遵循开发规范进行定义，详细见3.2.1.1。

（3）03individual，项目组在开发过程中的个人目录。

（4）04other，不包括在前面3个分类中的文档及数据。

开发库文档目录的子目录结构如下：

（1）01startup，启动项目时，需要的项目概要说明文档。

（2）02requirement，需求阶段的需求说明文档。

（3）03design，设计阶段的概要设计。

（4）04code，编码阶段包括详细设计和编码工作，提交详细设计文档、单元测试文档。

（5）05test，测试阶段的集成测试方案及测试报告。

（6）06release，正式发布时所需要的文档。

（7）07maintain，维护程序时所需要的文档。

（8）08management，包括项目计划、跟踪报告、项目总结等。

（9）09meeting，项目中正式评审会议的会议纪要。

（10）10configuration，配置管理文档。

（11）11qa，质量保证管理文档。

（12）2other，不包括在以上目录中的文档。

3.2.2 受控库

受控库只存放项目计划中定义的需要进行控制的工作成果，其结构为：

01 管理库：存放计划、监控、测量、评审记录、审核报告等相关文档。

02 基线库：存放需求、设计、代码等需要进入基线的工作成果。

3.2.3 产品库

产品库存放在文件服务器上。规定的目录结构如下：

（1）01bin，用于存放工作产品的运行环境。

（2）02 release，用于存放发布的工作产品。

（3）03other，存放其他的文档。

3.2.4 项目成员操作权限

开　发　库				
用　　户	目　　　录	权　　限	成　　员	备　　注
上级经理	整个开发库	read 权限	沈××	
项目经理	development /01src	read/write 权限	张××	
	development /02doc	read/write 权限	同上	
	development /03individual development /02doc/0 8 management development /04other	read/write 权限	同上	
开发人员	development /01src	read/write 权限	张××、仲××、倪××、张兴、刘××、李××、冯××	

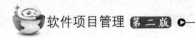

开 发 库				
用　户	目　录	权　限	成　员	备　注
	development /02doc	read 权限	张××	
	development /02doc/02requirement development /02doc/03design development /02doc/04code development /02doc/06release development /02doc/07maintain development /02doc/12other	read/write 权限	同上	
	development /03individual development /04other	read/write 权限	同上	
配置管理员	整个开发库	read/write 权限	冯××	
QA	development /01src	read 权限	扈××	
	development /02doc	read 权限	同上	
	development /02doc/11qa development /02doc/12other	read/write 权限	同上	
	development /03individual development /04other	read/write 权限	同上	
用　户	目　录	权　限	成　员	备　注
测试人员	development /01src	无权限	温××、何××、王××	
	development /02doc	read 权限	同上	
	development /02doc/05test development /02doc/12other	read/write 权限	同上	
产 品 库				
用　户	目　录	权　限	成　员	备　注
配置管理员	整个产品库	read/write 权限	冯××	
测试人员	产品库/04test	read/write 权限	温××、何××、王××	
	产品库/05other	read/write 权限	温××、何××、王××	
开发人员	产品库/02debug	read/write 权限	张××、仲××、倪××、张兴、刘××、李××、冯××	
	产品库/05other	read/write 权限	同上	
项目其他人员	产品库/05other	read/write 权限	需申请	

4 配置标识方法

4.1 CI 标识方法

文档规则：遵循《配置管理规范》中的 CI 标识规范。

子系统及构件的命名规则：

（1）项目编号_子系统名称。

（2）项目编号_构件名称。

其中，"项目编号"见《项目立项建议书》；"子系统名称""构件名称"见《概要设计说明书》《需求跟踪矩阵》。

4.2 基线标识方法

基线的命名：遵循《配置管理规范》中的基线标识规范。

基线的级别定义：遵循阶段，即需求完成（RA）、设计完成（DS）、编码完成（CO）、发布（RL）。

5 版本控制 CI 定义表

CI 名称	编制	审批	批准	提交时间/阶段	备注
J-2012-006_项目立项建议书	张××	项目管理办公室	项目管理委员会	2012.4.20	
J-2012-006_项目计划	张××	项目管理委员会	项目管理委员会	2012.5.18	
J-2012-006_项目进度计划	张××	项目管理委员会	项目管理委员会	2012.5.18	
J-2012-006_过程偏差记录	张××	项目管理委员会	项目管理委员会	2012.6.1	
J-2012-006_项目成本计划	张××	项目管理委员会	项目管理委员会	2012.5.18	
J-2012-006_项目跟踪表	张××	项目管理委员会	项目管理委员会	随时填写	
J-2012-006_项目过程定义	张××	项目管理委员会	项目管理委员会	2012.5.18	
J-2012-006_配置管理计划	冯××	项目管理委员会	张××	2012.6.11	
J-2012-006_配置管理进度计划	冯××	项目管理委员会	张××	2012.6.11	
J-2012-006_决策分析启动标准	张××	项目管理办公室	项目管理办公室	2012.5.18	
J-2012-006_决策分析报告	张××	项目经理、技术专家、项目成员	张××、技术专家、项目成员	选择技术解决方案时	
J-2012-006_测试计划	温××	项目经理、技术专家、项目成员	项目经理、技术专家、项目成员	2012.5.22	

6 基线控制 CI 定义表

根据项目《需求跟踪矩阵》维护下列表基线控制 CI：

CI 名称	编制	审批	批准	提交时间/阶段	备注
J-2012-006_用户需求汇总表	项目需求分析人员	张××	张××	2012.5.18	必要时有用户审批
J-2012-006_需求规格说明书	项目需求分析人员	项目经理、技术委员会	技术委员会主任	2012.6.10	
J-2012-006_需求跟踪矩阵	项目组成员	张××	张××	随时填写	
J-2012-006_技术解决选择方案	项目设计人员	张××	张××	2012.6.19	
J-2012-006_概要设计说明书	项目设计人员	张××	张××	2012.6.22	特别情况需要技术委员会审批
J-2012-006_产品集成方案	项目设计人员	张××	张××	2012.6.29	
J-2012-006_源码产品包	项目开发人员	张××	张××	2012.9.1	
J-2012-006_维护手册	项目开发人员	张××	张××	2012.9.14	
J-2012-006_用户手册	项目开发人员	张××	张××	2012.9.20	

7 项目基线计划

阶　　段	基线建立时间	基　线　名　称	CI 名称
需求	2012.6.10	BL_RA	J-2012-006_用户需求汇总表
			J-2012-006_需求规格说明书
			J-2012-006_需求跟踪矩阵
设计	2012.7.10	BL_DS	J-2012-006_用户需求汇总表
			J-2012-006_需求规格说明书
			J-2012-006_需求跟踪矩阵
			J-2012-006_概要设计说明书
			J-2012-006_技术解决选择方案
			J-2012-006_产品集成方案
编码	2012.9.1	BL_CO	J-2012-006_用户需求汇总表
			J-2012-006_需求规格说明书
			J-2012-006_需求跟踪矩阵
			J-2012-006_概要设计说明书
			J-2012-006_源码产品包
发布	2012.10.16	BL_RL	J-2012-006_用户需求汇总表
			J-2012-006_需求规格说明书
			J-2012-006_需求跟踪矩阵
			J-2012-006_概要设计说明书
			J-2012-006_源码产品包
			J-2012-006_维护手册
			J-2012-006_用户手册

8 CCB

8.1 CCB 的职责

遵循《配置管理规范》所规定的 CCB 职责要求。

8.2 成员

CCB 主席：沈××、张××

CCB 成员：张××、仲××、倪××、张兴、刘××、李××、冯××、扈××、温××

9 配置状态报告与审计

9.1 配置审计

1. 物理审计

审计策略：基线发布建立前。

审计者名单：冯××

2. 功能审计

审计策略：产品提交测试和最终交付前。

审计者名单：仲××

9.2 配置状态报告

（1）报告策略：基线建立或变更时。

（2）报告者名单：冯××

9.3 规程说明

遵循本组织定义的各有关配置管理规程规范。

10 工作量估计

19人·天。

11 进度活动

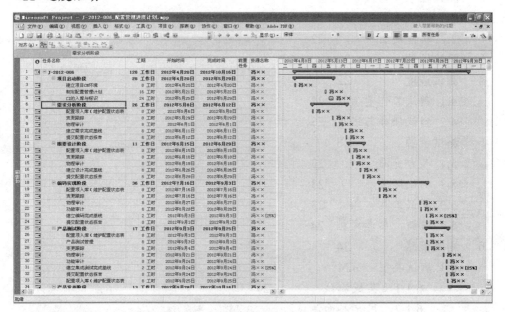

3. 协同办公信息系统项目软件质量保证进度计划实例

本项目的质量保证计划中其他内容均已经在项目计划中明确，此处仅配合项目的开发进度计划用 Project 明确软件质量保证活动的执行时间、人员安排等。

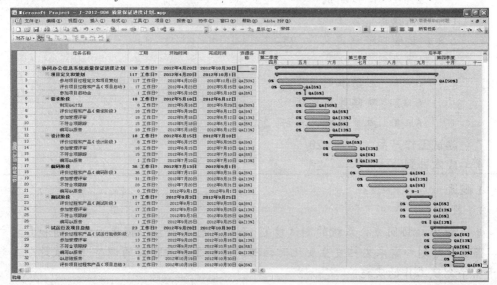

4．协同办公系统测试计划实例

1 概述

1.1 目的

本文档为××协同办公系统的测试计划。测试计划的制订依据是项目计划和需求文档，当项目计划和需求文档发生变化时，测试计划会进行相应的调整。测试计划主要用于指导测试工作的实施。

（1）确定现有项目的信息和应测试的软件范围。

（2）列出测试需求。

（3）推荐可采用的测试策略，并对测试的工作量进行评估。

（4）列出测试项目的可交付工作产品。

1.2 背景

鉴于××单位内部办公信息系统应用范围的日益扩大，各客运专线对协同办公软件产品的需求不断提高。为实现××单位的无纸办公和公文处理自动流转。××单位委托××部信息中心开发"××协同办公系统"。

其主要功能是在基地中建立一个多任务、多功能的综合性办公自动化系统，它包括公文处理、档案管理、协同办公、链接应用系统等子系统。在外部纵向为连接××部、各局公文流转系统提供接口（仅预留接口）；横向与各运输生产、经营管理应用系统相链接为逻辑结构（定制UI界面和外链）。在内部，形成基于工作流机制的，公文和事务流转系统，达到集机关办公自动化、信息化为一体，实现资源共享，基本实现无纸办公，形成具有××单位特色、全单位统一的办公信息系统的最终目标。

1.3 适用范围

本文档的适用范围为测试人员、项目经理。

2 测试需求

2.1 测试范围

（1）集成测试：对系统数据接口、功能接口进行集成测试，确保系统各接口之间能够正常通信，保证服务器与用户应用程序界面和其他构件的正常通信，确保连接起来的应用系统的功能和数据按照合理的顺序协同合作，达到业务流程集成目的。

（2）业务功能测试：依据业务流程对各个功能模块进行测试，确保系统能正确处理各种正确和错误的操作。

（3）界面测试：对系统所有显示界面检查，是否符合用户需求，用户无特殊要求的，是否符合中心默认界面设计标准。

（4）安全性测试：系统应用级安全测试，验证系统权限管理是否实现。

（5）回归测试：验证系统缺陷是否修复或缺陷修复率符合质量目标。

2.2 软件说明

产品的业务流程主要发生在基础数据管理、流程定制、流程引擎和综合信息服务这四大业务功能模块之间。由四大功能模块之间的相互操作以及用户的操作，产生了具体的业务流程。其主要的工作过程是在基础数据定义的基础上，进一步进行流程的定制，并存储于系统中。当流程引擎接受到用户的请求时，根据已经设定好的流程数据，生成一个工作流程的实例，并进入工作流引擎中根据用户的进一步操作要求进行受控流转。

测试内容主要包括：

（1）基础数据管理。

（2）工作数据管理。

（3）流程定制工具。

（4）协同办公引擎。

（5）综合信息服务。

（6）首页。

3 风险评估

风 险 描 述	优先级	应 对 措 施
该系统实现接近于产品实现，具有通用性特点，需要测试人员了解尽可能多的办公业务流程	高	（1）测试人员深入理解需求文档，与项目组沟通，加强了解业务需求； （2）测试前进行培训，使测试人员了解各种协同办公流程
测试人员同时负责其他项目测试，时间紧张	高	（1）与项目组加强沟通，及时提交相关文档； （2）测试人员合理安排时间

4 测试进度

4.1 测试工作量估计

根据项目估算，测试工作量为项目工作量 583 的 10%，预计为 59 人时。

本项目用户、规模、类型、工期、软件平台等要素与××OA 系统类似，参考××OA 系统测试的历史数据为 92.3 人时，预计测试工作量为 92 人时。

综合考虑，选择测试工作量估算为 80 人时。

测 试 活 动	估计百分比	估计工作量（人时）
制订测试计划	5%	4
设计测试	40%	32
测试评审	5%	4
执行集成测试	5%	4
执行系统测试	25%	20
编写测试报告	10%	8
测试总结	5%	4
测试管理	5%	4

4.2 测试任务与进度

详见项目管理平台《测试进度计划》。

5 测试资源

5.1 人力资源

角 色	推 荐 资 源	具体职责或注释
测试组长	1 人	• 调配测试资源； • 了解、确认测试需求； • 制订测试计划； • 设计测试方案、测试用例； • 管理、跟踪缺陷； • 完成测试报告
测试人员	2~3 人	• 依据测试用例执行测试； • 设计、准备测试数据； • 记录缺陷； • 回归测试
测试平台系统管理员	1 人	• 建立测试管理流程； • 测试人员用户管理

5.2 测试环境

硬件环境（网络、设备等）	
服务器	• PC Server：数据库服务器、应用服务器，2CPU，4GB 内存，146GB 硬盘； • 磁盘阵列：数据存储，8×146GB，Raid5； • PC：流程定制软件应用，1CPU，1GB 内存，80GB 硬盘
客户端	
网络	内部办公网
软件环境（相关软件、操作系统等）	
服务器	Windows Server 2003
客户端	• 操作系统：Windows 2000/XP/2003（机器预装）： • 浏览器：IE6 或更新版本
数据库	Oracle 9i 9.2
开发语言环境	

5.3 测试工具

用　途	工　具	生产厂商/自产	版　本
测试用例管理	TestDirector、Excel	HP、定制	
缺陷跟踪	TestDirectorl、Excel	HP	
功能测试	手工测试		
配置管理	SVN		1.4
项目管理	PROJECT	微软	

5.4 培训、参考文档

需　求	内　容	培训人员
业务流程	测试设计人员介绍、讲解相关业务知识	本项目测试组测试执行人员
技术文档	从项目配置库中提取《需求规格说明书》等文档，了解软件需求	测试组长、测试设计人员

6 测试策略

6.1 测试类型

6.1.1 集成测试

测试目标	验证系统的接口是否能正确实现
测试范围	• 根据需求文档和设计文档，进行软件集成； • 数据集成； • 业务集成； • 界面集成
技术	基于黑盒技术，软件图形用户界面与应用程序进行交互，通过业务流、数据流和界面流来判断： • 常规业务流程是否能顺利完成； • 数据能否正确流动； • 界面是否能按功能正确调用

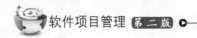

测 试 目 标	验证系统的接口是否能正确实现
开始标准	产品集成完成
完成标准	软件所有功能模块能正确集成
测试重点和优先级	高
需考虑的特殊事项	• 集成测试的范围和粒度； • 接口的限制条件

6.1.2 用户界面测试

测 试 目 标	用户界面是否符合用户需求，或中心标准界面要求
测试范围	软件中所有需要显示的界面
技术	人工测试，模拟用户操作，确保界面可以正确浏览，并处于正常的对象状态
开始标准	软件开发完成，可在集成测试阶段开始进行
完成标准	成功地核实出各个界面与基准保持一致，符合可接受标准，或符合界面缺陷修复率标准
测试重点和优先级	高
需考虑的特殊事项	不同浏览器、分辨率的测试

6.1.3 业务功能测试

测 试 目 标	验证系统的业务功能是否能正确实现
测试范围	• 用例或业务功能和业务规则的测试需求； • 数据的输入、处理和检索是否正确； • 业务规则的实施是否恰当
技术	基于黑盒技术，通过图形用户界面与应用程序进行交互，利用有效的和无效的数据来执行各个用例、用例流或功能，并对交互的输出或结果进行分析： • 在使用有效数据时得到预期的结果； • 在使用无效数据时显示相应的错误消息或警告消息； • 各业务规则都得到了正确的应用
开始标准	集成测试完成
完成标准	• 所计划的测试用例全部执行； • 缺陷修复率符合标准要求
测试重点和优先级	高
需考虑的特殊事项	产品已完成功能是否在测试范围内

6.1.4 安全性测试

测 试 目 标	验证系统应用级安全
测试范围	系统中功能权限的授予与实现
技术	黑盒测试，针对系统权限管理设计测试用例，判断是否实现权限管理
开始标准	软件开发完成，可作为业务功能测试中的一个功能模块测试进行
完成标准	业务功能测试完成
测试重点和优先级	中
需考虑的特殊事项	应用系统中对权限管理要求的力度

6.1.5 回归测试

测 试 目 标	验证缺陷是否修复
测试范围	• 针对未关闭缺陷进行的回归； • 针对系统进行的完全回归（测试结束前至少进行一次完全回归）； • 对系统进行的随机测试
技术	黑盒测试
开始标准	项目组修复缺陷完成
完成标准	缺陷修复或达到缺陷修复率要求
测试重点和优先级	中
需考虑的特殊事项	• 回归测试用例的选择； • 回归测试结束时机

6.2 测试技术、方法

采用黑盒测试技术。业务测试用例采用用例技术进行设计，功能测试用例复用公共用例库中基本功能测试用例，测试数据设计采用测试用例等价类、边界值等设计方法。

6.3 测试管理流程定义

××协同办公系统项目为 CMMI 实施项目，测试管理流程执行质量体系要求的标准流程，要执行测试需求→测试方案、用例→测试执行→缺陷跟踪的全程管理。

6.4 测试准则

6.4.1 启动准则与停止标准

测 试 等 级	启 动 准 则	停 止 标 准
集成测试	• 待测的系统（子系统）的各程序单元已经完成单元测试； • 需求、设计已通过相应的评审，并已入库； • 系统已经组装就绪； • 集成测试环境、工具已经就绪	• 功能性系统测试用例通过 100%； • 缺陷已经修复； • 测试文档已经评审，提交入库
系统测试	• 待测的程序已经完成，并入库； • 测试环境及工具已经准备就绪； • 集成测试已经完成； • 需求、设计、集成测试文档通过相应的评审，并已入库	• 功能性系统测试用例 100%通过； • 非功能性系统测试用例 85%通过； • 缺陷率达到公司及项目的质量要求； • 因下列情况系统测试中止，返回项目组： • 用例有 20%不能进行时； • 测试期间，需求变更造成 20%以上的测试用例要变更时； • 相关数据及文档被及时收集并入库

6.4.2 缺陷等级描述

等 级		描 述
1	严重缺陷	致命的错误，包括运行死机、数据库被破坏、功能没有实现等，且没有办法更正（重装软件和重启软件不属于更正方法）。 具体包括以下各种错误： • 由于程序所引起的死机，非法退出； • 死循环； • 数据库发生死锁； • 因错误操作导致的程序中断； • 功能错误； • 与数据库连接错误； • 数据通信错误
2	较大缺陷	基本功能已经实现，但在某些特定的条件下，可能造成功能不能使用，且没有办法更正。（重装软件和重启软件不属于更正方法） 具体包括以下各种错误： • 程序接口错误； • 因错误操作迫使程序中断； • 系统可被执行，但操作功能无法执行（含指令）； • 单项操作功能可被执行，但在此功能中某些小功能（含指令参数的使用）无法被执行（对系统非致命的）； • 在小功能项的某些选项使用无效（对系统非致命的）； • 业务流程不正确； • 功能实现不完整，如删除时没有考虑数据关联； • 功能的实现不正确，如在系统实现的界面上，一些可接受输入的控件点击后无作用； • 对数据库的操作不能正确实现； • 报表格式以及打印内容错误（行列不完整，数据显示不在所对应的行列等导致数据显示结果不正确的错误）
3	一般缺陷	基本功能已经实现，但在某些特定的条件下，可能造成功能不能使用，但存在较合理的解决办法。（重装软件和重启软件不属于解决方法） 具体包括以下各种错误： • 操作界面错误（包括数据窗口内列名定义、含义是否一致）； • 打印内容、格式错误（只影响报表的格式或外观，不影响数据显示结果的错误）； • 简单的输入限制未放在前台进行控制； • 删除操作未给出提示； • 已被捕捉的系统崩溃，不影响继续操作； • 虽然正确性不受影响，但系统性能和响应时间受到影响； • 不能定位焦点或定位有误，影响功能实现； • 显示不正确但输出正确； • 增删改功能，在本界面不能实现，但在另一界面可以补充实现
4	轻微缺陷	使操作者不便或遇到麻烦，但不影响正常功能的执行。 包括以下各种错误： • 界面不规范； • 辅助说明描述不清楚； • 输入输出不规范； • 长时间操作未给用户提示；

续表

等　　级	描　　述
4	• 提示窗口文字未采用行业术语； • 可输入区域和只读区域没有明显的区分标志； • 必填项与非必填项应加以区别； • 滚动条无效； • 键盘支持不好，如在可输入多行的字段中，不支持回车换行；或对相同字段，在不同界面支持不同的快捷方式； • 界面不能及时刷新，影响功能实现； • 光标跳转设置不好，鼠标（光标）定位错误； • 一些建议性问题

6.4.3 质量准则、目标

××协同办公系统的质量准则与目标以中心质量准则目标为基础，具体要求如下：

（1）测试组执行集成测试和系统测试，满足软件需求（包括所有的功能性和非功能性需求），执行成功的测试用例应不少于85%。

（2）测试过程中的软件冻结期，应为系统测试的时间（平均10万行语句1个月左右）。

（3）测试发现1级缺陷时测试不能通过。

（4）测试发现2级缺陷，原则上不能发布；但用户因自身要求，急需要使用，并且2级缺陷修复率大于95%时，可以发布，但应用户协商达成一致，并尽快修复，通过回归测试。

（5）测试发现3级缺陷，缺陷修复率小于90%时，不能发布；缺陷修复率大于90%，可以发布，但必须在用户手册中详细注明操作过程，避免这个缺陷的发生，及出现该缺陷后的解决办法。

（6）测试发现4级缺陷时，缺陷修复率小于80%时，不能发布；缺陷修复率大于80%，可以发布，但应在下一版本中修复。

7 测试工作产品

文　　档	文档位置说明
《测试计划》	/××协同办公系统/Development/Package/05Test/ J-2012-006_测试计划.doc
《测试方案》	/××协同办公系统/Development/Package/05Test/ J-2012-006_测试方案.doc
测试用例	记录在 TestDirector 平台的测试管理平台，通过评审后，导出到 Excel 文件，保存在配置库； /××协同办公系统/Development/Package/05Test/ J-2012-015_测试用例.xls
缺陷跟踪表	记录在 TestDirector 管理平台的缺陷跟踪
《测试报告》	/××协同办公系统/Development/Package/05Test/ J-2012-006_测试报告.doc
《测试总结》	/××协同办公系统/Development/Package/05Test/ J-2012-006_测试总结.doc

以上活动的具体进度和人员安排见项目管理平台。

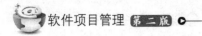

8 成本计划

项目成本计划

项目名称	****协同办公信息系统			项目编号		J-2012-006	
所属产品	OA		产品线/部门经理		沈××	项目经理	张××
项目资金	资金来源	市场	预期收入（元）	500 000		质量体系等级	CMMI4
	其他说明						
项目范围内容说明	项目概述： 　　为实现××基地的无纸办公和公文处理自动流转，××基地委托××信息中心开发"××协同办公系统"。其主要功能是在基地中建立一个多任务、多功能的综合性办公自动化系统，它包括公文处理、档案管理、协同办公、链接应用系统等子系统。在外部纵向为连接××部、各部门公文流转系统提供接口（仅预留接口）；横向与各运输生产、经营管理应用系统相链接为逻辑结构（定制 UI 界面和外链）。在内部，形成基于工作流机制的公文和事务流转系统，达到集机关办公自动化、信息化为一体，实现资源共享，基本实现无纸办公，形成具有铁路特色、全基地统一的办公信息系统的最终目标，并为今后扩展成为独立的协同办公产品打下基础						
	架构模式	□终端　■C/S　■B/S　　□其他，用文字说明：C/S 和 B/S 混合架构					
	开发工具	C/S 和 B/S 混合架构					
		B/S 部分采用 Visual Studio 2005 开发工具，使用 C#开发语言					
		B/S 部分采用 Delphi 2008 开发工具，使用 Object Pascal 开发语言					
		数据库服务器使用 Oracle，使用 PL SQL 语言，采用 Power Designer 工具					
		应用服务器使用 Windows 2003					
		网页服务器使用 IIS 60					
		美工使用 Photoshop 待工具					
	第三方工具	版本控制使用 SVN，质量控制使用 MainSoft					
	工程活动工作量估计（人天）	583					
内部人员岗位工资	金额小计（元）						291 500.00

集中开发费	任务描述		工作量（自然人天）	计划金额（元）
	集中开发		0	
	金额小计（元）			0.00

会议费	类型	会议内容		计划金额（元）
	无			
	金额小计（元）			0.00

内部人员差旅费	任务描述	类型	内部工作量（自然人天）	计划金额（元）
	交付安装	实施	2	1 000.00
	金额小计（元）			1 000.00

项目名称	****协同办公信息系统		项目编号		J-2012-006

设备采购费	采购指标依据：□项目可研 □初步设计 □总体方案 □项目合同 □其他				
	说明：设备已具备，不在本项目范围内				
	金额小计（元）				0.00

外协费	联合开发		外聘		
	联合开发原因、范围与内容：		外聘原因、工作范围与内容：		
	详细描述联合开发原因，联合开发人员所承担的工作范围、内容。本项目不需要外协		详细描述外聘原因，外聘人员所承担的工作范围、内容		
			类型	估算工作量	费用
			外聘（人月）	0	0
			出差（自然人天）	0	0.00
	联合开发金额（元）	0.00	外聘金额（元）		0.00
	金额小计（元）				0.00

里程碑绩效奖金	里程碑名称	奖金分配比例/%	任务描述		
	需求分析	10%	完成需求分析的相关工作		
	概要设计	15%	完成概要设计的相关工作		
	代码实现	35%	完成代码实现的相关工作		
	产品测试	10%	完成产品测试的相关工作		
	项目总结	30%	完成项目总结的相关工作		
	合计	100%			

制订人	张××		制订日期	2012-5-21	
产品线/部门经理审核意见	同意。	沈××	审核/日期：2012-5-21		
项目管理办公室审核意见	同意。	黄××	审核/日期：2012-5-21		

干系人管理计划、评审计划、软硬件资源与管理环境计划、培训计划、风险管理计划、数据管理计划：

干系人管理计划		
	名称	职责
相关小组	××基地用户	系统最终用户
	产品线经理	项目组领导
	项目管理委员会	项目管理
	QA组	质量管理
	测试组	系统测试
	配置管理组	配置管理

续表

	拟提供的产品	提供者	接收者	提供日期	验收准则
	现有工作表单	××基地用户	项目组	2012.4.25	完整齐备
	不符合项报告	QA组	项目组	出现 NC 时	
	质量保证报告	QA组	项目组	每周五	
依赖关系	评审计划	项目组	所有评委	计划审批后	
	测试报告	测试组	项目组	测试结束后提供	通过测试
	缺陷跟踪表	测试组	项目组	评审和测试后	通过确认
	配置管理审计报告	配置管理组	项目组	基线建立时	
	配置状态报告	配置管理组	项目组	阶段点	

评审计划

	活动	负责人	参与人	评审方式	计划日期	备注
	需求分析评审会议	张××	项目组、同行专家、QA、测试组	同行评审	2012-6-1	
	需求分析评审会议	陈××	技术管理委员会、项目组、QA、测试组	正式评审	2012-6-10	
评审计划	设计评审会议	张××	项目组、同行专家	同行评审	2012-7-6	
	项目计划评审会议	王××	EPG组、项目办公室	正式评审	2012-5-29	
	关键代码走查	张××	项目组	同行评审	2012-8-17	
	项目验收评审会议	王××	EPG组、项目办公室	正式评审	2012-10-26	

软硬件资源计划

资源名称	资源数量	能否获取	最晚获取日期	负责人	备注
PC 服务器	1	能	2012-9-30	张××	
盘阵	1	能	2012-9-30	张××	
Windows2003 操作系统	1	能	2012-9-30	张××	
Oracle 数据库软件	1	能	2012-9-30	张××	

人员技能需求及培训计划

名单	项目角色	是否具备相应技术	培训内容	培训方式	培训时间
张××	项目经理	部分具备	.Net 开发培训	集中授课	2012-4-22
仲××	项目成员	部分具备	.Net 开发培训	集中授课	2012-4-22
冯××	项目成员	否	.Net 开发培训及编码规范	集中授课及自学	2012-4-22—2012-5-6
张兴	项目成员	否	.Net 开发培训及编码规范	集中授课及自学	2012-4-22—2012-5-6

人员技能需求及培训计划					
名单	项目角色	是否具备相应技术	培训内容	培训方式	培训时间
刘××	项目成员	否	.Net 开发培训及编码规范	集中授课及自学	2012-4-22—2012-5-6
倪××	项目成员	否	.Net 开发培训及编码规范	集中授课及自学	2012-4-22—2012-5-6
李××	项目成员	否	.Net 开发培训及编码规范	集中授课及自学	2012-4-22—2012-5-6

风险管理计划									
编号	风险内容	发生的条件	发生概率	发生的后果	严重程度	风险来源	风险影响	风险优先级	识别日期
1	人力资源有可能被抽调	新项目加入产品线时	60%	项目可能延期	中	人员风险	综合	1	2012-05-15
2	如果客户不能如期提交现有业务资料，可能导致需求分析工作延迟	客户方联络延迟	40%	需求获取不足	中	进度风险	进度	2	2012-05-15

数据管理计划						
数据名称	数据形式	数据管理的要求说明	收集者	存储位置	计划开始收集时间	数据保存期
需要获得的数据						
客户业务模板及案例数据	纸质及电子	纳入配置管理	张××	SVN 受控库	2012-4-22	长期保存
测试数据	电子	纳入配置管理	温××	SVN 开发库	2012-6-15	长期保存
交付客户的数据						
需求规格说明书	电子文档	纳入配置管理	项目组	SVN 产品库	2012-5-19	长期保存
用户手册	电子文档	纳入配置管理	项目组	SVN 产品库	2012-9-28	长期保存
项目内部数据						
源代码	电子文档	纳入配置管理	项目组	SVN 开发库	2012-7-13	长期保存
会议纪要	电子文档	纳入配置管理	项目组	SVN 开发库	2012-5-19	长期保存
文档	电子文档	纳入配置管理	项目组	SVN 开发库	2012-5-10	长期保存

14.4 项目跟踪监控

14.4.1 需求管理

1．需求评审

案例项目的需求进行了正式的评审，评审报告如表 14-5 所示。

表 14-5　项目需求评审报告实例

项目名称	××协同办公信息系统	缺陷单编号	TMC-201206-01	评审对象	需求规格说明书
责任部门	技术委员会	申请人	张××	评审类型	正式评审

评审成员名单		
姓名	职务职称	承担的评审任务
刘××	中心副主任	全部文档
陈××	中心总工程师	全部文档
孙××	中心副总工程师	全部文档
杨××	中心副主任	全部文档
沈××	产品线经理	全部文档
岳××	产品线经理	全部文档
王××	产品线经理	全部文档
温××	测试高工	全部文档

综合评审意见：

　　会上，课题组针对需求规格说明书做了详细的介绍，各评审委员对此给予充分肯定，并一致认为：项目选题正确，技术路线合理，文档结构合理、叙述严谨，符合 CMMI 文档编写要求。同时也提出了一些修改意见，详见<<缺陷跟踪表>>，最后，领导提出如下方面的建议：

　　（1）下一步设计阶段需兼顾几方面的问题：

　　a、通用与专用的系统要重点关注。

　　b、组织结构上下几级之间的公文传递要考虑，尤其是内外之间的公文传递。

　　c、要考虑到公文流转和整个办公系统之间的关系，以及和其他系统之间的用户管理的关系。

　　（2）既有成果与创新的问题，要尽量利用已有的技术成果。

　　（3）此项目在试点和将来推广应用上都要兼顾考虑。

　　（4）此项目一定要严格遵照 CMMI 的要求来管理

评审结论：	通过（需修改）		
过程数据		评审记录	
评审日期：	2012.6.10	记录人：	陈××
评审用时（小时）：	2 小时	编制人：	陈××
评审工作量（人时）：	18 小时	审核人：	沈××
备审工作量（人时）：	11 小时	批准人：	刘××
评审对象类型：	需求文档	批准日期：	2012.6.16
规模（页/行/用例）：	63		
缺陷总数（个）：	3		
返工工作量（人时）：	1		

　　评审中发现的缺陷及解决记录如表 14-6 所示。以上缺陷都在评审后及时关闭。

2．需求跟踪

　　项目需求会随着开发的深入逐步实现，但是在实施过程中是否能够全部覆盖需求并使设计、编码、测试工作都与需求保持一致，需要进行跟踪。案例项目使用需求跟踪矩阵来完成这个功能，用户需求与软件需求的跟踪结果（截选）如图 14-1 所示。

表 14-6　项目需求评审缺陷记录表实例

编号	缺陷类型	位置	严重等级	检查项	缺陷描述	处理意见	缺陷状态	发现人	解决人	工作量	关闭人	关闭时间
1	遗漏	全部文档	次要缺陷	RS-13	功能设计中不含报表功能	不是缺陷	遗留	沈××	张××	无	无	无
2	错误	全部文档	次要缺陷	RS-20	运行环境性能指标有误，如：运行时间 7×23	立即修复	已解决	温××	张××	1min	陈××	2012.6.10
3	风格	全部文档	次要缺陷	RS-11	功能需求说明有的方面不够具体，如：业务功能流程应按组织结构、人员角色进行描述	过后修复	已解决	王××	张××	1h	陈××	2012.6.12

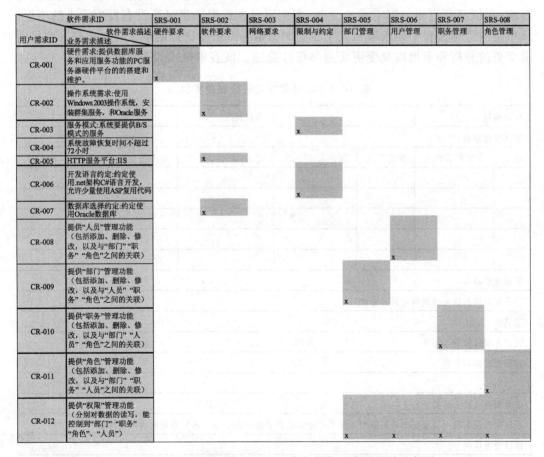

图 14-1　需求跟踪矩阵（用户需求与软件需求的跟踪）例子

设计完成后进行的跟踪（截选）如图 14-2 所示。

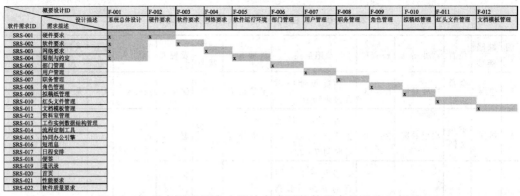

图 14-2 需求跟踪矩阵（设计完成后软件需求的跟踪）例子

3．需求变更控制

需求的变更对项目按计划实施开发工作有非常重大的影响，尤其是已经进入设计、编码或测试阶段后再进行需求的变更，将对项目的进度、质量、成本造成巨大的影响，所以必须严格控制需求的变更。案例项目在数据采集时还没有发生需求的变更。该单位的管理流程中要求项目发生变更时采取《需求变更控制单》的方式进行项目需求变更的分析和审批以及变更实施和跟踪验证，该表单格式如表 14-7 所示。

表 14-7 项目需求变更控制单实例

项目编号		项目经理	
需求变更申请			

序号	变更需求描述	提出日期	提出人	记录人	变更优先级

需求变更确认

□变更申请和优先级均符合我方要求

□其他：

客户方项目负责人签字：　　　　　　　　日期：

需求变更影响分析

变更影响分析人员签字：　　　　　　　　日期：

可以附页说明每一项变更申请需要增加的工作量、是否需要出差、是否需要购置软件和硬件等

需求变更审批

□同意变更上述第　　　　项需求

□不同意变更

□其他意见：

审批人签字：　　　　　　　　　　　　　日期：

续表

需求变更实施安排					
任务编号	任务描述	执行人	完成时间	提交产品	其他要求

签字：　　　　　　　　　　　　　日期：

变更结果确认

□已经按照批准的变更请求执行了需求的变更，符合客户要求

□其他：

签字：　　　　　　　　　　　　　日期：

14.4.2　进度管理

1．定期进展跟踪

案例项目采用在管理平台上提交任务报告、项目周报和定期召开项目例会的方式对项目的进展进行跟踪和监控，周报和例会上通常会汇总项目的进展、质量、成本等方面的数据，并对项目的偏差进行分析，对存在的问题和风险进行处理和控制。

图 14-3 所示为与该项目类似的一个周报截图，供大家学习项目周报的内容。

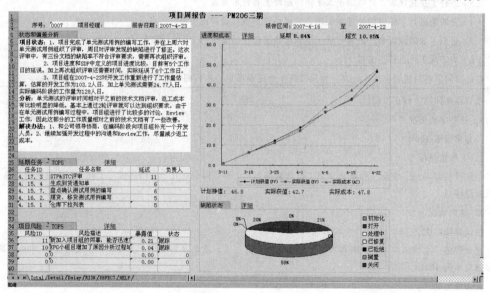

图 14-3　项目周报实例

表 14-8 所示为一份例会记录，从中可了解案例项目在例会上对进展的跟踪情况。

2．里程碑评审

里程碑是项目的重要节点，项目到达里程碑点时要编制里程碑状态报告，并进行正式的项目状态评审。案例项目的概要设计里程碑状态报告如表 14-9 所示。

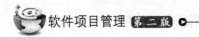

表 14-8　协同办公信息系统项目例会记录实例

项目名称：协同办公信息系统		例会日期：2012-7-13	
项目编号：J-2012-006		项目经理：张××	
周期内项目执行概况			
计划完成任务数/个	实际完成任务数/个	任务完成率/%	
5	5	100%	
周期内缺陷数/个	累计缺陷数/个	周期内修复缺陷数/个	累计修复缺陷数/个
5	29	5	29
周期内 NC 数/个	累计 NC 数/个	周期内关闭 NC 数/个	累计关闭 NC 数/个
3	3	3	3
周期内计划工作量/人·时	周期内实际工作量/人·时	工作量偏差/%	
109	74	-32%	

本周期项目工作内容：

本周期内主要进行了以下工作内容：

（1）编写概要设计说明书、产品集成方案、技术解决选择方案，更新项目跟踪表、需求跟踪矩阵等文档。

（2）组织邀请同行专家进行项目概要设计说明书，对概要设计说明书的评审提交出了评审计划和评审申请，评审后的信息经项目经理整理后，将结果记入了缺陷跟踪表和评审报告。

（3）进行了正式评审，将结果记入了缺陷跟踪表和评审报告。

（4）对缺陷进行了即时的处理并关闭，形成最终的概要设计说明书。

（5）更新了缺陷跟踪表，最后完成了里程碑状态报告的编写。

（6）对下周工作进行了安排。

在此期间，项目组根据既定计划，使用管理平台记录排定、执行相关过程，并记录相关的日志。

项目存在问题及纠正措施：

1. 任务完成情况

任务完成率 100%。

2. 工作量情况

工作量偏差-32%。实际工作量比计划工作量偏小，其主要原因是对几个文档的编写工作、工作量估计过高，以后应注意。

3. 缺陷情况

测试缺陷：无。

评审缺陷：本周期内评审缺陷共 5 个，其中主要缺陷 1 个，次要缺陷 4 个。主要缺陷修复率达到 100%，缺陷修复率为 100%。

无未修复缺陷。

4. NC 情况

本周期内 NC 数为 2，累计 NC 数 3，其中严重度为 1（严重）的不符合项数为 1，其中严重度为 2（较大）的不符合项数为 1，其中严重度为 3（一般）的不符合项数为 1，已全部关闭。

5. 其他情况（例如风险情况）

项目的人力资源被抽调的风险依然存在，待续观察中

表 14-9 项目里程碑状态报告实例

项目名称	协同办公信息系统		项目编号	J-2012-006	
里程碑名称	概要设计阶段里程碑		质量等级	CMMI4	
所属分会	OA 分会	产品线/部门经理	沈××	项目经理	张××

本里程碑工作情况说明	计划工作	起止时间：2012-06-15—2012-07-10。 工作产品：概要设计说明书、需求跟踪矩阵、评审报告、项目跟踪表。 工作内容： 在项目概要设计阶段，项目组按照既定计划，完成对项目的概要设计。主要任务包括：根据初步了解的信息，制订概要设计阶段的工作计划，分派工作任务。编写概要设计说明书、产品集成方案、技术解决选择方案，更新项目跟踪表、需求跟踪矩阵等文档。 完成概要设计说明书的编写工作后需邀请同行专家进行项目概要设计说明书，对概要设计说明书的评审提交评审计划和评审申请，最后完成里程碑状态报告的编写
	实际工作	起止时间：2012-06-15—2012-07-10。 工作产品：概要设计说明书、需求跟踪矩阵、评审报告、项目跟踪表。 工作内容： 在项目概要设计阶段，项目组按照既定计划，完成了对项目的概要设计。主要任务包括：根据初步了解的信息，制订概要设计阶段的工作计划，分派工作任务。编写概要设计说明书、产品集成方案、技术解决选择方案，更新项目跟踪表、需求跟踪矩阵等文档。 完成了概要设计说明书的编写工作。组织邀请同行专家进行项目概要设计说明书，对概要设计说明书的评审提交出了评审计划和评审申请，评审后的信息经项目经理整理后，将结果记入了缺陷跟踪表和评审报告。 根据专家提出的意见，对缺陷进行了即时的处理并关闭，形成最终的概要设计说明书，并更新了缺陷跟踪表。最后完成了里程碑状态报告的编写。 根据既定计划，使用项目管理平台软件记录排定、执行上述过程，并记录相关的日志。定期召开项目双周例会，形成会议纪要。 在此期间，项目组能够根据既定计划，使用项目管理平台软件记录排定、执行相关过程，并记录相关的日志。项目组定期召开了项目双周例会，形成了会议纪要

本阶段项目状态及下阶段项目建议	本阶段计划天数		本阶段实际天数		本阶段延迟天数		本阶段进度偏差率	
	20		20		0		0%	
	计划工作的预算工作量/PV	完成工作的实际工作量/AC	完成工作的预算工作量/EV		工作量绩效指数/CPI		进度绩效指数/SPI	
	685.5	529.3	684.5		129.3%		99.9%	
	周期内缺陷数/个		累计缺陷数/个		周期内修复缺陷数/个		累计修复缺陷数/个	
	5		29		5		29	
	周期内 NC 数/个		累计 NC 数/个		周期内关闭 NC 数/个		累计关闭 NC 数/个	
	2		3		2		3	
	1．进度偏差率 本阶段项目进度偏差率为 0%。 2．挣值分析							

续表

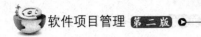

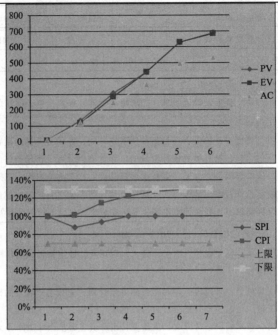

本阶段项
目状态及
下阶段项
目建议

本阶段 CPI=129.3%，CPI=EV/AC，当 CPI>1 时，表示低于预算，即实际费用低于预算费用；本阶段 CPI 值偏大的主要原因，是对需求分析阶段的工作量估算时，对项目的需求工作估算值偏高造成的，因为本项目的需求比较明确，所以需求阶段的实际工作量比计划工作量偏小。在允许范围内暂不做调整。本阶段 SPI=99.9%，SPI=EV/PV，当 SPI<1 时，表示进度延误，即实际进度比计划进度慢。在允许范围内暂不做调整。

3．缺陷情况

测试缺陷：无。

评审缺陷：本阶段主要缺陷修复率达到了 100%。

4．NC 情况

本阶段不符合项数（NC）为 2，累计 3，已全部关闭。

问题统计饼图

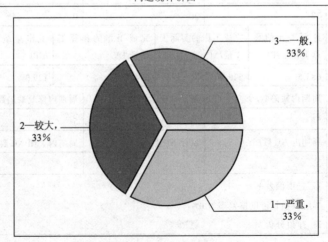

问题统计数据		
严重性	数量	百分比/%
1—严重	1 个	33%
2—较大	1 个	33%
3——般	1 个	33%
总计：	3 个	

NC 统计图：

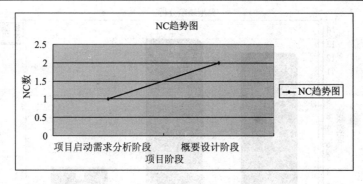

5．其他情况

对"人力资源有可能被抽调"的风险持续观察中，目前未发生变化

变更情况	变更原因		变更内容
			无
编制人	2012-7-6	编制日期	2012-7-6
部门经理审核意见	项目达到里程碑目标，项目的偏差和风险在可控范围内，可以继续按计划进行后续开发工作。		
	沈×× 　　　　　　　　　　审核/日期：2012-7-7		

14.4.3 沟通管理

沟通管理包括对项目内外部的信息共享和问题沟通。案例项目通过周报、例会、项目管理平台共享信息等方式进行项目进展中的沟通和管理，在项目里程碑点通过进行里程碑评审的方式与更高管理层及项目相关利益方进行沟通，确保项目内外部对项目的进展和问题达成一致的理解。

14.4.4 成本管理

软件项目的成本管理主要以软件工作量为主，通过人均成本换算，计算进度和成本指标，采用挣值管理来控制成本和进度的偏差，及时纠正。

本案例项目在每个阶段都会进行如下指标的跟踪和分析，如表 14-10 所示。

14.4.5 质量管理

1．评审缺陷统计和分析

协同平台项目典型缺陷原因分析如图 14-4 所示。

表 14-10　项目成本跟踪实例

进度、成本质量情况	1. 进度和成本情况 本阶段 CPI=1.29，即实际费用低于预算费用，还在允许范围内暂不做调整。 本阶段 SPI=0.99，即实际进度比计划进度稍慢一点，在允许范围内暂不做调整。 2. 缺陷情况 测试缺陷：无。 评审缺陷：本阶段主要缺陷修复率达到了 100%。 3. NC 情况 本阶段不符合项数（NC）为 2，累计 3，已全部关闭

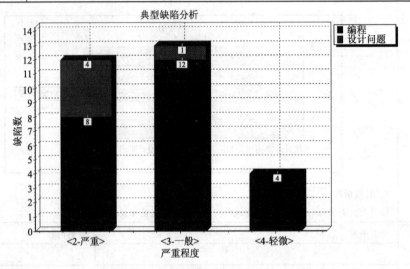

图 14-4　项目典型缺陷原因分析实例图

从图 14-4 中可以看出，该系统中引入缺陷主要发生在编码和设计环节，通过对缺陷产生原因的调查，发现产生缺陷的原因在设计阶段是由于设计文档中设计考虑不足或遗漏所引起的、在编码阶段则是因为编程失误造成的。

2. 过程和产品质量保证

项目的 QA 按照 QA 计划对项目的工程、管理活动以及相关工作产品进行审核，以下是 QA 对项目管理活动和估算类产品的审核记录，如表 14-11、表 14-12 所示。

表 14-11　项目过程 QA 检查单实例

项目管理检查单_过程							
项目名称	协同办公信息系统	检查时间	2012-7-13	评审人	扈××	用时/小时	1
评审检查点							
序号	评审内容		评审类型	类型	√/×或 N/A	备 注 说 明	
1	项目过程定义是否定义		QA	单次	√		
2	工作任务是否分解		QA	单次	√		
3	规模及工作量估计是否完成		QA	单次	√		

序号	评审内容	评审类型	类型	√/× 或 N/A	备 注 说 明
4	项目计划是否编制并评审	项目管理委员会审批	单次	√	2012 年 6 月 8 日已上交 PMO，目前尚未返回信息
5	进度里程碑变更是否进行控制	项目管理委员会审批	循环	√	
6	是否定期召开项目例会	QA	循环	√	双周例会
7	是否按时进行里程碑状态评审	项目管理委员会审批	循环	√	2012-6-12，提交《里程碑报告》《项目质量进度报告》；2012-7-8，提交《里程碑报告》、《项目质量进度报告》
8	是否进行了规模统计	QA	循环	√	
9	是否进行了工作量统计	QA	循环	√	
10	是否进行项目总结编制	QA	单次	N/A	
11	是否完成项目验收报告编制	项目管理委员会审批	单次	N/A	
12	项目风险是否识别并进行相应计划和监控	QA	循环	√	2012-6-16 已更新
13	是否进行数据管理计划与监控	QA	循环	√	
14	是否完成项目干系人管理计划并进行监控	QA	循环	√	
15	是否完成项目资源计划并进行监控	QA	循环	√	
16	是否完成培训计划并进行监控	QA	循环	√	2012-4-2 — 2012-5-6 培训已完成

注：N/A 表示该检查项不适用。

表 14-12 项目工作产品 QA 检查单实例

工作产品检查表

项目名称：协同办公信息系统	项目编号：J-2012-006	
产品名称：项目估算表、估计过程和结果记录表	审计日期：2012-5-22	用时（小时）：0.5

审计检查项

序号	检查内容	类型	结果	备注
1	是否使用最新模板开发工作产品（项目实施期间如有新版本发布无需进行更新）	单次	合格	
2	工作产品文档名称是否与文件名保持一致	单次	合格	
3	工作产品的修改记录是否填写并与修改内容保持一致	单次	合格	
4	工作产品的各必填项是否填写完整	单次	合格	
5	工作产品的各项填写内容是否与条目一致是否与注释对条目的描述一致	单次	合格	
6	工作产品的页眉页脚是否填写且正确	单次	合格	

3．质量趋势分析

项目按照在各点段和里程碑都会对项目的评审和 QA 审核问题进行分析，以便确定项目的质量趋势，预测后续的开发和管理风险。以下为测试阶段的质量趋势分析结果，如图 14-5～图 14-7 所示。

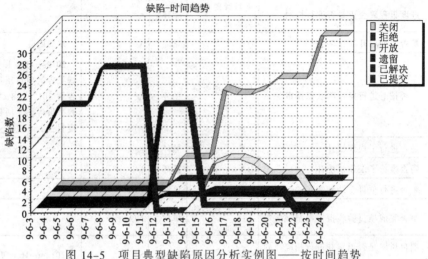

图 14-5 项目典型缺陷原因分析实例图——按时间趋势

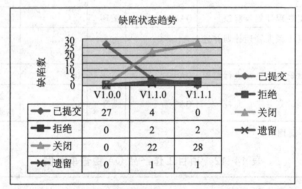

图 14-6 项目缺陷状态趋势分析实例图——按版本趋势

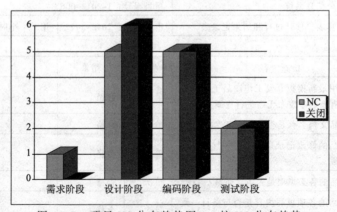

图 14-7 项目 NC 分布趋势图——按 NC 分布趋势

14.4.6 风险管理

1. 风险识别

在项目计划中首先识别了项目启动时能预料到的风险，在项目进展过程中，项目每周定期评估新的风险，并跟踪缓解已经识别出的风险。

案例项目计划中识别的风险如表 14-13 所示。

表 14-13 项目风险管理计划实例

风险管理计划									
ID	风险描述	发生的条件	发生概率	发生的后果	严重程度	风险来源	风险影响	风险优先级	识别日期
1	人力资源有可能被抽调	新项目加入产品线时	60%	项目可能延期	中	人员风险	综合	1	2012-05-15
2	如果客户不能如期提交现有业务资料，可能导致需求分析工作延迟	客户方联络延迟	40%	需求获取不足	中	进度风险	进度	2	2012-05-15

2. 风险跟踪、缓解和应急

在项目进展过程中，项目每周定期评估新的风险，并跟踪缓解已经识别出的风险。表 14-14 所示为是在测试阶段跟踪时的风险数据表。

表 14-14 项目风险跟踪表实例（部分数据）

风险识别			风险分析与跟踪						缓解计划				
ID	风险描述	来源分类	暴露值	发生概率	风险影响	影响分类	可能的结果	影响阶段	措施分类	缓解措施	应急措施	风险状态	负责人
6	ST 阶段，有的项目组成员出差，影响缺陷的及时消除	资源	0.25	50%	0.5	进度	项目继续延期	移交发布	减轻	其他开发人员能做的，先代做	可能有的缺陷，暂搁置	跟踪	沈××、张××
7	系统测试出：各子系统发现的缺陷数差异大，个别子系统的修复进度影响全局	技术	0.28	70%	0.4	质量	导致部分人员工作量过多	系统测试及以后	减轻	PM 合理调配资源，尽可能平衡工作量	加班	跟踪	张××

14.5 变更管理

项目进展中不可避免会出现一些与计划发生一定偏离的情况，这时就需要对项目的变更进行控制。在软件项目管理过程中，最典型的变更管理主要涉及三类：

（1）需求的变更：变更申请单参见表 14-15，需求变更更加侧重于对需要变更的影响分析。需要增加对变更影响的项目进度、成本、质量的评估，还需要识别变更所在的阶段及所有受影响的配置项。

项目计划的变更：变更申请审批表的范例如表 14-15 所示。

表 14-15 项目变更申请及审批表实例

变 更 请 求			
项目名称	××协同管理信息系统	项目编号	J-2009-006
变更单号	02	变更状态	关闭
变更申请人	张××	申请日期	2012-06-10
变更源	人力资源调整，用户验收日期调整		
变更类型	□需求　■计划　□其他	变更影响	208人·时
变更原因：			
五月份项目组多数人被抽调做其他项目，原计划编写技术报告、维护手册等工作延迟到6月份。另外，客户希望7月初将试运行正式切换到生产，再经用户测试后7月下旬完成验收工作，故提交变更申请			
变更内容：			
• 项目完工时间往后延迟一个月，里程碑事件定为 2012-11-31。			
• 需要变更的是进度计划			

变 更 产 品				
产品名称	责任人	变更状态	计划/实际完成日期	验证人（CCB 批准）
项目进度计划	张××	已验证	2012-6-12	沈××
测试计划	温××	已验证	2012-06-19	沈××
质量保证计划	扈××	已验证	2012-06-19	沈××
配置管理计划	冯××	已验证	2012-06-19	沈××
项目 CCB 意见：				
同意				
沈×× 审核/日期：2012-06-11				
公司 CCB（项目管理委员会）意见：				
同意				
李××				
审核/日期：2012-06-11				

（2）配置项的变更：通常是针对已经进入受控库的配置项进行变更时的控制，可以共用上面的申请表，重点说明配置项的出入库控制事宜。

这三类变更均可以按照各自的变更流程进行处理，通常会经历变更发起→申请→影响分析→变更评估和审批→变更实施→变更结果验证→变更结束几个步骤，其中重要的工作成果物为变更申请和审批表、变更记录。

14.6 项目结项

项目结项时对项目进展中的情况进行充分的总结和分析，不仅可以评估项目成败，还可以积累过程资产，使项目相关人员从中学习到项目管理中的优势和不足，积累宝贵的经验。

项目总结报告是全面反映项目工作的重要工作产品。本案例的总结报告如表14-16所示。

表 14-16 项目总结报告实例

1 项目介绍

1.1 项目背景

鉴于××单位内部办公信息系统应用范围的日益扩大，各部门对协同办公软件产品的需求不断提高，为实现单位的无纸办公和公文处理自动流转，××单位委托××信息中心发"××××××协同办公系统"。

其主要功能是在××单位建立一个多任务、多功能的综合性办公自动化系统，它包括公文处理、档案管理、协同办公、链接应用系统等子系统。在外部纵向为连接××部、各局公文流转系统提供接口（仅预留接口）；横向与各运输生产、经营管理应用系统相链接为逻辑结构（定制 UI 界面和外链）。在内部，形成基于工作流机制的公文和事务流转系统，达到集机关办公自动化、信息化为一体，实现资源共享，基本实现无纸办公，形成具有××特色、全基地统一的办公信息系统的最终目标。

1.2 项目成果

协同办公软件实现了三大部分的功能。

（1）建立了一个多任务、多功能的综合性办公自动化系统，包括公文处理、档案管理、协同办公、链接应用系统等子系统。

（2）为连接××部、各局公文流转系统提供了接口。

（3）与各运输生产、经营管理应用系统定制了 UI 界面和外链接。

项目在各个过程域中按照质量体系要求，对项目的需求、设计、开发和实施等阶段进行了过程改进，积累了度量数据，对后续的改进起到了积极作用。

1.3 项目组成员

项目所涉及的角色、人员及其分工列表如下：

人员	角色	分工
张××	项目经理	项目管理及开发
仲××	设计和开发人员	开发组
路×	测试人员	测试组
…	…	…

2 项目性能及数据分析

2.1 验收标准与结论

（1）系统验收标准：

• 软件系统经过单元、集成、系统测试，分别达到单元、集成、系统测试验收标准；

• 系统满足需求规格说明书的要求，软件单元功能与设计一致；

• 软件能够正常发布和正常访问。

（2）系统验收结论：

• 系统功能满足需求规格说明书的要求，软件单元功能与设计一致；

• 按项目计划进行了单元测试、系统集成，按照需求严格修复了缺陷；

• 按照系统测试计划完成了系统测试，错误修复率达到 100%。

• 系统部署成功，能够正常发布和访问，业务人员能在用户操作手册的指导下正常操作，完成业务流程。

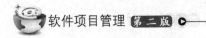
2.2 需求验证

系统功能实现与用户需求符合情况分析如下：

根据用户需求调研记录整理出 36 个用户需求，规格化软件需求共 24 个，经用户需求确认后，进行软件的设计和开发。试运行 2 个月后，用户提出新需求，进行变更，增加了软件 5 个需求。需求的变更率为 17.24%，究其原因，是用户对软件缺乏预期。新加的功能是在用户试运行后，认为提供的信息很有价值，希望从中得到××业务的统计数据；希望从权限上加以严格控制等。虽然，需求的变更在某种程度上增加了项目的工作量，但却增加了用户的满意度。在项目进度允许的范围内，集中力量完成了项目变更的相关设计和开发。

用户需求在发布的软件产品中的实现情况：确定用户需求 29 个，在交付软件产品中实现率为 100%。

2.3 挣值分析

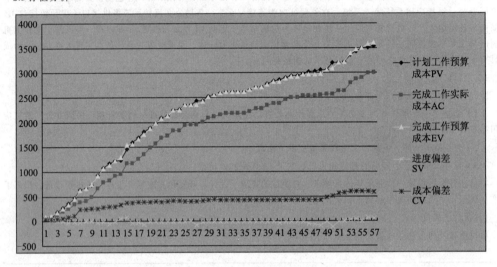

项目的挣值图分析：

从上图可以看出项目在整个执行过程中，进度和计划基本吻合，成本偏差在前 6 周较小，后 6 周维持在 500～650 之间，其他时间控制在 300～500 之间，和总预算成本相比，绝对偏差 15% 左右，比较稳定。

2.4 工作量

2.4.1 项目过程和项目活动工作量汇总

项目计划总工作量为 3 717.5 人·时，其中工程工作量为 2 639 人·时。项目实际总工作量为 3 069 人·时，工程活动工作量为 2 401 人·时，项目各工作类型对工作量度量如下表所示：

过程	计划						实际					
	合计	工程活动	项目管理	测试活动	配置活动	质量保证	合计	工程活动	项目管理	测试活动	配置活动	质量保证
需求分析	907.5	559	58	138	37.5	115	631	484	58	20	6	63
概要设计	505	362	60	16	25	42	408	318	57	2	4	27
应用软件编程	1 208	1 024	80	60	25	19	1 059.5	920	82	29	8	20.5
软件实施及交付使用	1 097	694	68	259	25.5	50.5	969.5	679	69	142	32	47.5
全过程	3 717.5	2 639	266	473	113	226.5	3 069	2 401	266	193	50	159

根据工作量度量表，分别得出项目各活动所占比例和各阶段工作量所占的比例如下图所示：

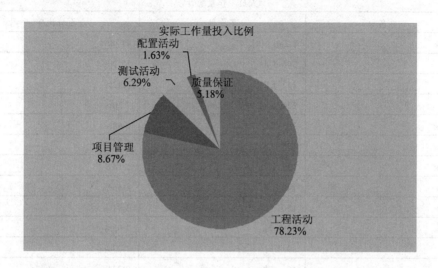

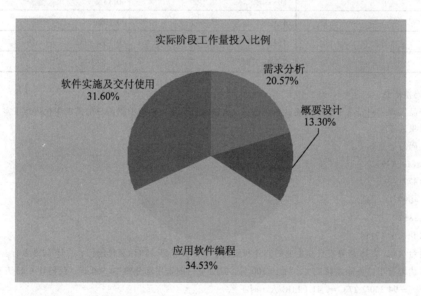

可以得出，测试、项目管理、配置管理、质量保证各活动占工程活动的比例（用图上的各比率/工程活动比率计算）为 8%、11%、2.1%、6.6%；而项目估算表中的定义为 10%、20%、5%、10%；项目管理和配置管理、质量保证的偏差较大，可以作为组织级项目估算的经验累积。

从项目各阶段的工作量分布来看，除了概要设计工作量 13%比项目估算中的 20%低，应用软件编程 34.5%比项目估算中的 30%高，需求分析和实施阶段和预计的基本吻合。分析差异，主要是本项目的查询很大一部分有重用，概要设计的工作量比例有所降低。编码部分比例增加是由于项目在试运行阶段增加了用户需求所致。

2.4.2 开发人员工作量汇总

对开发人员项目各阶段的实际工时进行统计，分布如下：

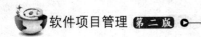
人员工作量统计

姓名	工作量	百分比/%
张××	1 286 工时	41.90%
仲×	396 工时	12.90%
陆×	243 工时	7.92%
刘×	224 工时	7.30%
马××	205 工时	6.68%
牛××	176 工时	5.73%
孙××	159 工时	5.18%
张××	140 工时	4.56%
王××	120 工时	3.91%
温××	63 工时	2.05%
王×	39 工时	1.27%
何××	10 工时	0.33%
康×	4 工时	0.13%
刘××	4 工时	0.13%
总计：	3 069 工时	

2.5 代码量汇总

软件产品实现用户需求中全部功能，系统已在××试运行半年。期间根据用户的需求变化进行了需求变更，增加了 5 项需求。

总的代码行分布如下：

前台 Java：47992

JSP：18771

XML：4097

JS：122852

后台 C 语言：17114

由于前台 XML 及 JS 部分有自动生成的部分和数据字典部分，以 35%计算代码行，总计 12.8 万行。

从这些代码行中，去除注释 15%，约 19 200 行，部分应用的重用部分约 14 500 行，代码计 9.43 万行。

生产率 ＝ 94 300/2 273 ≈ 41（LOC/人·时）

2.6 质量与缺陷

软件经过一次系统测试和四次回归测试，发现 bug 数为 101 个，代码规模为 12.8 万行，计算得出产品质量及缺陷相关指标如下：

产品质量：遗留的 bug 数/千行代码数=0/101=0（个/千行）

用例质量=缺陷总数/测试用例总数=101/1100×100=9%

缺陷修复 = 已关闭缺陷数/缺陷总数×100% =101/101×100% =91%

缺陷密度=缺陷总数/千行代码=101/128=0.79（个/千行）

经过回归测试后，所有缺陷已修复，修复率为 100%，符合项目质量目标。

根据测试项目组的报告，该系统中所发现的缺陷主要集中在检修管理、字典管理、资产管理、计划管理等功能中，86%为功能缺陷，31%的缺陷为严重缺陷，52%的缺陷为一般缺陷。引入缺陷主要发生在编码阶段和概要设计阶段，概要设计阶段由于设计文档中设计考虑不足或遗漏产生缺陷，而在编码阶段则是因为编程失误造成的。

从 2.4 的工作量分析中看到，概要设计所占的比率为 13.3%（预计为 13.6%），低于组织级的预期 20%值。这是由于工期紧张，人员不足，不得不缩短设计时间造成的。从测试结果来看，概要设计时间的不足确实在一定程度上影响了软件的质量，这是在今后的项目中可引以为鉴的。

2.7 重用情况

构件重用情况：

（1）后台程序中××动态更新虽然是重新开发，但思路可以从已有的项目中得到借鉴，开发效率加快。数据接收程序在已有程序上进行修改，重用达 50%；工具函数直接重用。节省代码行约 2 000 LOC。

（2）前台应用的计划管理模块，在既有程序上进行修改，重用达 50%，节省代码行 6 500 LOC。

（3）前台应用的文件管理、公文管理模块，重用达 40%，节省代码行 2000 LOC。

（4）字典维护一共有 15 项，增删改查模块基本类似。以一个模块为模板，其余模块实现重用，节省代码行约 4000 LOC。

3 经验总结

项目从启动到实施全程按照组织级过程定义的模板，定义了从项目管理、产品过程、项目实施、验收交付以及配置管理、质量保证 6 大过程的 49 项项目活动。从项目启动开始到需求分析、设计、产品开发、实施的执行过程来看，满足中心质量体系的要求，也正是在质量体系严格的管理控制下，本项目得以按期、保质保量地完成。项目实施和管理中有如下关键因素：

（1）界定目标，明细任务，做好计划。

（2）任务分解（WBS）细到周以下。

（3）根据既有项目开发的经验，评估每一个模块的工作量，并且进行可复用率估计。

（4）分析在一定时间区间内可获得的人力资源情况。

（5）尽可能详细地制订项目进度计划、资源计划（开发环境、人员的准备，关键资源是否能按时到位）、风险计划（需求风险、技术风险、资源风险等）、培训计划（可参照的业务系统）。

（6）领导的支持。从项目的启动会、项目的中期检查、工作产品审核，到与用户交流会各方面，领导能亲临现场，给予项目组最大的支持和理解。

（7）有责任心的项目团队。一个有责任心的项目团队，一定是有能力，有敬业精神，并且能充分理解用户需求。

（8）客户的参与、协商：

● 坚持每周一次的电话沟通。

● 不定期用户交流（如确定需求范围、最终实现的功能）。

（9）帮助用户真正理解要开发的产品，对产品有预期。

（10）系统能实现的功能和不能实现的功能告知用户，不能达到的效果也告知用户，充分取得用户的理解。

（11）和用户建立良好的关系，对客户的要求要有积极的反映。

（12）项目组成员间良好的沟通。

（13）开发小组融洽愉快的工作环境。

（14）理解开发人员的难处，开发进度适当调整。

（15）不同产品线开发，不同模块的开发提出明确的完成和测试时间；在不影响进度的情况下允许调整。

另外，也看到执行过程中的一些差距：

从上面的工作量来看，对照项目之初做的工作量估算（约 43 400 行）存在较大偏差。另外，组织级定义的每小时 20 行的工作效率，也有待于经过各项目经验值的积累加以调整。

度量的工作还相对比较欠缺，今后在其它项目中加强这方面的工作，并使用度量的结果调整项目的计划和执行。

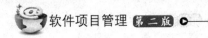

小　结

本章详细介绍了一个企业级项目的项目管理过程，包括项目背景、立项管理、项目估算和计划、项目跟踪监控过程的管理以及变更管理和最后的结算。

习　题

1. 假如你是本项目的项目经理，请组织项目成员编制项目测试阶段的里程碑报告。

2. 假如你是本项目的 QA，请对本案例的实施过程进行 QA 审计，记录检查结果和不符合问题。

3. 本案例实施过程中，你觉得做得好的地方有哪些？哪些活动还有待改进，如何改进会更有助于项目的成功？

参 考 文 献

[1] WEBBER L, WEBBER F. IT 项目管理基础[M]. 于本海，姜慧，王新昊，等，译. 北京：清华大学出版社，2012.

[2] 韩万江. 软件项目管理案例教程[M]. 3 版. 北京：机械工业出版社，2015.

[3] 朱少民，左智. 软件过程管理[M]. 北京：清华大学出版社，2007.

[4] Project Management institute，项目管理知识体系指南（PMBOK 指南）[M]. 5 版. 许江林，译. 北京：电子工业出版社，2013.

[5] 孙军. 项目管理[M]. 北京：电子工业出版社，2011.

[6] 周贺来. 软件项目管理实用教程[M]. 北京：机械工业出版社，2009.

[7] 刘新航. 软件工程与项目管理案例教程[M]. 北京：北京大学出版社，2009.

[8] 阳王东. 软件项目管理方法与实践[M]. 北京：中国水利水电出版社，2009.

[9] 柳纯录. 信息系统项目管理师教程[M]. 2 版. 北京：清华大学出版社，2008.

[10] 李岚. 工程项目进度优化管理[M]. 大连：大连理工大学出版社，2009.

[11] 柳纯录. 系统集成项目管理工程师教程[M]. 北京：清华大学出版社，2009.

[12] 骆珣. 项目管理教程[M]. 北京：机械工业出版社，2010.

[13] BOB HUGHES, MIKE COTTERELL，软件项目管理[M]. 5 版. 廖彬山，周卫华，译. 北京：机械工业出版社，2010.

[14] 贾经冬，林广艳. 软件项目管理[M]. 北京：高等教育出版社，2012.

[15] 潘东，韩秋泉. IT 项目经理成长手记[M]. 北京：机械工业出版社，2013.

[16] 覃征，徐文华，韩毅. 软件项目管理[M]. 2 版. 北京：清华大学出版社，2009.

[17] 王保强. IT 项目管理那些事儿[M]. 北京：电子工业出版社，2011.

[18] 薛四新，贾郭军. 软件项目管理[M]. 北京：机械工业出版社，2010.

[19] 杨律青，张金隆. 软件项目管理[M]. 北京：电子工业出版社，2012.

[20] PRESSMAN R S. 软件工程：实践者的研究方法[M]. 7 版. 郑人杰，马素霞，等，译，北京：机械工业出版社，2011.

[21] 史济民，顾春华，郑红. 软件工程—原理、方法与应用[M]. 3 版. 北京：高等教育出版社，2011.

[22] 康一梅. 软件项目管理[M]. 北京：清华大学出版社，2010.

[23] 张友生. 系统集成项目管理工程师考试全程指导[M]. 2 版. 北京：清华大学出版社，2011.

[24] 黎照，黎连业，王华，等. 软件工程项目管理实用技术与常用模板[M]. 北京：清华大学出版社，2012.

[25] 张会斌，张光海. Project 2007 企业项目管理实践[M]. 北京：人民邮电出版社，2011.

[26] PHAM A, PHAM P V，崔康. 敏捷软件项目管理与开发[M]. 北京：清华大学出版社，2013.

[27] CLEMENTS J P, GIDO J，张金成，等. 成功的项目管理[M]. 5 版. 北京：电子

工业出版社，2012.

[28] 任永昌. 软件项目开发方法与管理[M]. 北京：清华大学出版社，2011.

[29] 郭宁. IT项目管理[M]. 北京：人民邮电出版社，2012.

[30] 曹济，温丽. 软件项目功能点度量方法与应用[M]. 北京：清华大学出版社，2012.

[31] 尹华山. 程序员第二步：从程序员到项目经理[M]. 北京：人民邮电出版社，2013.

[32] 郭春柱. 系统集成项目管理工程师软考辅导[M]. 北京：机械工业出版社，2013.

[33] DEAN LEFFINGWELL. 敏捷软件需求：团队、项目群与企业级的精益需求实践[M]. 刘磊，傅庆冬，李建昊，译. 北京：清华大学出版社，2015.

[34] 聂南. 软件工程：软件项目管理配置技术[M]. 北京：清华大学出版社，2014.